Unity 2020
游戏开发快速上手

吴雁涛 叶东海 赵 杰 著

U0377916

清华大学出版社
北京

内 容 简 介

本书详细讲解 Unity 2020 的用法,并逐一说明 Unity 的主要功能,让读者对 Unity 游戏开发有一个整体认识,同时通过讲解一个简单的狗狗打怪游戏场景的相关实现技术,使读者掌握 Unity 制作游戏产品的方法,以快速进入 Unity 游戏开发之门。

本书共分 16 章,内容包括 Unity 2020 的安装、理解 Unity 的世界、Unity 的常用界面、Unity 项目从新建到生成、Unity 脚本基础、Unity 常用基础功能、Unity 开发简单框架及常用技巧、狗狗打怪游戏结构和设置、指针切换及玩家移动攻击、敌人攻击、角色状态和伤害计算、场景传送和数据存取、狗狗打怪菜单场景。

本书适合 Unity 游戏开发初学者阅读,也适合作为高等院校、中职学校和培训机构计算机游戏开发相关专业师生的教学参考书。

图书在版编目(CIP)数据

Unity 2020 游戏开发快速上手 / 吴雁涛,叶东海,赵杰著. — 北京: 清华大学出版社,2021.11(2023.2重印)
ISBN 978-7-302-59376-8

Ⅰ. ①U… Ⅱ. ①吴… ②叶… ③赵… Ⅲ. ①游戏程序—程序设计 Ⅳ. ①TP317.6

中国版本图书馆 CIP 数据核字(2021)第 211619 号

责任编辑: 夏毓彦
封面设计: 王 翔
责任校对: 闫秀华
责任印制: 刘海龙

出版发行: 清华大学出版社
   网 址: http://www.tup.com.cn,http://www.wqbook.com
   地 址: 北京清华大学学研大厦 A 座   邮 编: 100084
   社 总 机: 010- 83470000   邮 购: 010-62786544
   投稿与读者服务: 010-62776969,c-service@tup.tsinghua.edu.cn
   质 量 反 馈: 010-62772015,zhiliang@tup.tsinghua.edu.cn

印 装 者: 三河市君旺印务有限公司
经 销: 全国新华书店
开 本: 190mm×260mm   印 张: 27   字 数: 728 千字
版 次: 2021 年 12 月第 1 版   印 次: 2023 年 2 月第 2 次印刷
定 价: 99.00 元

产品编号: 093809-01

前　　言

Unity 是由 Unity Technologies 开发互动内容的多平台综合型开发工具，不仅在游戏开发、动画制作方面应用广泛，而且越来越多地应用于增强现实、虚拟现实、数字孪生等内容的开发。

本书面向的读者是没有接触过 Unity 游戏开发的初学者。读者可以通过本书快速掌握 Unity 游戏开发的常用技术，并且能够参照"狗狗打怪"示例游戏制作出自己的作品。

本书内容介绍

第 1~5 章介绍了 Unity 的安装、应用生成、Unity 相关的基础概念和常用的界面操作，并通过第 5 章的一个小示例让读者对 Unity 游戏的开发过程有一个初步的了解，为后面的学习打下基础。

第 6~9 章介绍了 Unity 游戏开发中脚本的基础内容，以及常用基础功能（如界面、动画等）的开发，每章后面都有小练习以巩固学习内容。

第 10~16 章以一个简单的 ARPG（动作角色扮演类）游戏"狗狗打怪"为例介绍如何控制人物及 NPC（非玩家角色）的移动和动画、设置状态、实现战斗过程、场景切换和数据存取，以及游戏菜单设计。

示例源代码下载

本书配套的示例代码请用微信扫描右边的二维码获取，也可按提示把下载链接转发到自己的邮箱中下载。如果有问题，请直接发送邮件至 booksaga@163.com，邮件主题为"Unity 2020 游戏开发快速上手"。

本书的特点

快速上手：以直接、细致的方式指导读者快速掌握 Unity 的使用和 Unity 游戏开发的方法，基础内容章节还提供了对应的视频内容。

理解架构：书中通过结构图、流程图、思维导图等方式帮助读者理解并掌握 Unity 的概念、结构以及游戏开发的思路。

实战引导：通过实际游戏项目示例介绍 Unity 游戏开发的一个简单且实用的框架，让第一次使用 Unity 开发的读者不至于面对项目不知所措。这个框架不仅可以用于游戏开发，也可以用于其他一些小型项目的开发。

本书读者

本书适合 Unity 平台游戏开发初学者、游戏与数字孪生开发人员阅读，也适合作为高等院校、中职学校和培训机构计算机游戏开发课程的教学参考书。

本书作者

吴雁涛，2000 年毕业于西北工业大学，从事计算机软件开发相关工作，包括 Web 前端、Web 后端、Untiy 3D 开发等。著有《Unity 3D 平台 AR 与 VR 开发快速上手》《Unity 2018 AR 与 VR 开发快速上手》《Unity 3D 平台 AR 快速开发上手——基于 EasyAR 4.0》。

叶东海，2012 年毕业于云南大学，从事网络安全和信息化建设与管理工作，研究数据挖掘和 AR 应用开发，有 7 年的教学工作经验，指导多项人工智能竞赛和创新创业项目。著有《数据库系统应用》《Unity 3D 平台 AR 快速开发上手——基于 EasyAR 4.0》。

赵杰，2003 年毕业于云南大学软件工程专业，硕士，曾负责软件工程专业、网络工程专业和数字媒体专业本科生创新创业指导工作。有 15 年的教学工作经验，指导过多项大学生创新创业项目。著有《Unity 3D 平台 AR 快速开发上手——基于 EasyAR 4.0》。

作　者

2021 年 9 月

目　　录

第 1 章　使用 Unity Hub 安装 Unity ··· 1

1.1　Unity Hub 的下载 ··· 1

1.2　Unity Hub 的安装 ··· 2

1.3　Unity Hub 的使用 ··· 3

　　1.3.1　安装 Unity 2020 ··· 3

　　1.3.2　添加模块和卸载 Unity ·· 6

　　1.3.3　激活许可证 ·· 6

　　1.3.4　Unity 项目操作 ··· 7

1.4　脚本编辑器和界面语言设置 ··· 10

1.5　提示和总结 ··· 11

第 2 章　生成应用程序 ··· 12

2.1　安装对应平台的模块 ··· 12

2.2　窗口设置 ··· 13

2.3　玩家设置 ··· 15

2.4　生成 Windows 程序 ··· 17

2.5　生成网页应用 ··· 18

2.6　生成安卓应用 ··· 19

　　2.6.1　JDK 和 Android SDK ·· 19

　　2.6.2　玩家设置 ·· 20

　　2.6.3　生成安卓应用 ··· 21

2.7　生成 iOS 应用 ··· 22

　　2.7.1　玩家设置 ·· 22

　　2.7.2　生成 iOS 应用 ··· 23

2.8　提示和总结 ··· 24

第 3 章　理解 Unity 的世界 ··· 25

3.1　虚拟的三维世界 ·· 25

　　3.1.1　游戏对象和 Transform ·· 26

　　3.1.2　游戏对象的层级结构 ·· 26

　　3.1.3　组件决定游戏对象 ·· 27

　　3.1.4　场景和摄像机 ··· 27

3.1.5 资源 27

3.2 Unity 项目的结构 27

3.3 Unity 的坐标 28

3.4 Unity 项目目录说明 30

3.5 关于翻译 31

3.6 关于 Unity 的学习资源 32

3.7 提示和总结 33

第 4 章 Unity 的常用界面 34

4.1 共有操作 35

4.2 项目窗口 36

4.2.1 菜单 36

4.2.2 基本操作 37

4.2.3 界面调整 37

4.2.4 搜索 37

4.3 层级窗口 39

4.3.1 菜单 39

4.3.2 基本操作 40

4.3.3 联动内容 41

4.4 场景视图 43

4.4.1 添加操作 44

4.4.2 视角操作（视图导航）.. 45

4.4.3 游戏对象操作 46

4.4.4 其他辅助按钮和开关 49

4.5 检查器窗口 50

4.5.1 菜单 50

4.5.2 游戏对象操作 52

4.5.3 组件操作 53

4.5.4 资源的标签 54

4.5.5 其他功能 54

4.6 游戏视图 55

4.6.1 常用内容 55

4.6.2 其他按钮 56

4.7 控制台窗口 57

4.7.1 基本操作 57

4.7.2 工具栏 57

4.8 资源商城 58

4.9 包管理器 60

4.10 菜单及其他常用操作 ··· 61

4.11 提示和总结 ··· 62

第5章 从新建到生成 ·· 63

5.1 新建到生成过程描述 ··· 64

    5.1.1 新建项目 ··· 64

    5.1.2 资源和插件的导入及设置 ·· 64

    5.1.3 场景搭建 ··· 64

    5.1.4 特效、动画的制作 ·· 65

    5.1.5 程序逻辑开发 ·· 65

    5.1.6 调试和生成 ·· 65

5.2 简单的例子 ··· 65

    5.2.1 新建项目 ··· 65

    5.2.2 目录设置，添加和导入资源 ·· 66

    5.2.3 场景搭建 ··· 68

    5.2.4 效果添加设置 ·· 75

    5.2.5 添加 UI 并设置逻辑 ··· 77

    5.2.6 生成应用 ··· 80

5.3 提示和总结 ··· 81

第6章 Unity 脚本的基础内容（上） ··· 82

6.1 C#基础概述 ·· 82

6.2 Unity 3D 的内置数据类型 ··· 83

6.3 MonoBehaviour ··· 84

    6.3.1 脚本组件 ··· 84

    6.3.2 特殊赋值方式 ·· 84

    6.3.3 Unity 基础事件 ·· 86

6.4 Debug 类 ··· 89

6.5 游戏对象的基本操作 ··· 90

    6.5.1 获取指定游戏对象 ·· 90

    6.5.2 其他操作 ··· 95

6.6 游戏对象位置的旋转和缩放 ·· 98

    6.6.1 获取并设置坐标 ··· 99

    6.6.2 获取并设置旋转 ··· 99

    6.6.3 获取并设置缩放 ·· 100

6.7 Time ··· 101

    6.7.1 Time 的 3 个常用属性 ··· 101

    6.7.2 移动 ··· 101

6.7.3　旋转 ·· 103

6.7.4　缩放 ·· 104

6.8　组件获取和基本操作 ·· 105

6.8.1　获取指定组件 ·· 105

6.8.2　组件的基本操作 ·· 107

6.9　提示和练习 ·· 108

第 7 章　Unity 脚本的基础内容（下）···················· 110

7.1　应用退出和场景控制 ·· 110

7.1.1　应用退出 ·· 110

7.1.2　场景加载 ·· 110

7.1.3　DontDestroyOnLoad 和单实例 ····························· 112

7.2　协程和重复 ·· 113

7.2.1　协程 ·· 113

7.2.2　延时调用 ·· 115

7.2.3　重复调用 ·· 115

7.3　实例化 ·· 116

7.3.1　基本用法 ·· 116

7.3.2　传入类型 ·· 117

7.3.3　其他 ·· 117

7.4　PlayerPrefs 保存获取数据 ······································ 117

7.5　ScriptableObject ··· 118

7.5.1　新建 ·· 119

7.5.2　使用 ·· 120

7.5.3　其他 ·· 121

7.6　调用其他组件上的方法 ·· 123

7.6.1　SendMessage ·· 123

7.6.2　获取组件调用 ·· 125

7.7　Unity 中与计算有关的内容 ····································· 126

7.7.1　随机数 ·· 126

7.7.2　Mathf 类 ··· 126

7.7.3　向量计算 ·· 127

7.8　其他 ·· 127

7.8.1　获取目录 ·· 127

7.8.2　平台判断 ·· 127

7.8.3　JsonUtility ·· 128

7.8.4　注解 ·· 128

7.8.5　Gizmos ·· 129

7.9　脚本常见错误 ··· 130

7.10　提示总结和练习 ··· 132

第8章　Unity 常用基础功能（上） ··· 135

8.1　常用资源导入后的设置 ··· 136

8.1.1　图片资源设置 ··· 137

8.1.2　模型资源设置 ··· 137

8.1.3　音频资源设置 ··· 138

8.1.4　视频资源设置 ··· 139

8.2　预制件 ··· 139

8.2.1　生成预制件 ··· 140

8.2.2　预制件的编辑 ··· 140

8.2.3　拆解预制件和生成预制件变体 ·· 142

8.2.4　预制件的编程 ··· 142

8.3　摄像机 ··· 143

8.3.1　投影 ··· 144

8.3.2　剪裁平面与清除标识 ·· 145

8.3.3　剔除遮罩 ·· 145

8.3.4　深度和视口矩形 ··· 146

8.3.5　其他 ··· 147

8.4　Unity UI ·· 149

8.4.1　RectTransform ·· 150

8.4.2　RectTransform 的程序控制 ·· 153

8.4.3　画布 ··· 158

8.4.4　文本和图像 ··· 163

8.4.5　交互游戏对象 ··· 174

8.4.6　自动布局相关组件 ·· 183

8.4.7　事件响应 ·· 194

8.5　音频播放 ··· 205

8.5.1　音频剪辑 ·· 205

8.5.2　音频源 ··· 206

8.5.3　音频监听器 ··· 206

8.5.4　音频播放的程序控制 ·· 207

8.6　视频播放 ··· 208

8.6.1　视频剪辑 ·· 209

8.6.2　视频播放器 ··· 209

8.6.3　播放视频的几种方法 ·· 210

8.6.4　视频播放的程序控制 ·· 217

8.7　提示总结和小练习 ··· 219

第 9 章　Unity 常用基础功能（下） ·· 221

9.1　输入 ··· 221

9.1.1　键盘按键输入 ··· 221

9.1.2　鼠标输入 ··· 222

9.1.3　触屏输入 ··· 224

9.1.4　输入管理器 ··· 225

9.1.5　单击物体 ··· 230

9.1.6　UI 击穿 ·· 237

9.2　物理系统 ·· 239

9.2.1　刚体组件 ··· 239

9.2.2　碰撞器组件 ··· 245

9.2.3　关节和物理材质 ··· 249

9.2.4　其他 ··· 252

9.3　动画 ··· 254

9.3.1　动画剪辑 ··· 255

9.3.2　使用动画窗口制作动画剪辑 ·· 261

9.3.3　动画剪辑中的事件 ·· 269

9.3.4　动画器控制器 ··· 271

9.3.5　动画组件和动画的程序控制 ·· 287

9.4　导航寻路 ·· 288

9.4.1　导航网格资源 ··· 289

9.4.2　导航网络代理组件 ·· 292

9.4.3　导航网络代理的程序控制 ·· 293

9.4.4　分离网格链接组件 ·· 294

9.4.5　导航网格障碍物组件 ·· 296

9.5　拖尾和线 ·· 297

9.5.1　拖尾 ··· 297

9.5.2　线 ··· 299

9.5.3　宽度设置 ··· 302

9.5.4　颜色设置 ··· 303

9.5.5　材质设置 ··· 304

9.5.6　其他共有属性 ··· 305

9.6　光照组件和粒子组件 ·· 306

9.6.1　光照组件 ··· 306

9.6.2　粒子系统组件 ··· 307

9.7　提示总结和小练习 ··· 309

第 10 章　Unity 开发简单框架及常用技巧 ···310

10.1　多个 Manager 的简单框架 ···310

10.1.1　演化过程 ···310

10.1.2　多个 Manager 框的说明 ·······································311

10.2　ScriptableObject 的使用 ···312

10.3　AI 的简单实现 ···313

第 11 章　狗狗打怪项目结构和设置 ···315

11.1　项目总体结构 ···315

11.2　项目基本设置 ···316

第 12 章　指针切换及玩家移动攻击 ···325

12.1　鼠标指针切换 ···325

12.1.1　场景设置 ···325

12.1.2　添加并设置 MouseManager 脚本 ·······················330

12.2　玩家单击移动 ···333

12.2.1　导航区域烘焙 ···334

12.2.2　玩家游戏对象设置 ···337

12.2.3　使用 MouseManager 修改脚本 ·························340

12.2.4　使用 PlayerController 编辑脚本 ·····················341

12.2.5　运行测试 ···342

12.3　玩家动画制作和移动匹配 ···343

12.3.1　选取动作 ···343

12.3.2　添加动作控制器 ···345

12.3.3　添加移动用的混合树 ···345

12.3.4　添加攻击和死亡状态 ···346

12.3.5　修改 PlayerController 脚本 ·····················349

12.4　玩家攻击敌人 ···349

12.5　镜头设置 ···352

第 13 章　敌人攻击 ···355

13.1　动画动作准备 ···355

13.2　敌人预制件制作 ···357

13.3　EnemyController 脚本编辑 ···360

13.3.1　基本的有限状态机 ···360

13.3.2　死亡和站桩状态 ···362

13.3.3　巡逻状态 ···363

13.3.4　追击状态 ···365

第 14 章　角色状态和伤害计算 **368**

14.1　角色状态 368

14.2　伤害计算 373

14.2.1　修改脚本添加伤害计算 374

14.2.2　添加动作事件 376

14.2.3　运行测试 377

14.3　等级升级 378

14.4　敌人血量显示 382

14.4.1　添加血条预制件 383

14.4.2　脚本修改 385

14.4.3　设置敌人 387

14.5　玩家血量经验值显示 389

14.5.1　设置玩家血量界面 390

14.5.2　添加、编辑 GameManager 脚本 393

14.5.3　修改 PlayerController 脚本 394

14.5.4　添加、编辑 PlayerHealthUI 脚本 395

第 15 章　场景传送和数据存取 **397**

15.1　当前场景传送 397

15.1.1　添加传送目标点脚本 398

15.1.2　添加传送起始点脚本 398

15.1.3　传送点预制件设置 399

15.1.4　添加、编写 SceneManager 脚本 401

15.2　玩家数据的保存和读取 404

15.3　不同场景传送 407

15.3.1　添加主场景的传送点 407

15.3.2　设置预制件 407

15.3.3　另一个场景的设置 408

15.3.4　可用场景设置 411

15.3.5　脚本修改 411

第 16 章　狗狗打怪菜单场景 **414**

第1章

使用 Unity Hub 安装 Unity

Unity 最初是一款为了让所有人能简单制作游戏的游戏引擎，随着发展成为一个能够进行实时互动的内容创作和运营平台。

Unity 虽然可以单独安装，但是官方更推荐使用 Unity Hub 来安装管理 Unity 的相关内容。这里首先介绍 Unity Hub 的安装和 Unity Hub 的基本使用。Unity Hub 的使用包括：通过 Unity Hub 安装 Unity、更新 Unity 组件、激活 Unity 以及新建和删除 Unity 项目。

1.1 Unity Hub 的下载

首先需要创建 Unity ID，Unity ID 有 3 个作用：激活 Unity、在商城购买插件以及登录社区。打开 Unity 中国官网（https://unity.cn），单击右上角的 图标，在下拉列表中选择"创建 Unity ID"，填写相关信息，然后单击"立即注册"按钮即可。如果用电子邮箱注册，还需要验证邮件地址，如图 1-1 所示。现在也可以使用微信直接登录。

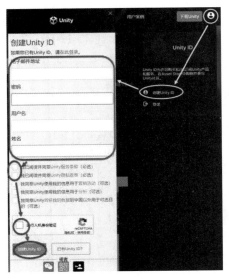

图 1-1

在官网登录以后，单击"下载 Unity"就能打开 Unity 的下载页面。单击"下载 Unity Hub"按钮或者"从 Hub 下载"都可以，如图 1-2 所示。任意版本的 Unity Hub 都是一样的。这里也可以只下载具体的 Unity 版本，通常情况下不推荐。

图 1-2

在每个版本旁边都有一个 Release notes 按钮，单击进去以后，有该版本的发行说明。发行说明包括已知问题、修复的 bug、变更、改进、开发和运行时的系统配置。

这里还有一些其他的下载内容，包括 Unity Remote（移动端调试工具）、Unity Cache Server（项目导入及平台转换协助工具）、Built-in Shaders（官方提供的 Shader 参考）等。另外，官方还提供了其他一些工具，例如 Unity Accelerator（适用于新版的项目导入及平台转换协助工具）、Assets Server（版本管理工具）。这些工具初学者知道就好，后面开发中有需要再详细学习即可。

1.2　Unity Hub 的安装

运行下载的 UnityHubSetup.exe 文件，同意许可证协议后，选择安装路径，单击"安装"按钮即可，如图 1-3 所示。

安装 Unity 时要注意不要使用中文目录，本质上是不要使用特殊字符。

如果只是生成 Windows 下的程序，那么问题不大，但是在生成安卓 APK 的时候，生成过程对路径很敏感。无论是 Unity Hub 还是 Unity 的安装目录，SDK 所在目录的项目目录都不要出现中文，最好都是英文目录。有些 Windows 系统的用户名如果是中文的，偶尔会影响生成。

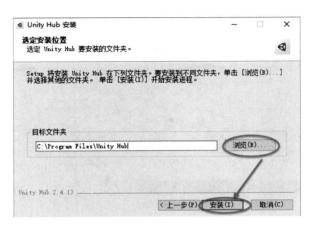

图 1-3

1.3　Unity Hub 的使用

1.3.1　安装 Unity 2020

安装完 Unity Hub 以后，打开 Unity Hub，单击右上角的 ⊙ 图标，在下拉列表中单击"登录"按钮，在弹出的窗口中登录。可以用电子邮件登录，也可以用手机号码或者微信登录，如图 1-4 所示。必须登录 Unity Hub 以后，才能进行安装、激活、新建项目、打开项目等操作。

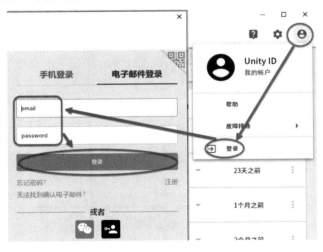

图 1-4

在 Unity Hub 中，单击"安装"标签，在"安装"界面中单击"安装"按钮就可以安装 Unity，如图 1-5 所示。

1. 选择 Unity 版本

首先选择 Unity 版本，选中对应的版本后，单击"下一步"按钮即可，如图 1-6 所示。

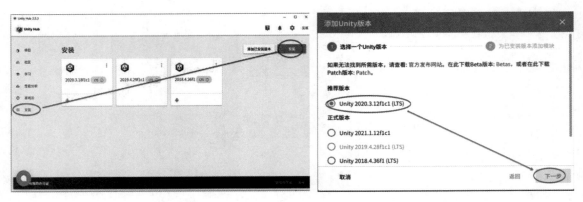

图 1-5   图 1-6

　　Unity 的版本不是越高越好，对于初学者，无论是学习还是实际开发都建议使用 LTS（长期支持）版。LTS 版是 Unity 2017 之后推出的版本，LTS 版的 bug 会一直修复直到生命周期结束，简单来说，LTS 版是最稳定、最不容易出问题的版本。另外，如果使用高版本，一些 SDK 的支持速度跟不上 Unity 的更新速度，使用中也更容易出错。

2．选择脚本编辑器

　　之后选择脚本编辑器。Unity 现在默认使用 Microsoft Visual Studio 2019 作为编辑器，默认安装的是免费的 Community（公共）版，如图 1-7 所示，使用时需要注册微软账户。

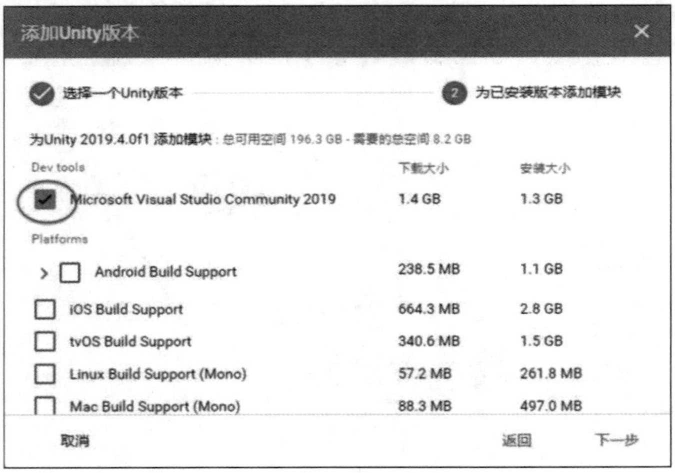

图 1-7

　　这里可以不选择 Visual Studio 2019，而使用其他版本的 Visual Studio，或者之前已经安装过的 Visual Studio。如果使用之前安装过的 Visual Studio，那么需要添加 Unity 支持组件。

　　Unity 还可以使用 Visual Studio 之外的脚本编辑器，例如很多人使用的 Visual Studio Code 也很方便。

　　总之，Visual Studio 安装慢启动慢、耗资源，但是好在简单稳定，适合新手；VS Code 小巧不占资源，但是配置比较麻烦，而且有时候会出现奇怪的问题，适合有经验的开发人员。

3. 添加发布平台模块

如果是在 Windows 下安装 Unity，不需要添加发布平台模块即可发布 Windows 下运行的程序。同样，在 Mac 下安装 Unity，不需要添加发布平台模块也可以发布 Mac 运行的程序。网页、iOS 和安卓都需要添加对应的模块才能生成。

Windows 平台生成的是可执行文件，WebGL 平台生成的是网页，iOS 平台生成的是 Xcode 项目。Android 平台可以生成 APK，也可以生成 Android 项目。

Android 平台如果是第一次安装，要选择 Android SDK & NDK Tools 和 OpenJDK 选项，如图 1-8 所示。

4. 文档和语言

在"添加模块"窗口最下面可以添加文档和语言，这两项不是必需的，可以根据需要添加，如图 1-9 所示。

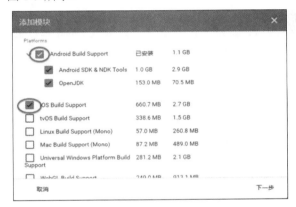

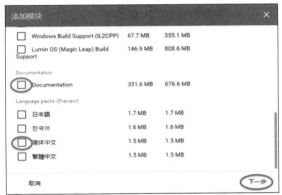

图 1-8　　　　　　　　　　　　　　　图 1-9

Unity 官方文档的打开速度比较慢，需要一些耐心，所以安装文档是一个不错的选择，只是文档是最容易安装失败的模块。至于文档使用的语言，基本上是机器翻译的半成品，不要抱太大期望。对于初学者，建议尽量使用英文界面，因为很多参考说明都是英文的。另外，官方长期没有标准，导致不同的作者翻译的不一样，官方的翻译有时候会把不需要翻译的内容也翻译了。本书将以英文界面为基础进行介绍。

所有这些选择好以后，单击"下一步"按钮就可以开始安装了，如图 1-10 所示。

Unity 安装时间比较长，如果选择了 Visual Studio，中途还需要安装 Visual Studio。安装过程中需要下载 3GB~5GB 甚至更多内容，因此安装时需要通畅的网络环境。如果安装失败，重新添加模块或者卸载 Unity 重新安装即可。另外，一台计算机可以安装多个不同版本的 Unity。

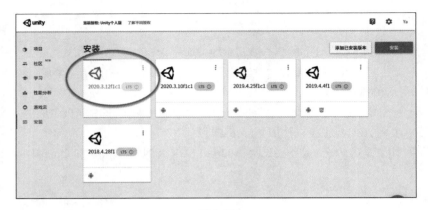

图 1-10

1.3.2 添加模块和卸载 Unity

在 Unity 安装界面可以看到已经安装好的 Unity 版本，以及包含的模块。单击已经安装的 Unity 版本右上方的 ⫶，在弹出的菜单中选择"添加模块"，就可以往已经安装过的 Unity 中继续添加模块，如图 1-11 所示。也可以单击"卸载"删除已安装的 Unity。

图 1-11

1.3.3 激活许可证

在 Unity Hub 中，单击右上角的 ⚙ 图标，选择"许可证管理"标签，然后单击"激活新许可证"按钮，如图 1-12 所示。

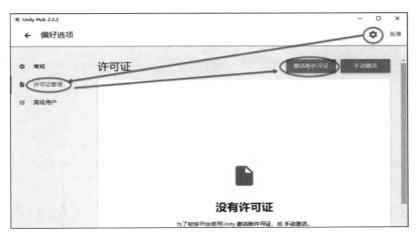

图 1-12

　　Unity 个人版是有条件的免费版，加强版和专业版是付费版，根据自己的情况选择对应的版本即可，最后单击"完成"按钮，如图 1-13 所示。

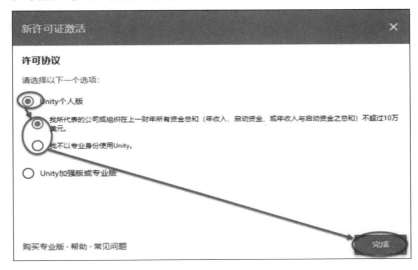

图 1-13

　　虽然 Unity 会自动更新许可证，但是有时会因为网络问题，许可证没更新而导致项目无法打开。这个时候，到许可证界面更新或者重新激活一下就可以了。

1.3.4　Unity 项目操作

1. 新增项目

　　在 Unity Hub 中单击"项目"标签，然后单击"新建"按钮，在弹出的窗口中添加"项目名称"，设置"位置"之后，单击"创建"按钮，如图 1-14 所示。

　　左边的模板默认"3D"就可以了，对于初学者，不用理会其他内容。

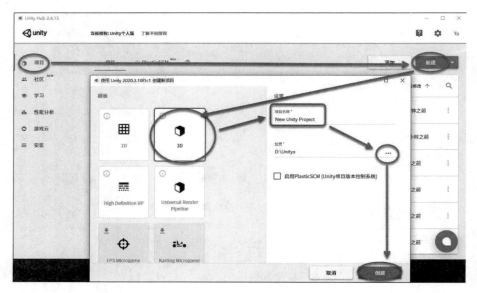

图 1-14

Unity 自带的 PlasticSCM 是一个代码托管平台，类似于 GitHub。因为现在还是预览版，所以不推荐使用。使用的时候，Unity ID 用户信息的名称需要是英文，不能是中文。个人推荐使用国内的其他代码托管平台，用 Sourcetree 来进行管理。GitHub 虽然不错，但是用起来太卡。

如果本地有多个不同版本的 Unity，单击"新建"按钮旁边的箭头，可以选择使用哪个版本的 Unity 进行开发，如图 1-15 所示。

图 1-15

2. 添加项目

如果项目之前就在本地计算机上，可以直接单击"添加"按钮，选择 Unity 项目所在的文件夹添加项目，如图 1-16 所示。

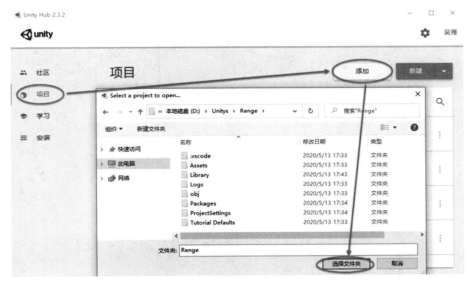

图 1-16

3. 删除及其他操作

删除 Unity 项目时，可以直接从操作系统中将对应目录删除即可，如图 1-17 所示。

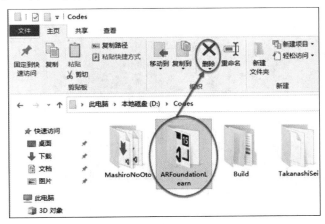

图 1-17

在列表中的项目，单击项目名称可打开项目，如图 1-18 所示。

单击 Unity 版本后的箭头，可以修改项目开发所用 Unity 的版本。单击目标平台后面的箭头，可以修改项目发布目标平台，但是这个一般都在项目中处理。单击项目最后面的 ⋮ 按钮，可以在弹出的菜单中选择"从列表中移除"，将项目从 Unity Hub 的列表中移除，这个操作并没有删除项目，只是不显示在 Unity Hub 的项目列表中而已。

图 1-18

1.4　脚本编辑器和界面语言设置

1. 脚本编辑器设置

打开 Unity 以后，单击菜单 Edit→Preference...（编辑→首选项...），在弹出的窗口中，可以通过
修改 External Tools（外部工具）标签下的 External Script Editor（外部脚本编辑器）选项来修改当前
默认的脚本编辑器，如图 1-19 所示。

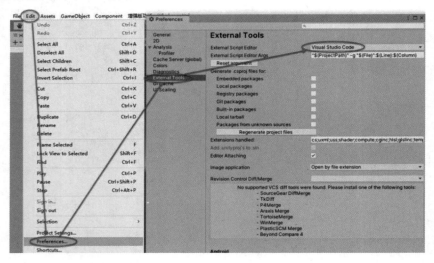

图 1-19

2. 界面语言设置

如果 Unity 安装了语言模块，单击菜单 Edit→Preference...，在弹出的窗口中，可以通过修改
Languages（简体中文）标签下的 Editor language（编辑器语言）选项来修改当前编辑器界面显示的
语言，如图 1-20 所示。

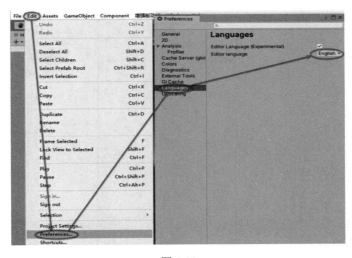

图 1-20

Unity 2020 的安装到此结束，读者先在自己的设备上尝试安装 Unity 吧。

1.5　提示和总结

Unity Hub 需要登录并且激活许可证后才能使用 Unity，如果长时间没有使用，需要重新登录，并且重新激活。当发生无法打开 Unity 项目的时候，首先重启 Unity Hub，检查是否需要重新登录和重新激活。

Unity 安装相关视频链接（虽然是 2019 版，但内容基本一致）：https://space.bilibili.com/17442179/favlist?fid=1215557079&ftype=create。

本章内容总结如图 1-21 所示。

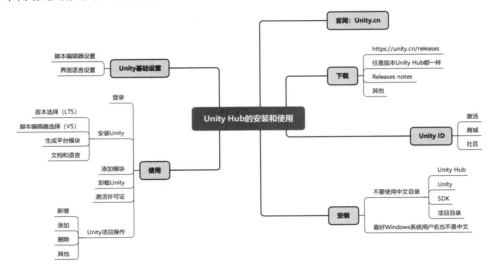

图 1-21

第2章

生成应用程序

安装完 Unity 以后，应该立即添加一个项目并生成，目的是验证安装的内容是否正确。Unity 可以生成多种平台的可执行程序，这里主要介绍常用的 Windows 程序、网页、安卓应用和 iOS 应用的生成。

Windows 和 Mac 程序在对应系统下安装 Unity 后即可生成，如图 2-1 所示。

网页需要在安装了 Unity 以后，再安装 WebGL Build Support 模块才能生成，如图 2-2 所示。

安卓应用需要在安装了 Unity 以后，安装 Android Build Support 模块，同时需要 JDK 和 Android SDK 才能生成，如图 2-3 所示。如果需要使用 IL2CPP 的方式，还需要 Android NDK。

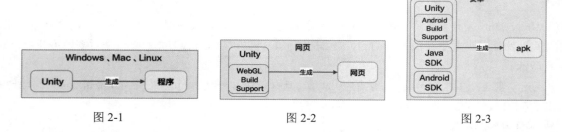

图 2-1　　　　　　　　　　　图 2-2　　　　　　　　　　　图 2-3

iOS 应用需要在 Mac 计算机上安装了 Unity 以后，再安装 iOS Build Support 模块，生成 Xcode 项目。用 Xcode 打开生成的项目，在有苹果开发者账号的情况下，把内容生成的测试设备发布到苹果商城，如图 2-4 所示。

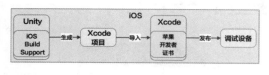

图 2-4

2.1　安装对应平台的模块

对应平台的模块可以在 Unity Hub 安装 Unity 的时候安装，也可以在之前继续添加。生成不同平台的应用或程序需要添加不同平台的支持，如图 2-5 所示。

在选择模块的时候，包括生成的时候，有一个 IL2CPP，如图 2-6 所示，简单理解就是用这种方式生成出来的程序体积更小，运行效率更高，安全性也更高，但是生成会更加麻烦，而且兼容性不如默认的 Mono 方式。本书只介绍如何使用默认方式。

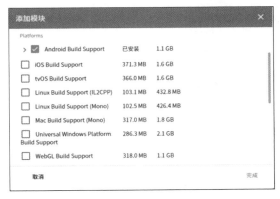
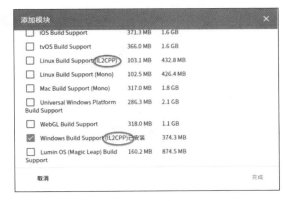

图 2-5   图 2-6

2.2 窗口设置

单击菜单 File→Build Settings...（文件→生成设置...）即可打开 Build Settings 窗口，用于设置使用到的场景和切换目标平台，如图 2-7 所示。

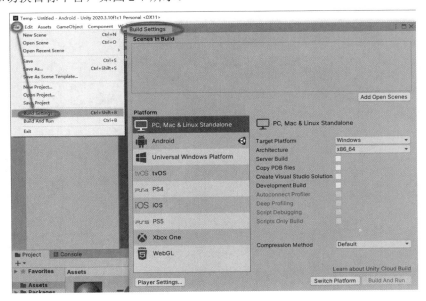

图 2-7

1. Build 中的场景

一个 Unity 项目中可以有多个场景，但是只有添加在 Scenes In Build（Build 中的场景）列表中的场景，才能被应用程序使用。可以在 Project（项目）窗口将场景资源拖曳到列表中，也可以单击 Add Open Scene（添加已打开场景）按钮，将当前打开的场景添加到场景列表中，如图 2-8 所示。

图 2-8

列表中的场景可以通过单击后拖曳的方式调整位置，也可以在选中以后，右击菜单或者按键盘上的 Delete 按键将场景从列表中删除。

2. 平台

在 Platform（平台）列表中可以选择 Unity 能够生成应用程序的不同平台。如果选中的是当前平台，单击 Build（生成）按钮，即可生成当前平台的应用程序，如图 2-9 所示。

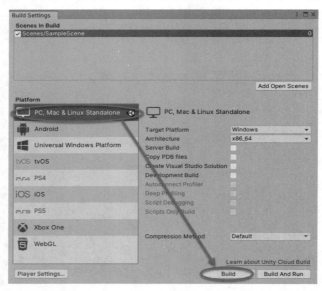

图 2-9

如果选择的平台已经安装过对应平台的模块，单击 Switch Platform（切换平台）按钮，可以将当前平台切换到对应的平台，如图 2-10 所示。如果选择的平台还未安装对应平台的模块，则可以单击 Install with Unity Hub（使用 Unity Hub 进行安装）按钮切换到 Unity Hub 添加模块的界面，如图 2-11 所示。

图 2-10

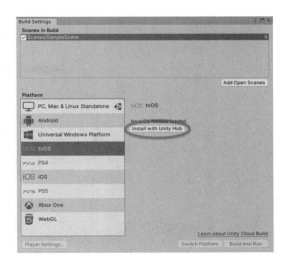

图 2-11

2.3　玩家设置

单击 Build Settings 窗口中的 Player Settings...（玩家设置）按钮（见图 2-12），或者单击菜单 Edit→Project Settings...（编辑→项目设置），就能打开 Project Settings 窗口，选中其中的 Player 标签，将能看到玩家设置，如图 2-13 所示。在这里有针对当前平台的更多细节设置，接下来介绍几处通用的设置。

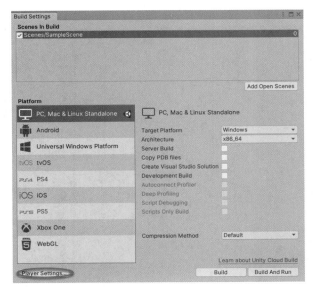

图 2-12

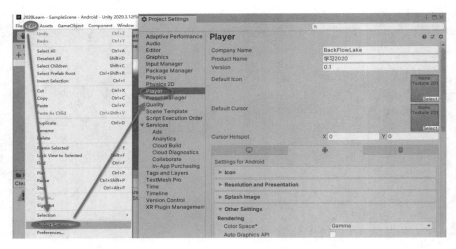

图 2-13

1．名称版本和图标

在玩家设置的最上面是 Company Name（公司名称）、Product Name（产品名称）和 Version（版本）。这些是最常使用的，其中 Company Name 和 Product Name 可以使用中文。

下面的 Default Icon（默认图标）和 Default Cursor（默认光标）也是经常用到的内容，如图 2-14 所示。

2．画面相关

在 Other Settings（其他设置）标签下有一个 Rendering（渲染）的分类，这里有很多与画面质量效果相关的设定，在开发的时候也经常要设置，如图 2-15 所示。

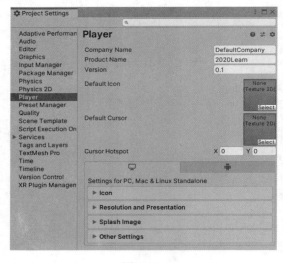

图 2-14

图 2-15

3．脚本相关

在 Other Settings 标签下有一个 Configuration（配置）的分类，如图 2-16 所示。分类中的 Scripting

Backend（脚本后端）默认为 Mono，这里可以切换为 IL2CPP，性能更好，但是兼容性变差。Api Compatibility Level（Api 兼容级别）可以在.NET Standard 2.0 和.NET 4.x 之间切换。.NET 4.x 可以获得一些更新的语法特性，但是对于初学者，多数情况下二者使用上没有差别。

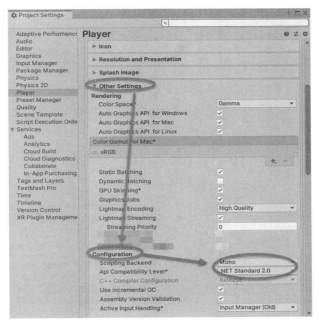

图 2-16

2.4　生成 Windows 程序

1. 玩家设置

生成 Windows 程序在 Player Settings 中经常使用的是与屏幕大小有关的设置，如图 2-17 所示。

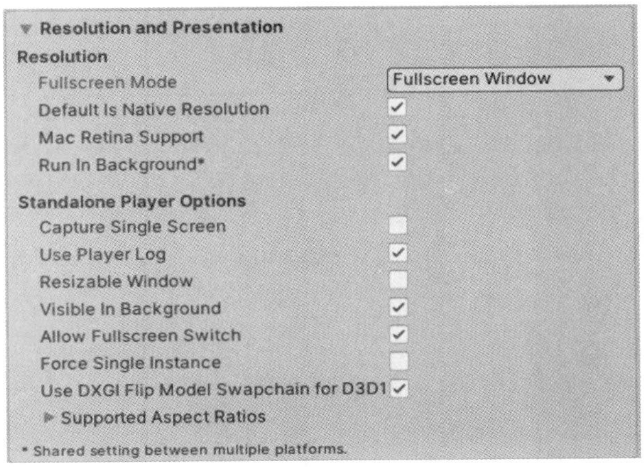

图 2-17

在 Resolution and Presentation（分辨率和演示）标签下，Fullscreen Mode（全屏模式）可以设置程序运行后是否全屏以及分辨率大小。

Run In Background（后台运行）是指当程序不是当前运行状态，例如被最小化或者切换到其他程序以后，是否还在运行。

Resizable Window（可调整大小的窗口）和 Force Single Instance（强制单实例）也经常会用到。

2. 生成 Windows 程序

在 Build Settings 窗口，单击 Build（生成）按钮，在弹出窗口中选择一个目录，如图 2-18 所示。

然后就会自动在目录下生成一组文件及文件夹，运行以 Product Name（产品名称）开头的".exe"文件即可，如图 2-19 所示。

图 2-18　　　　　　　　　　　　　　　图 2-19

2.5　生成网页应用

1. 玩家设置

生成网页的设置非常简单，在 Resolution and Presentation（分辨率和演示）标签下设置默认的分辨率，并勾选 Run In Background（后台运行）复选框即可，如图 2-20 所示。

2. 生成网页应用

在 Build Settings 窗口单击 Build（生成）按钮，在弹出的窗口中选择一个目录，如图 2-21 所示。

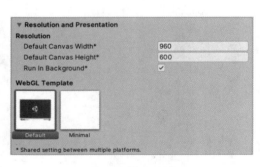

图 2-20

图 2-21

之后会在目录中生成一组文件及文件夹，访问其中的 index.html 文件即可，如图 2-22 所示。由于安全原因，在计算机单击 index.html 文件是无效的，必须将内容发送到 Web 服务器，通过地址栏进行访问。

图 2-22

2.6　生成安卓应用

2.6.1　JDK 和 Android SDK

生成安卓应用比较麻烦，除了需要安装 Android Build Support 模块外，还需要 JDK 和 Android SDK，才能生成安卓应用。如果使用 IL2CPP 的方式，还需要 Android NDK。

如果之前做过 Java 开发，可以用已有的 JDK。Unity 使用的 Java 版本是 OpenJDK 1.8.0，如果计算机中原有的 Java 版本高于 1.8，最好也安装 OpenJDK。在这里不会修改计算机原有的 Java 环境。

如果之前做过安卓开发，可以用已有的 Android SDK。Unity 默认的 Android SDK 只能编译 Android 10（API level 29）的 APK，如果需要编译其他版本的，就要更新 Android SDK。

如果从没做过相关开发，安装的时候，在 Unity Hub 选择模块的时候要选择 Android SDK & NDK Tools 和 OpenJDK 选项，如图 2-23 所示。

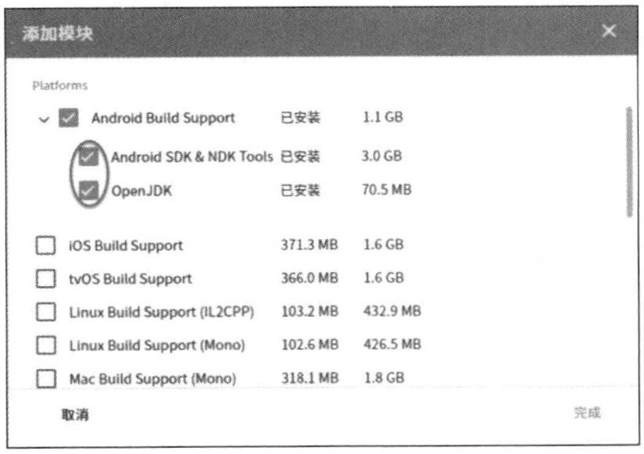

图 2-23

Unity 每个大版本的 OpenJDK 和 Android SDK 是相同的，可以复制出来，这样更新的时候就可以少下载安装一些内容。

安装完成后，单击菜单 Edit→Preferences...（编辑→首选项...）打开 Preference 窗口，选中 External Tools（外部工具）标签，在 Android 标签下会有相关路径设置，如果设置有错误或者安装不成功，就会有错误提示，如图 2-24 所示。

也可以自己指定相关 SDK 的目录，重新指定目录后的警告影响生成如图 2-25 所示。

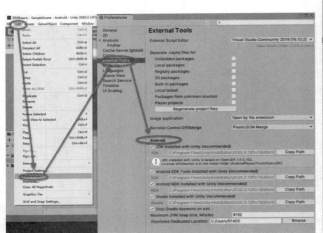
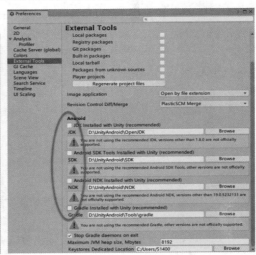

图 2-24   图 2-25

2.6.2 玩家设置

1. 屏幕方向

在 Resolution and Presentation（分辨率和演示）标签下，在 Orientation（方向）中可以设置设备横屏、竖排、自由旋转等，如图 2-26 所示。如果选择 Auto Rotation（自由旋转），还可以设置 Allowed Orientation for Auto Rotation（允许方向自动旋转）下的选项来控制方向。

2. Identification（识别）

在 Player Settings（玩家设置）的 Other Settings（分辨率和演示）标签下，在 Identification（识别）中可以进行安卓应用的基础信息设置，如图 2-27 所示。

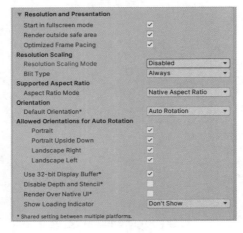
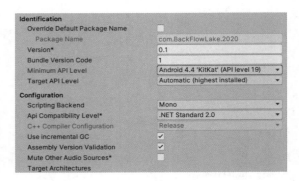

图 2-26   图 2-27

Package Name(包名)相当于安卓应用的身份证号,是判断两个 APK 是不是同一个应用的依据,默认根据 Company Name 和 Product Name 自动生成。选中 Override Default Package Name 选项后,可以自定义 Package Name（包名）。Package Name 不要使用特殊字符,包括中文。

Minimum API Level（最低 API 级别）和 Target API Level（目标 API 级别）会影响生成的安卓应用的 API Level。当这个 API Level 版本高于设备的 API Level 的时候,将无法安装。Unity 2020 默认的 Android SDK 只能编译 Android 10（API Level 29）的 APK,如果需要编译其他版本的,就要更新 Android SDK。

3. Keystore

安卓应用使用 Keystore 来识别应用的作者,它相当于一个签名,相关设置都在 Publishing Settings（发布设置）标签下, 如图 2-28 所示。只是学习的话, 这里的内容可以不填。

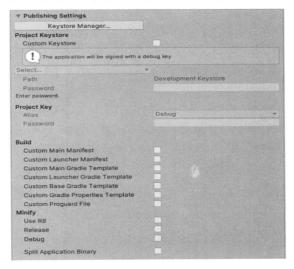

图 2-28

2.6.3　生成安卓应用

在 Build Settings 窗口单击 Build 按钮,在弹出的窗口中选择一个目录,并为要生成的".apk"文件取名,单击"保存"按钮,就会生成安卓应用,如图 2-29 所示。

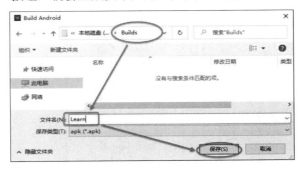

图 2-29

第一次生成安卓应用的时候，提示 Building Gradle project 的时候会从网络下载内容，大约有70MB，如图 2-30 所示。生成安卓应用时经常会因为网络问题卡在这里，所以第一次生成安卓应用的网络环境一定要顺畅。

完成后，会在指定目录生成对应的文件，将其发送到设备安装即可，如图 2-31 所示。

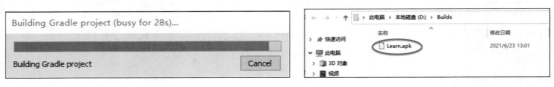

图 2-30   图 2-31

发送到设备后，很多设备会修改文件后缀，以防止用户不小心下载了木马或者病毒，将文件后缀改回 ".apk" 就可以安装了。

2.7 生成 iOS 应用

2.7.1 玩家设置

1. 屏幕方向

在 Player Settings（玩家设置）的 Resolution and Presentation（分辨率和演示）标签下，在 Orientation（方向）中可以设置设备横屏、竖屏、自由旋转等，如图 2-32 所示。如果选择 Auto Rotation 自由旋转，还可以设置 Allowed Orientation for Auto Rotation（允许方向自动旋转）下的选项来控制方向。

2. Identification（识别）

在 Player Settings（玩家设置）的 Resolution and Presentation（分辨率和演示）标签下，在 Identification（识别）中可以进行 iOS 应用的基础信息设置，如图 2-33 所示。

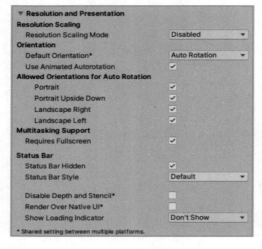
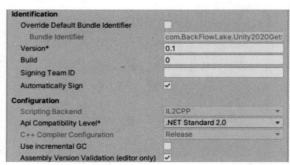

图 2-32   图 2-33

　　Bundle Identifier（资源部标识符）相当于 iOS 应用的身份证号，是判断两个应用是不是同一个应用的依据，默认根据 Company Name（公司名称）和 Product Name（产品名称）自动生成。选中 Override Default Bundle Identifier 选项后，可以自定义 Bundle Identifier（资源部标识符）。Bundle Identifier（资源部标识符）不要使用特殊字符，包括不要使用中文。

2.7.2　生成 iOS 应用

　　在 Build Settings 窗口单击 Build（生成）按钮，在弹出的窗口中选择一个目录，单击 Choose 按钮，如图 2-34 所示。

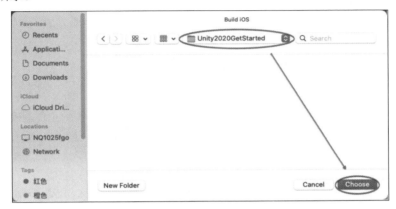

图 2-34

　　之后会在目录中生成一个 Xcode 项目，双击项目文件，即可打开 Xcode 项目，如图 2-35 所示。

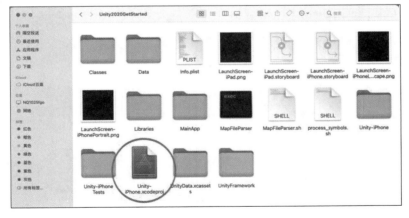

图 2-35

　　设置好苹果开发者证书以后，可以将内容发布到连接着 Mac 计算机的 iOS 调试设备，如图 2-36 所示。

图 2-36

2.8　提示和总结

Unity 安装完以后，先用空的场景生成对应平台的应用程序，以保证安装正确。这样可以避免在后面的开发中生成出错，无法判断是 Unity 安装的问题还是项目或程序的问题。

第一次生成安卓应用需要看运气，如果生成失败，换一下网络环境试试。如果计算机环境过于复杂，例如安装了很多软件，也会有影响。理想状态是新装完系统的计算机。

生成 iOS 应用最麻烦的是苹果开发者证书，但是这个不是 Unity 的问题，不在这里讨论。

安卓的 Package Name 和 iOS 的 Bundle Identifier 一定要按规范命名。一些 SDK 会和其绑定，命名不规范会导致绑定出错。

Unity 生成应用程序相关视频链接（虽然是 2019 版，但内容基本一致）：https://space.bilibili.com/17442179/favlist?fid=1215614279&ftype=create。

本章内容总结如图 2-37 所示。

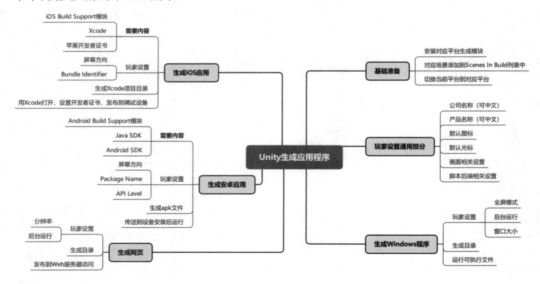

图 2-37

第3章

理解 Unity 的世界

本章将讲解 Unity 的基本概念以及整体结构，为后面 Unity 游戏的开发打下基础。

3.1　虚拟的三维世界

和现实世界类似，Unity 创造的世界空间也是三个维度。其实，Unity 只能创造三维的世界，尽管 Unity 也能创造二维的内容，但只是看上去是二维的，本质上还是三维的。对于虚数空间、高维空间，Unity 就无能为力了，不过平行世界还是可以做到的。

Unity 的虚拟世界使用的是左手坐标系，这和一些 3D 软件使用右手坐标系不一样，某些情况下导入模型的时候需要注意。左手坐标系和右手坐标系的区别是，当 X 轴正方向朝右、Y 轴正方向朝上的时候，左手坐标系的 Z 轴正方向是读者面向的方向，而右手坐标系正好相反，如图 3-1 所示。

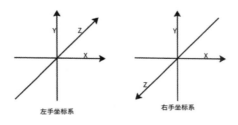

图 3-1

Unity 虚拟世界的长度单位是米，这个在做 AR 和 VR 的时候需要特别注意。一些 3D 建模软件的单位长度是可以设置的，导出到 Unity 的时候，也需要注意将其单位设置为米。

另外，Unity 的虚拟世界在一定程度上支持牛顿力学三大定理，但是不支持万有引力，更不支持相对论。Unity 的虚拟世界默认使用地球重力，可以单击菜单 Edit→Project Settings...（编辑→项目设置...），打开 Project Settings 窗口，然后单击 Physics（物理）标签，其中 Gravity（重力）选项可以对重力的大小和方向进行设置，如图 3-2 所示。

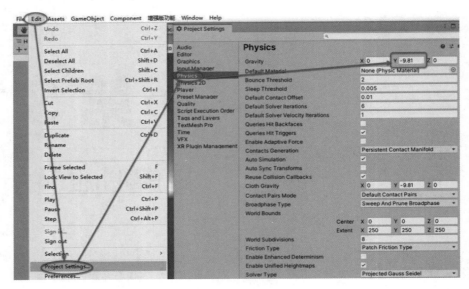

图 3-2

3.1.1 游戏对象和 Transform

任何存在于现实世界的物体都有一个位置，例如在地球范围，任何物体的位置都可以用经度、纬度和海拔来确定。Unity 的虚拟世界也是类似的，任何物体都可以用(X,Y,Z)来确定位置。

在 Unity 的虚拟世界里，所有物体有一个统称，叫游戏对象（GameObject）。每一个游戏对象都有一个 Transform。Transform 不止包含位置信息，还包含旋转和缩放信息，如图 3-3 所示。

尽管每个游戏对象都有 Transform 信息，但是对于开发者而言，仅凭 Transform 信息无法直观地了解各个游戏对象之间的位置关系，所以，这个时候就需要通过场景视图（The Scene View）来直观地了解并设置各个游戏对象之间的位置关系。

3.1.2 游戏对象的层级结构

现实中，很多东西都有层级结构。例如，计算机由 CPU、内存、输入输出等部件组成，而 CPU 又由运算器、寄存器、控制器等部件组成。Unity 的虚拟世界也有层级结构。每个游戏对象都可以有子游戏对象，上级游戏对象的 Transform 位置旋转和缩放会影响下级游戏对象。

层级窗口（The Hierarchy Window）可以用来了解并设置各游戏对象的层级关系，如图 3-4 所示。

图 3-3

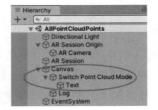

图 3-4

3.1.3　组件决定游戏对象

在现实世界中，不同的东西是由不同的物质或者元素组成的。Unity 的虚拟世界也是类似的，只不过组成游戏对象的东西叫作组件（Component）。不同的组件组成了不同的游戏对象，使其拥有了不同的功能。Transform 是组件，开发者写的代码（也就是脚本（Scripts））也是一种重要的组件。

检查器窗口（The Inspector Window）很重要的一个作用就是用来查看和设置游戏对象由哪些组件组成。例如，默认的摄像机（Camera）游戏对象有 3 个组件，分别是 Transform 组件、Camera 组件和 Audio Listener 组件，如图 3-5 所示。

图 3-5

Transform 也是一个特殊的组件，而且每个游戏对象必然有且只有一个组件。

3.1.4　场景和摄像机

想要一次把一整个 Unity 的虚拟世界全部创造出来，很累也没有必要，所以每次创造的都是 Unity 的虚拟世界的一个碎片，这个碎片就叫场景（Scene）。Unity 通过不同的场景来讲述或者展现被创造出来的一个或者几个虚拟世界。

场景中还存在一种特殊的游戏对象，叫作摄像机（Camera），现实世界必须通过摄像机才能看到场景中的内容。

所以，每个 Unity 项目至少需要一个场景，否则不能正确生成应用或者程序。每个场景中必须至少有一个摄像机，否则不能显示任何内容。

3.1.5　资源

Unity 世界中的内容最终都由资源（Asset）组成。一个资源可以是一个场景，也可以是一个游戏对象，或者是一个组件，或者是组件的一个组成部分。凡是没有成为资源的内容是无法直接进入场景的（动态加载除外）。

计算机上的文件是不能直接拖曳到场景窗口中的，必须先拖曳到项目窗口（The Project Window）中，导入 Unity 项目成为资源以后，才能被拖曳到场景窗口中使用。

3.2　Unity 项目的结构

Unity 项目的结构如图 3-6 所示，其涉及的几个概念如下。

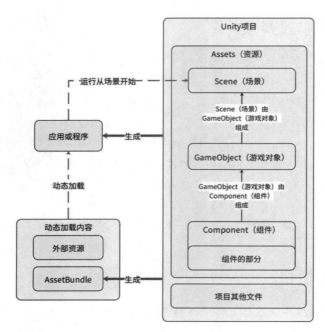

图 3-6

- 项目：包含整个工程所有内容，表现为一个目录。Unity 不像其他软件项目有一个单独的文件作为整个项目的一个中心或者起点，Unity 项目就是一个目录。
- 场景：一个虚拟的三维空间，以便游戏对象在这个虚拟空间中进行互动，表现为一个文件。
- 游戏对象：场景中进行互动的元素，依据其拥有的组件不同而拥有不同的功能。有些游戏对象是单独的文件，有些则不是。
- 组件：组成游戏对象的构件。有些组件是单独文件，如脚本。
- 资源：项目中用到的内容，可以构成组件的一部分，如组件、游戏对象、场景。每个资源由导入或者生成的文件和其他一些辅助的文件构成。

对于 Unity 项目的结构，简单而言就是：资源是基础，组件构成游戏对象，游戏对象构成场景，场景构成项目，项目可以生成为不同平台的可运行的程序或应用。

Unity 生成的应用或者程序也可以动态加载一些外部资源，比如常见的视频、音频、图片和文字内容，也可以加载由 Unity 生成的 AssetBundle，这是一种专门用于给 Unity 应用或者程序提供的资源包。

3.3 Unity 的坐标

Unity 中有多个坐标，常用的有世界坐标（World Space）、视口坐标（View Port Space，或者叫摄像机坐标）、屏幕坐标（Screen Space）、GUI 坐标、Unity GUI 坐标，如图 3-7 所示。

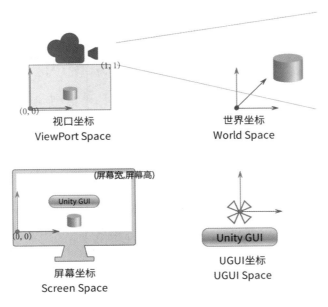

图 3-7

1．世界坐标

世界坐标是 Unity 的虚拟世界坐标，这个坐标用得最多。世界坐标是一个三维的左手坐标系坐标，每个游戏对象的 Transform 的 position 属性就是这个游戏对象的世界坐标。

2．摄像机坐标（视口坐标）

摄像机坐标是一个二维坐标，对应摄像机观察到的范围大小，左下角为(0,0)，右上角为(1,1)。当一个场景中有多个摄像机的时候，就会存在多个摄像机坐标。

3．屏幕坐标

屏幕坐标也是一个二维坐标，是最终显示到屏幕上的范围大小，左下角为(0,0)，右上角为(screen.width,screen.height)，即屏幕分辨率的宽和高。

4．GUI 坐标和 UGUI 坐标

GUI 坐标和屏幕坐标相似，不同的是该坐标以屏幕的左上角为(0,0)点，右下角为(Screen.width,Screen.height)。不过，Unity 从 2017 版以后，GUI 用的越来越少，即将退出舞台。

现在 Unity 界面用的更多的是 UGUI。UGUI 坐标和其他坐标都不同，是一个相对坐标，坐标原点是锚点，高和宽由父节点的高和宽决定。

5．坐标转换的用途

世界坐标、摄像机坐标和屏幕坐标可以通过 Camera 类下的方法相互转换。

当需要判断一个游戏对象是否在某个摄像机的视野中或者是否在屏幕中的时候，可以将该游戏对象的世界坐标转换为摄像机坐标后进行判断。

当需要通过屏幕单击来选中某个游戏对象的时候，通常将被单击点的屏幕坐标转换为世界坐标，

然后发出射线。射线照射到的游戏对象即认为是被单击对象。

3.4 Unity 项目目录说明

1. 项目目录

在 Unity 项目下有很多目录，其中关键的是 Assets、Packages、UserSettings 和 ProjectSettings 目录，如图 3-8 所示。这 4 个目录是基础的内容，其他目录和内容都可以自动生成（当项目很大的时候，生成过程会很慢）。

当需要复制项目给别人或者进行版本管理的时候，只需要提供这 4 个目录及其内容即可。当 Unity 出现奇怪的退出的时候，也可以通过删除这 4 个目录以外的所有目录来重建项目。

导入 Assets 目录中的资源并不会被直接使用，而是会被转换以后放在 Library 目录下，因此，在 Assets 目录中可以使用中文命名。

2. Assets 下的特殊目录

在 Assets 目录下有一些特殊的目录，在新建项目的其他目录的时候不要产生冲突，如图 3-9 所示。这里的目录名大小写敏感。

图 3-8

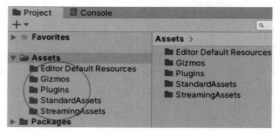

图 3-9

Unity 资源目录下的特殊目录信息如表 3-1 所示。

表3-1　资源目录下的特殊目录说明

目 录 名	是否唯一	说 明
Editor	否	编辑器脚本目录
Editor Default Resources	是	编辑器脚本动态资源目录
Gizmos	是	场景视图图标目录
Plugins	是	.dll 等插件目录
Resources	否	动态加载资源目录
Standard Assets	是	官方标准资源目录
StreamingAssets	是	非压缩动态资源目录

只有 Editor 和 Resources 目录可以存在多个且路径没有要求，其他目录在一个 Unity 项目中只能有一个且只能在 Assets 目录下。

- Editor：该目录下的脚本被视为编辑器脚本，为 Unity 编辑器添加功能而使用，在运行或者发布的时候都不可用。
- Editor Default Resources：为编辑器脚本提供动态加载资源的目录。
- Gizmos：为场景视图中的游戏对象添加图标使用，目的是方便编辑，不对运行和发布产生影响。
- Plugins：当用到其他语言写的插件的时候，需要将对应的文件放置在该目录下，否则无法被检测到并使用。
- Resources：动态加载的资源目录。但是，官方并不推荐使用该目录来加载图片、视频、音频文件。简单来说，只推荐将配置文件放置在该目录中。如果需要大量的动态加载，可以考虑 AssetBundle 或者 StreamingAssets 目录。
- StreamingAssets：该目录适合存放视频文件和其他一些需要动态加载的内容。在一些平台下，该目录的内容不会被压缩。

3.5　关于翻译

Unity 2020 提供了中文语言包，可以在安装的时候选择安装"简体中文"模块，如图 3-10 所示。

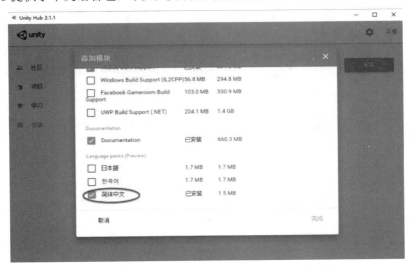

图 3-10

进入编辑器界面后，单击菜单 Edit→Preferences...（编辑→首选项...），打开 Preferences 窗口，选择 Languages（简体中文）标签下的 Editor Language（编辑器语言）下拉列表即可修改界面的语言，如图 3-11 所示。

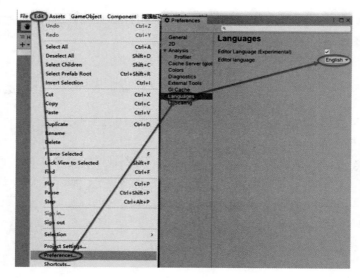

图 3-11

但是，因为各种原因，Unity 的界面无法全部变成中文，而且不时会有错误，如图 3-12 所示。

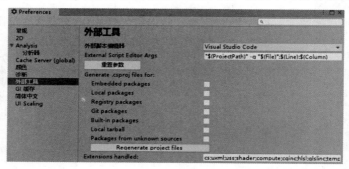

图 3-12

在后面的内容中，凡是遇到 Unity 专有名词，如 GameObject、Component 等，会参照官方中文语言包中的翻译，如果官方翻译有错误，为了让中文界面的使用者能找到，会沿用官方的错误翻译。菜单会使用"英文名称路径（中文名称路径）"的方式来说明。

3.6　关于 Unity 的学习资源

Unity 的学习资源其实蛮多的，但是比较分散。首推官方手册和官方脚本，这里有新内容的一些说明，而且是中文的。在 Unity 中文课堂有官方提供的中文视频课程，有免费的，也有付费的。

英文版 Unity 的官方网站上也有很多课程，但是都是英文的，而且视频都在 YouTube 上。国内视频网站有搬运，也有不少好的教程，首推 Bilibili，视频多，而且没广告，其次如 CSDN、知乎、简书上都有不错的文章可以学习。

另外，Unity 官方商城也有很多免费的好东西，可以直接拿来用。官方商城提供了大量的免费素材、资源（如动作、模型、效果、图标），还有各类游戏（包括射击、RPG、拼图、赛车、坦克对战等）的开发工具插件。初学者在开发之前建议先到 Unity 官方商城逛一下，也许会有意想不到的收获。

3.7 提示和总结

官方手册网址：https://docs.unity.cn/cn/2020.3/Manual/UnityManual.html。

官方脚本参考网址：https://docs.unity.cn/cn/2020.3/ScriptReference/index.html。

Unity 中文课堂网址：https://learn.u3d.cn/。

万物皆是游戏对象，游戏对象皆是组件。一开始把这个理解了，后面学习就能很快上手。

英文文档的阅读对 Unity 的学习帮助很大，最新的功能，插件都只有英文文档，很多好的内容都是英文的。简单来说就是不用百度的程序员比只会用百度的厉害，学习也是一样。

本章内容总结如图 3-13 所示。

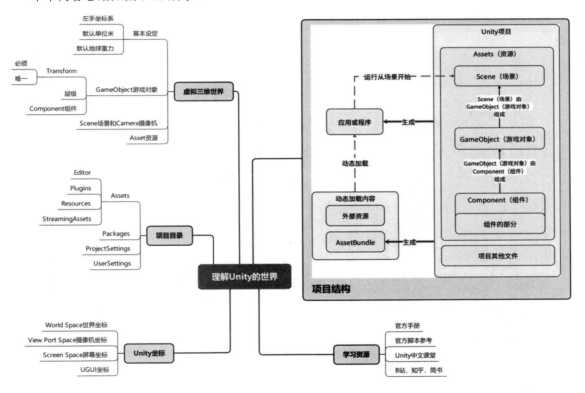

图 3-13

第4章

Unity 的常用界面

Unity 的界面包括很多窗口和视图，各种插件包括用户都可以根据需要添加自定义的菜单、窗口等。在这里主要介绍常用的窗口及其相关菜单。

这是 Unity 默认的界面，包括 7 个窗口/视图，也是使用最多的界面，如图 4-1 所示。

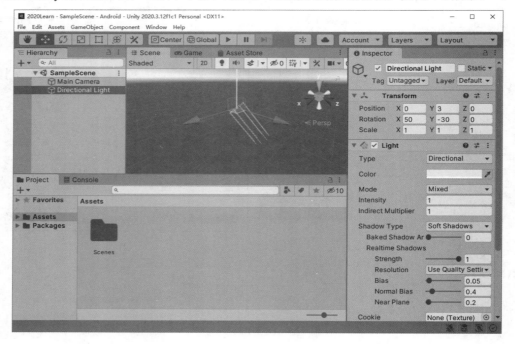

图 4-1

各个窗口/视图的作用说明如表 4-1 所示。

表4-1　主要窗口作用说明表

窗口/视图	作用说明
The Project Window（项目窗口）	部分资源的导入、导出、新建、删除，以及资源内容的目录管理
The Scene View（场景视图） The Hierarchy Window（层级窗口）	当前打开场景的设置：添加、删除、修改游戏对象的位置、层级等
The Inspector Window（检查器窗口）	修改查看选中资源的属性，修改查看选中游戏对象的属性，修改查看选中游戏对象上的组件的属性
The Game View（游戏视图）	查看场景、项目运行后的效果
Console Window（控制台窗口）	返回项目静态或运行后的信息、警告及错误
Asset Store（资源商城） Package Manager（包管理）	获取、添加/导入、删除由官方或其他第三方提供的资源、插件

4.1　共有操作

Unity 的所有窗口视图都可以通过鼠标左键按住名称来拖曳。所有的窗口视图都可以修改大小和位置，每个人可以根据习惯来定义并保存自己喜欢的界面布局。

单击菜单 Window→Layouts→Default（窗口→布局→默认）就能回到默认的界面布局，如图 4-2 所示。

在所有窗口视图右上角都有一个下拉菜单按钮，菜单中提供最大化、关闭窗口视图、添加窗口视图等操作。如果有锁型按钮，还提供锁定窗口视图的功能。这个菜单中的内容会因为不同的窗口视图略有不同，如图 4-3 所示。

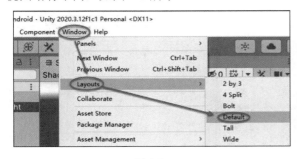

图 4-2

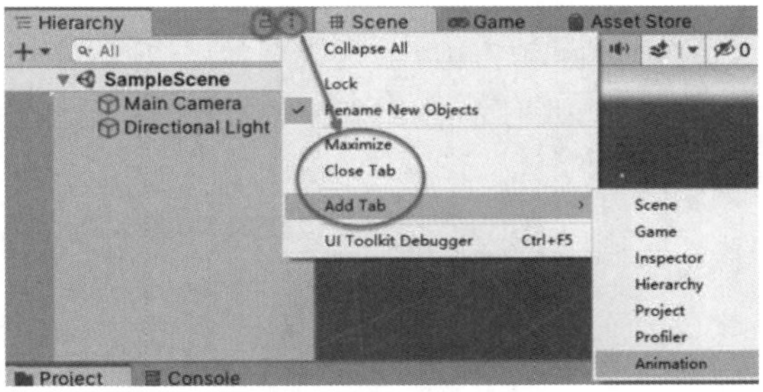

图 4-3

Unity 允许同一个窗口重复出现。例如锁定检查器窗口（The Inspector Window）后，可以再添加一个检查器窗口（The Inspector window）。多个窗口有时候在开发、调试的过程中很有用，如图 4-4 所示。

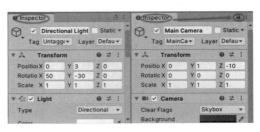

图 4-4

4.2 项目窗口

项目窗口（The Project Window）用来显示和管理 Unity 项目的文件，以及导入导出资源，如图 4-5 所示，用户添加的所有资源都在这里显示。这里显示的内容就是项目的 Assets 文件夹内容。

4.2.1 菜单

1. 添加资源菜单

项目窗口左上角有添加按钮，单击以后会弹出资源添加的菜单，可以看到能添加的内容非常多，如图 4-6 所示。如果添加之前选中了项目窗口 Assets 下的目录，则会将资源添加到选定目录，否则会添加到 Assets 目录。

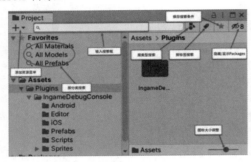
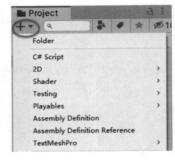

图 4-5　　　　　　　　　　　　　图 4-6

2. 鼠标右键菜单和 Assets 菜单

在项目窗口空白处右击，会弹出资源菜单，弹出内容和在 Unity 菜单单击 Assets（资源）的效果相同。菜单除了有添加资源的功能外，还有导入/导出资源、打开系统资源管理器窗口等功能，如图 4-7 所示。

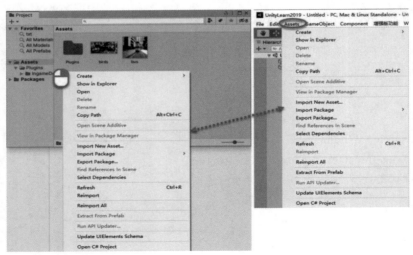

图 4-7

4.2.2　基本操作

1. 拖动导入资源

可以将资源文件拖曳到项目窗口中，实现添加资源。相同名称的文件拖曳到项目窗口不会覆盖，只会出现另一个重命名过的资源。还可以通过菜单的新增功能来添加资源。

2. 拖曳修改路径

选中一个已有的资源，通过鼠标拖曳可以修改资源所在的路径。在项目窗口中，无论是资源还是文件夹，都可以通过拖曳来修改其所在的位置。

3. 其他

选中一个已有的资源，单击菜单，可以对资源进行重命名、删除、打开等操作。在项目窗口右击还能对资源进行导入和导出操作。

在 Unity 中的复制有两个，即 Copy（复制）和 Duplicate（复制），中文翻译都一样。在项目窗口，Copy 没用，只能使用 Duplicate，即不能用 Ctrl+C 的复制，只能用 Ctrl+D 的复制。

4.2.3　界面调整

1. 调整图标大小

项目窗口右下角的拖动条可以用来调整窗口中图标的大小，如图 4-8 所示。

2. 隐藏/显示 Packages

项目窗口提供了显示/隐藏 Packages 的按钮，该按钮还显示了当前项目中使用了几个 Packages 插件，如图 4-9 所示。

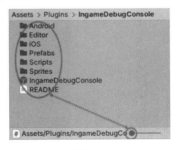

图 4-8

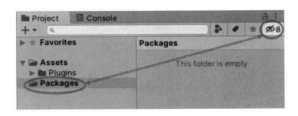

图 4-9

4.2.4　搜索

项目窗口除了提供对资源的操作（如导入、导出、移动、删除等）外，还提供了多种对资源的搜索方式。

1. 标签搜索

选中一个资源，在检查器窗口中，单击右下角的 图标，可以为资源设置标签（Label），如

图 4-10 所示。设置之后，就可以通过选择不同的标签对搜索结果进行过滤，如图 4-11 所示。

图 4-10

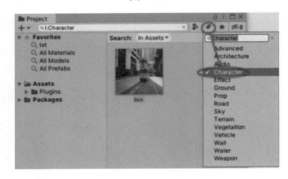

图 4-11

2. 类型搜索

项目窗口提供了类型搜索的按钮，可以通过选择不同的类型对搜索结果进行过滤，如图 4-12 所示。

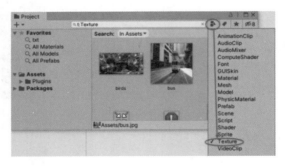

图 4-12

3. 输入搜索框

输入搜索框是最常用的，输入要搜索的资源名称搜索即可。项目窗口的几种搜索方法可以联合使用，如图 4-13 所示。

项目窗口的搜索功能不仅能搜索当前项目的资源内容，还能搜索资源商城的内容。

4. 保存搜索内容

在进行搜索以后，单击保存搜索按钮，可以将搜索的内容保存到 Favorites 下，下次搜索同样内容的时候，直接单击即可进行搜索，如图 4-14 所示。

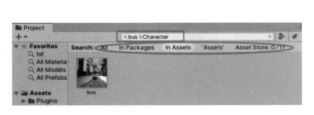

图 4-13

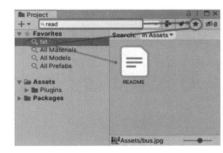

图 4-14

总结图如图 4-15 所示。

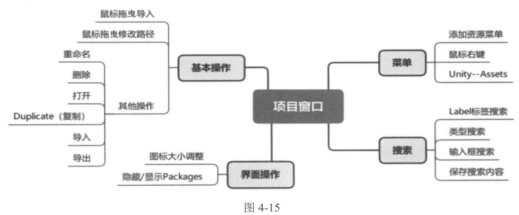

图 4-15

4.3　层级窗口

层级窗口（The Hierarchy Window）会用树状列表的形式列出当前打开的场景（可以打开多个场景）中的所有游戏对象，如图 4-16 所示。这个窗口的主要目的是查看调整各个游戏对象之间的层级关系。其中，场景、普通游戏对象和 Prefab 预制件的名称和图标各不相同。如果一个游戏对象没有子对象，则前方没有图标。

4.3.1　菜单

1. 添加游戏对象菜单

单击层级窗口左上角的▼图标会弹出添加游戏对象菜单，通过该菜单可以往场景中添加各类游戏对象。该菜单的作用和单击 Unity 菜单 GameObject 的一致，如图 4-17 所示。

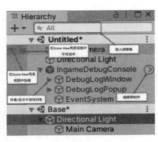
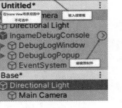

图 4-16   图 4-17

2. 鼠标右键菜单

选中游戏对象或者在空白处右击，会弹出游戏对象编辑和添加的菜单，这里可以对游戏对象进行添加、复制、粘贴、重命名、删除等操作，如图 4-18 所示。这里如果选中游戏对象进行添加的话，能够直接将添加的游戏对象设置为选中游戏对象的子对象，而通过前面的菜单进行添加，默认只会将添加的游戏对象设为根节点的游戏对象。

3. 场景操作菜单

单击场景右侧的 ⸭ 图标，会弹出场景操作的菜单，能够对场景进行保存、卸载、移除等操作，如图 4-19 所示。

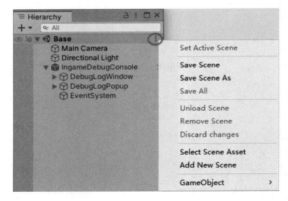

图 4-18   图 4-19

4.3.2 基本操作

1. 拖曳修改层级

层级窗口最重要的操作就是通过选中游戏对象后，通过拖曳来修改游戏对象的层级关系，可以通过拖曳一个游戏对象使其成为其他游戏对象的子对象，或者使其位置在其他游戏对象之上或者之下，如图 4-20 所示。对于一般的游戏对象，在层级窗口中的位置上下没有多少影响，但是 Uinty 的 UI 位置前后会影响显示效果。

2. 拖曳添加游戏对象

部分资源可以从项目窗口拖曳到层级窗口来实现在场景中添加游戏对象，例如将模型拖曳到场景中，如图 4-21 所示。

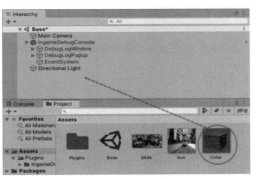

图 4-20　　　　　　　　　　　　图 4-21

3. 拖曳添加组件或设置属性

部分资源可以从项目窗口拖曳到层级窗口来实现为游戏对象添加组件或设置组件属性，例如将纹理拖曳到模型上，如图 4-22 所示。

4. 拖曳打开多个场景

场景资源可以从项目窗口拖曳到层级窗口中实现同时打开多个场景进行编辑，如图 4-23 所示。

5. 折叠/展示层级

在层级窗口中，单击场景或者游戏对象左边的▼和▶图标可以实现折叠/显示其子游戏对象，如图 4-24 所示。

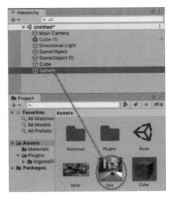
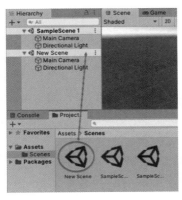
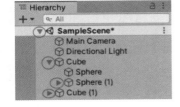

图 4-22　　　　　　　图 4-23　　　　　　　图 4-24

4.3.3　联动内容

在层级窗口中的一些操作会和场景视图（The Scene View）中的内容联动，因为修改的本来就是同一个内容，即当前打开的场景。

1. 双击选中游戏对象

在层级窗口中，通过双击鼠标左键可以选中游戏对象并且使其整体显示在场景视图的中心位置，如图 4-25 所示。这是在场景视图找到并查看一个游戏对象的常用方法。

2. 设置在场景视图中是否可选中

单击游戏对象或者场景左边的手形图标，可以将其和其子游戏对象设置为在场景视图不可被选中的状态，如图 4-26 所示。这个操作不影响其在层级窗口可以被选中。例如在编辑场景的时候，经常要选择地面上的物品，但是不希望总单击到地面，就可以将地面设置为在场景视图不可选中。

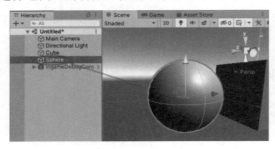
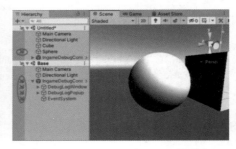

图 4-25　　　　　　　　　　　　　　　　　图 4-26

根据其子游戏对象是否可以选中，手形图标可分为 4 种，如表 4-2 所示。

表4-2　手形图标说明

图　标	说　明
	可以选中游戏对象及其子游戏对象
	不可以选中游戏对象及其子游戏对象
	可以选中游戏对象，但是其子游戏对象有不可以选中的
	不可以选中游戏对象，但是其子游戏对象有可以选中的

3. 设置在场景视图中是否可见

单击游戏对象或者场景左边的眼睛图标，可以将其及其子游戏对象设置为在场景视图中不可见。这个操作只能使场景或者游戏对象在场景视图中不可见，不改变场景或者游戏对象的任何属性，在游戏视图（The Game view）和实际运行中依然可见，如图 4-27 所示。例如要在场景视图中选择某个游戏对象内部的东西或被遮挡住的游戏对象的时候，就可以将外部或者遮挡的游戏对象设置为场景视图不可见。

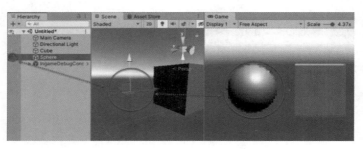

图 4-27

根据其子游戏对象是否可见，眼睛图标可分为 4 种，如表 4-3 所示。

表4-3　眼睛图标说明

图　标	说　明
👁	游戏对象及其子游戏对象都可见
👁	游戏对象及其子游戏对象都不可见
👁	游戏对象可见，但是其子游戏对象有不可见的
👁	游戏对象不可见，但是其子游戏对象有可见的

4. 输入搜索框

在层级窗口的输入搜索框中输入内容以后，只显示符合搜索内容的游戏对象，同时在场景视图中，不符合搜索内容的游戏对象会显示为灰色，如图 4-28 所示。当场景中有很多游戏对象，特别是有很多相同的游戏对象的时候，这种方法很有用。

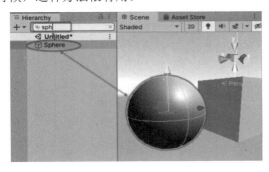

图 4-28

总结图如图 4-29 所示。

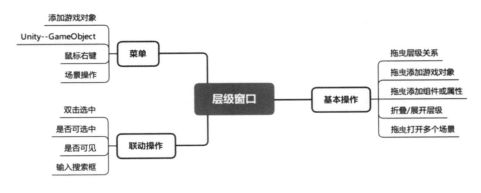

图 4-29

4.4　场景视图

场景视图是 Unity 默认界面中最复杂的一个，有对视角的控制、对游戏对象的控制、各种类型的过滤和模式切换，还有搜索功能，同时也是使用最频繁的一个。场景视图允许使用者从场景中的某个位置来观察场景中的游戏对象并对其进行操作，如图 4-30 所示。

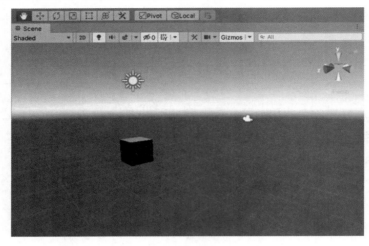

图 4-30

4.4.1 添加操作

1. 添加游戏对象

部分资源可以从项目窗口拖曳到场景视图中来实现在场景中添加游戏对象，例如模型和预制件，如图 4-31 所示。

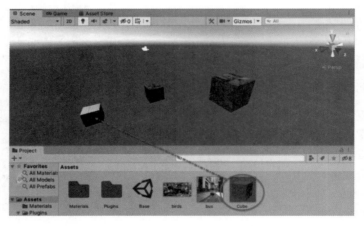

图 4-31

2. 添加组件或者设置属性

部分资源可以从项目窗口拖曳到场景视图中的游戏对象上来实现为游戏对象添加组件或设置组件属性，例如纹理、声音等，如图 4-32 所示。

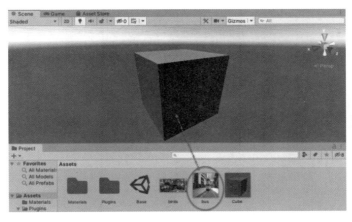

图 4-32

4.4.2　视角操作（视图导航）

1. 场景辅助图标

场景视图右上角有一个辅助图标，如果单击对应的锥形，可以将视图对齐到对应的锥形，获得场景的顶部视图、左视图等。在辅助图标上右击，会弹出一个包含视角列表的菜单，通过菜单可以获得场景的顶部视图、右视图等。辅助图标旁边还有一个锁形图标，单击以后可以锁定场景视角使其不可被旋转，如图 4-33 所示。

2. 手形工具

Unity 的快捷菜单栏中第一个工具是手形工具，选中以后，可以用鼠标和键盘调整场景视图的视角，如图 4-34 所示。鼠标上下左右移动会使视角在场景中上下左右移动。滑动鼠标滚轮可以使视角向前或者向后移动，当然也可以理解为放大或者缩小，毕竟近大远小。按键盘上的方向键可以上下左右移动视角。按住 Shift 键进行操作，可以加快视角移动的速度。

图 4-33

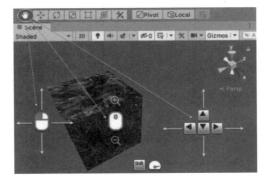

图 4-34

3. 鼠标右键操作

在场景视图中按住鼠标右键以后，也可以进行一系列的视角操作，如图 4-35 所示。

按住鼠标右键后，上下左右移动鼠标会选中视角。按住鼠标右键后，可以用滚轮调整移动和旋转的速度。按住鼠标右键后，按键盘上的 E、Q、A、D 键可以使视角上下左右移动，按 W、S 键可以使视角前进后退。Shift 键的作用依然是加速。

4. Alt 操作

按 Alt 键以后的操作如图 4-36 所示。

按 Alt 键以后，是以前进后退为主的操作。

按 Alt 键以后，按住鼠标左键上下左右移动可以旋转视角。

按 Alt 键以后，按住鼠标右键上下左右移动可以让视角前进或者后退。这时鼠标滚轮的作用也是前进和后退。

按 Alt 键以后，按键盘方向键的上下可以让视角前进和后退，按键盘方向键的左右可以左右移动视角。

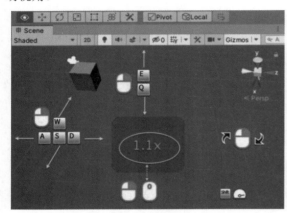

图 4-35

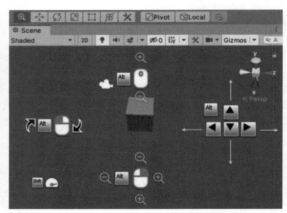

图 4-36

场景视图的操作方式看起来很多、很复杂，但是使用时只要达到效果就行，不需要记那么详细。简单总结就是：手形、右键、Alt，方向外加 ASD，加速就用 Shift，中键速度很有用。按照自己的习惯操作就好，错了也没什么影响。

4.4.3 游戏对象操作

1. 操作

使用 Unity 快捷菜单可以对场景视图中的游戏对象进行移动、旋转、缩放等操作。

单击 Move Tool（移动工具），可以选中并移动场景视图中的游戏对象，如图 4-37 所示。

单击 Rotate Tool（旋转工具），可以选中并旋转场景视图中的游戏对象，如图 4-38 所示。

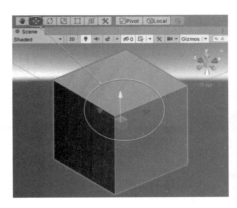
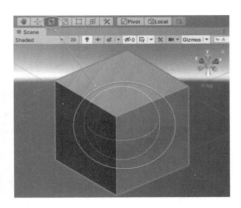

図 4-37 　　　　　　　　　　　　　　　図 4-38

单击 Scale Tool（缩放工具），可以选中并缩放场景视图中的游戏对象，如图 4-39 所示。

单击 Rect Tool（矩形工具），可以选中并修改 2D 或者 UI 的 Rect Transform。这个工具也可以用于普通的 3D 游戏对象的 Transform 属性修改，如图 4-40 所示。

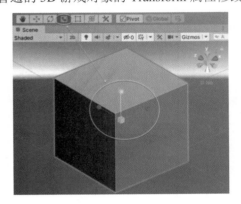

図 4-39 　　　　　　　　　　　　　　　図 4-40

单击变换工具，可以选中并移动、旋转、缩放场景视图中的游戏对象，相当于移动、旋转、缩放功能合并在一起，如图 4-41 所示。

定制工具会因为选中的游戏对象不同而进行不同的操作，如图 4-42 所示。

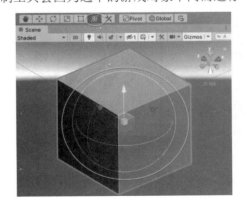
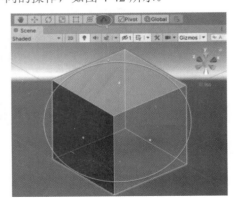

図 4-41 　　　　　　　　　　　　　　　図 4-42

2. 参照

使用移动和旋转工具的时候，可以设置参照，如 Pivot/Center（本身/中心）、Local/Global（本地/世界）。

当参照设置为 Center（中心）的时候，移动和旋转的中心是整个游戏对象的中心，如图 4-43 所示。

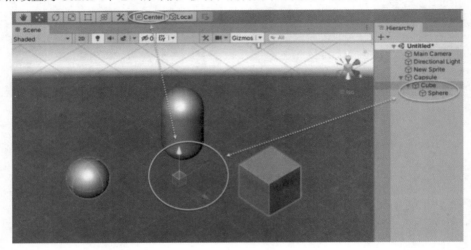

图 4-43

当参照设置为 Pivot（轴心）的时候，移动和旋转的中心是选中的单个游戏对象的中心，如图 4-44 所示。

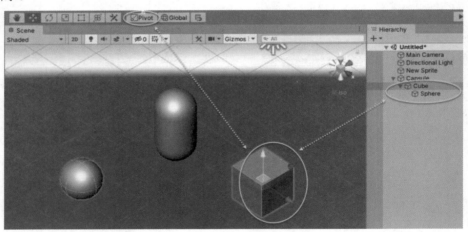

图 4-44

当参照设置为 Global（全局）的时候，移动和旋转以 Unity 的 X、Y、Z 轴作为方向和旋转中心，如图 4-45 所示。

当参照设置为 Local（局部）的时候，移动和旋转以游戏对象自身的 X、Y、Z 轴作为方向和旋转中心，如图 4-46 所示。

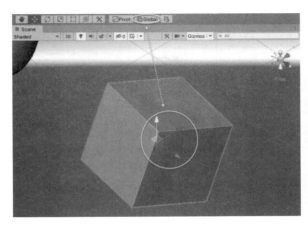
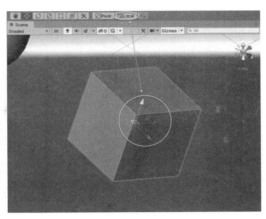

图 4-45　　　　　　　　　　　　　　　图 4-46

4.4.4　其他辅助按钮和开关

场景视图还有很多辅助按钮和开关，这些辅助按钮和开关不会影响最终的游戏结果，只是方便使用者在开发的时候进行操作和调试，如图 4-47 所示。

图 4-47

其中，初学者常用的有两处，即 2D/3D 切换和输入搜索框。2D/3D 切换常用于做 UI 的时候，UI 多数是 2D 的，这个时候需要切换到 2D 显示，在做其他 3D 内容的时候再切换回 3D 界面。

场景视图的输入搜索框功能和层级窗口中的输入搜索框功能一样，而且是联动的。输入搜索内容以后，在场景视图中没被搜索到的内容会变成灰色，在层级窗口中没被搜索到的内容会隐藏，如图 4-48 所示。

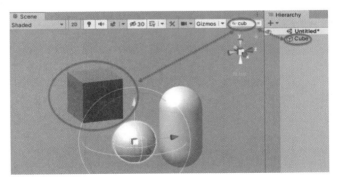

图 4-48

总结图如图 4-49 所示。

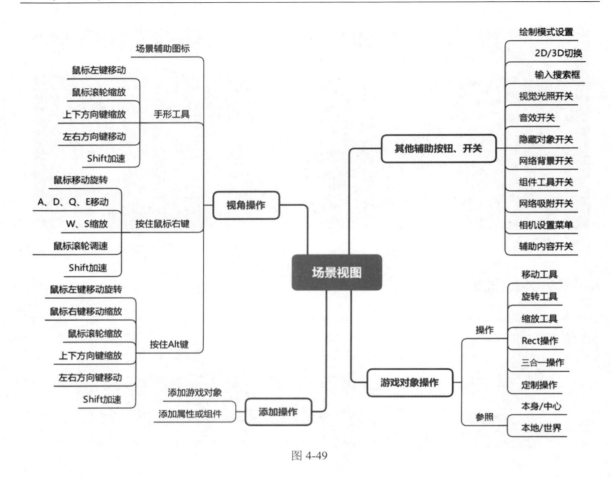

图 4-49

4.5 检查器窗口

检查器窗口（The Inspector Window）有两个作用，一个是查看修改游戏对象的具体内容及其组件，另一个是查看并设置资源。由于不同的组件属性项目差别很大，组件内部的设置将在说明不同类型组件的时候再讲解，如图 4-50 所示。

4.5.1 菜单

1. 组件操作菜单

单击组件最右边的 ⋮ 按钮，可以打开组件操作菜单。该菜单可以进行重置、移除组件等操作，如图 4-51 所示。

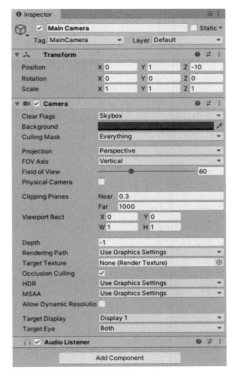

图 4-50

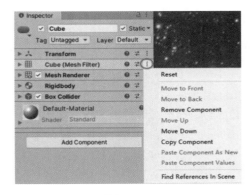

图 4-51

2. 添加组件菜单

在最下方有 Add Component（添加组件）按钮，可以为选中的游戏对象添加组件。这里的功能和 Unity 菜单的 Component（组件）功能基本一致。但是这里提供了搜索框，在搜索框输入组件名称可以快速定位组件，如图 4-52 所示。

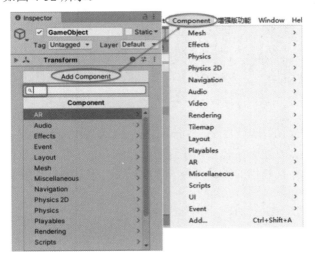

图 4-52

4.5.2 游戏对象操作

当选中了场景中的游戏对象以后，在检查器窗口会显示游戏对象的组件和游戏对象的一些信息，在这里可以对游戏对象的一些属性进行查看和修改，如图 4-53 所示。

在检查器窗口顶部显示了游戏对象名称，可以在这里修改游戏对象的名称。

激活游戏对象选项默认选中，此时游戏对象在场景中生效。如果取消勾选该选项，游戏对象及其子游戏对象就不会产生任何影响。

静态设置可以使游戏对象成为静态的，作用是提升性能，但是只能对在游戏过程中不会变化的游戏对象进行此操作。

1. 标签、图层和排序图层

标签（Tag）、图层（Layer）和排序图层（Sorting Layer）都用于对游戏对象分类，只是侧重点不同。

- Tag 更多在程序中对游戏进行分类的时候使用。例如玩家的标签是 Player，敌人的标签是 Enemy，通过游戏对象的标签来判断是否攻击。
- Layer 更多在让 Camera 指定哪些物件要被画出来，让 Light 指定哪些物件要被照明，让物理射线确认哪些物件要被侦测到的时候使用。
- Sorting Layer 更多用于渲染层级顺序的控制。

Tag 和 Layer 可以通过单击下拉按钮来选择。单击下拉菜单最后一项可以打开添加界面，如图 4-54 所示。

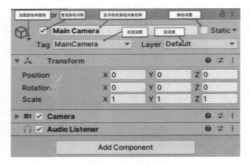

图 4-53

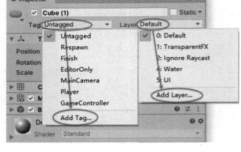

图 4-54

在添加界面中，可以添加并设置 Tags、Sorting Layers 和 Layers，如图 4-55 所示。在 Unity 的快捷工具栏中有一个 Layers（标签）下拉选项，这里可以选择在场景视图中对应 Layer 的游戏对象是否可见或者是否可以被选中。这里的设置只为了方便开发，不影响运行效果，如图 4-56 所示。

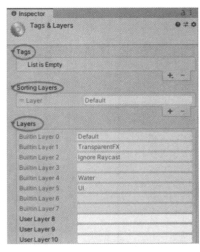

图 4-55

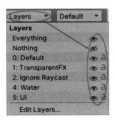

图 4-56

2. 颜色图标设置

单击左上角的按钮，可以设置游戏对象在场景视图中的颜色和图标，这个不影响运行结果，只是方便开发时的编辑和查看，如图 4-57 所示。

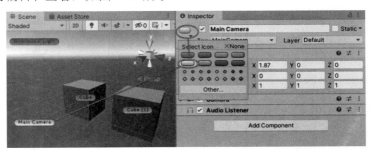

图 4-57

4.5.3　组件操作

每个游戏对象必然包含且只包含一个 Transform 组件。组件可以进行多个统一操作，如图 4-58 所示。

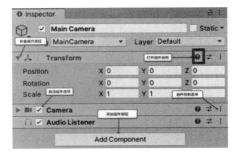

图 4-58

2. 添加滚动球游戏对象

这里参与交互的游戏对象是球体和方块。

（1）添加根游戏对象

同样为了便于管理，添加一个根游戏对象，将属于交互的游戏对象放置于该游戏对象下。

单击菜单 GameObject→Create Empty（游戏对象→建空对象）添加一个空的游戏对象。修改新添加的游戏对象名称为 Interactive，并设置其 Transform 为默认值，如图 5-16 所示。

（2）添加并设置球体

选中 Interactive 游戏对象，右击，在弹出的菜单中选择 3D Object→Sphere（3D 对象→球体），添加一个球体，如图 5-17 所示。

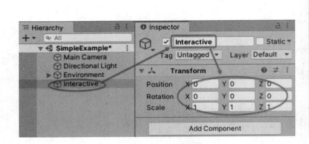

图 5-16   图 5-17

修改球体名称为 RollBall，设置其 Scale（缩放）为"2,2,2"，将 Materials 目录下的红色拖曳到球体上，让球变成红色，如图 5-18 所示。

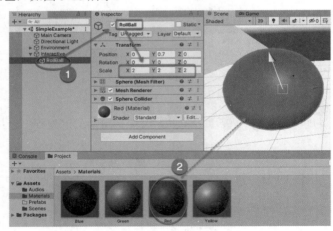

图 5-18

将球移动到斜坡顶部，如图 5-19 所示。

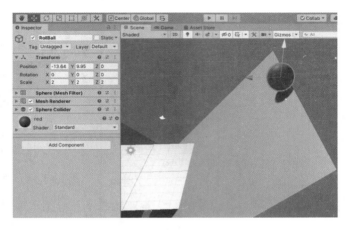

图 5-19

（3）为球体添加物理特性

默认情况下，球体不会从斜坡上滚下来，必须添加物理特性才能受重力影响。

选中 RollBall 游戏对象，单击菜单 Component→Physics→Rigidbody（组件→物理→刚体），为球体添加一个刚体组件，如图 5-20 所示。

在 Rigidbody 刚体组件中，Mass（质量）默认为 1，将其修改为 10，让其碰撞的效果明显一些，如图 5-21 所示。

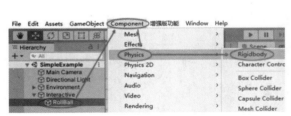

图 5-20

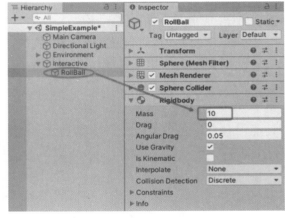

图 5-21

3. 添加交互游戏对象

因为交互游戏对象同样有多个，所以使用 Prefab 预制件。Prefab 预制件不仅能方便对多个相同的对象进行编辑，也能提高性能，所以在可以使用 Prefab 预制件的情况下，尽量使用 Prefab 预制件。

（1）添加预制件

单击菜单 GameObject→3D Object→Cube（游戏对象→3D 对象→立方体），在场景中添加一个方块，如图 5-22 所示。选中 Hierarchy（层级）窗口新添加的方块，将其拖曳到 Project（项目）窗口中的 Prefabs 目录下，成为 Prefab 预制件，如图 5-23 所示。

按钮，可以根据需要添加自己的分辨率，如图 4-65 所示。

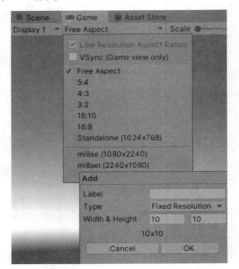

图 4-64　　　　　　　　　　图 4-65

4.6.2　其他按钮

单击 Stats（状态）按钮以后，会显示包含有关游戏音频和图形的渲染统计信息，对性能调试有一定的帮助，如图 4-66 所示。

Display 下拉菜单用于设置当前显示的内容，当场景中同时存在多个摄像机的时候，可以在检查器窗口中设置好以后，在这里进行切换显示，如图 4-67 所示。

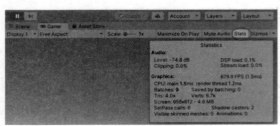

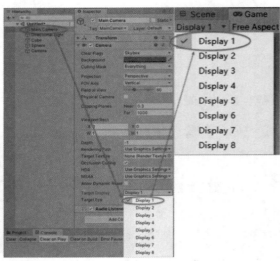

图 4-66　　　　　　　　　　图 4-67

游戏视图还包括缩放滚动条、播放时最大化，静音和辅助内容的开关可以根据需要使用。

总结图如图 4-68 所示。

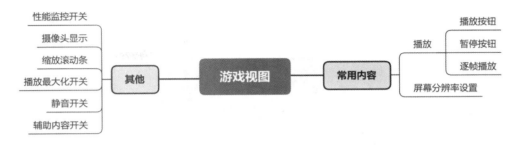

图 4-68

4.7　控制台窗口

控制台窗口（The Console Window）用于显示程序相关的消息，是开发调试时的重要窗口。

4.7.1　基本操作

控制台窗口顶部是工具栏，中间是消息记录。消息记录分为普通消息、错误和警告 3 种，如图 4-69 所示。单击具体的消息记录可以在窗口底部看到消息的全文。双击具体的消息还可以打开脚本，跳转到代码中弹出消息所对应的地方。在非播放状态下的错误消息必须解决，否则无法正常播放或者发布。

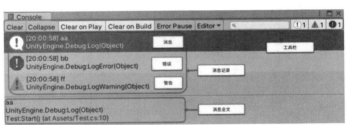

图 4-69

4.7.2　工具栏

工具栏顶部也有很多开关按钮，如图 4-70 所示。

图 4-70

工具栏常用按钮说明如表 4-4 所示。

此时运行，球体滚到下面会被方块墙挡住，因为方块没有物理特性，如图 5-29 所示。

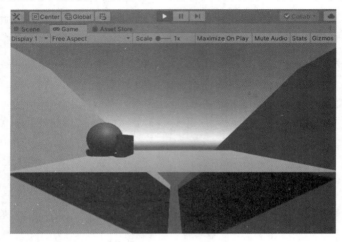

图 5-29

4．预制件添加物理特性

选中 Project（项目）窗口中的 Prefabs 目录下的 Cube 预制件资源，在 Inspector（检查器）窗口中单击 Add Component（添加组件）按钮，在输入搜索框中输入"rigi"，选中 Rigidbody（刚体），为预制件添加刚体组件，如图 5-30 所示。设置预制件的 Mass（质量）为 0.01，如图 5-31 所示。

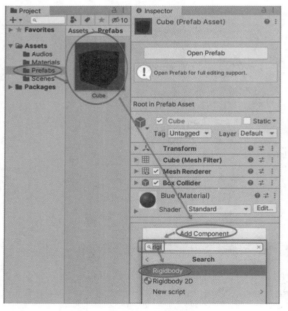

图 5-30

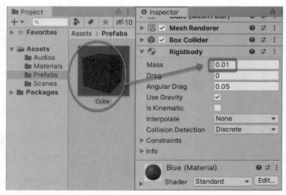

图 5-31

此时再运行，球体就会把方块墙撞开，如图 5-32 所示。

5. 添加挡墙

为了不让小球一开始就滚下来，需要添加一个方块挡住球体。选中 Interactive 游戏对象，右击，在弹出的菜单中选择 3D Object→Cube（3D 对象→立方体）添加一个方块，如图 5-33 所示。

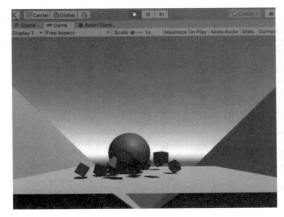
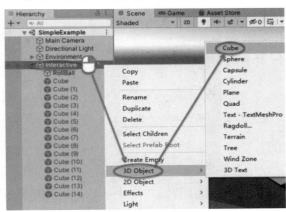

图 5-32   图 5-33

修改新添加方块的名称为 Wall，将其拖曳到球体前方，挡住球体滚动，然后将 Materials 目录下的黄色图片拖曳到方块上，如图 5-34 所示。

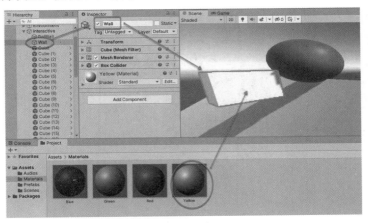

图 5-34

5.2.4 效果添加设置

1. 添加粒子特效

游戏中通常会有很多特效，例如火焰、爆炸、魔法阵等。这里添加一个最简单的特效。Unity 资源商城中有很多免费特效，初学者可以去资源商城搜索并下载使用。

单击菜单 GameObject→Effects→Particle System（游戏对象→效果→粒子系统），在场景中添加一个粒子特效，如图 5-35 所示。

4.9 包管理器

Unity 的资源或插件来源渠道不统一，而且很多插件在项目中占用了大量空间，实际有用的内容却很少。为了解决这两个问题，Unity 推出了包管理器（Package Manager）。包管理器可以添加/删除来自官方的、从 Unity 资源商城购买的或者其他第三方的资源或插件。随着 Unity 官方将越来越多的内容放到官方资源中，包管理器也变得越来越重要。

1. 打开窗口

单击菜单 Window→Package Manager（窗口→包管理器）可以打开包管理器窗口，如图 4-74 所示。

2. 主要界面

包管理器的主界面左边是列表，用于显示当前分类下所有的资源或插件。选中其中一个以后，会在窗口右边显示选中对象的详细信息。

包管理器还提供了对列表内容进行搜索的搜索框。在窗口右下方有选中对象的操作按钮。根据选中对象的不同，会显示 Install（安装）、Download（下载）、Import（导入）、Update to xxx（更新到 xxx）和 Remove（移除）等按钮，如图 4-75 所示。

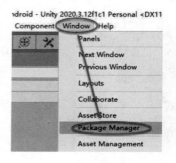

图 4-74

图 4-75

3. 类型选项

单击窗口左上角的 Packages：In Project 下拉列表，可以选择不同的资源或插件类型，默认为 In Project（在项目中），如图 4-76 所示。

Unity Registry（Unity 注册表）：显示的是 Unity 官方提供的各种插件，常用的有 Cinemachine、ARFoundation、URP、HDRP 等。

My Assets（我的资源）：显示的是使用者在资源商城购买的资源。从 Unity 2020 开始，在资源商城购买的资源只能从这里下载和导入。

In Project（在项目中）：显示的是当前项目安装过的资源或插件。

4. 其他导入方式

单击窗口左上角的 "+" 下拉按钮，还提供了另外 3 种导入方式：Add package from disk...（添加来自磁盘的包）、Add package from tarball...（添加来自 tarball 的包）和 Add package from git URL...

（添加来自 git URL 的包），如图 4-77 所示。

现在使用这 3 种方式导入的资源或者插件还不多。例如，EasyAR 4.3 就是使用 tarball 包的方式导入的，表现是从以前的".unitypackage"文件变成了".tgz"文件。

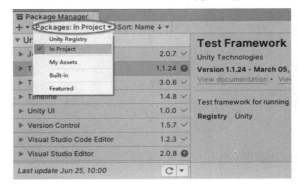

图 4-76

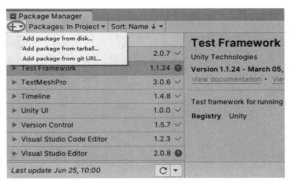

图 4-77

4.10　菜单及其他常用操作

1. 复制

在项目窗口，Copy（复制）没用，只能使用 Duplicate（复制）。这个复制经常用于将模型中的动作复制出来成为单独的动作文件，然后再修改，如图 4-78 所示。

2. 游戏对象和视角移动

选中场景中的游戏对象以后，单击菜单 GameObject（游戏对象）后，可以选择 Move To View（移动到视图）、Align With View（对齐视图）、Align View to Selected（对齐视图到选定项），如图 4-79 所示。

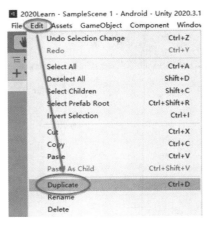

图 4-78

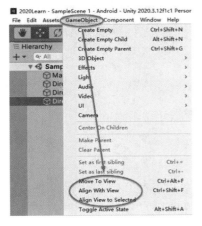

图 4-79

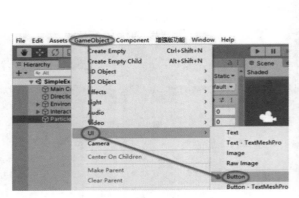

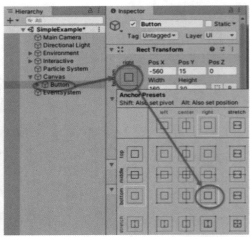

图 5-40   图 5-41

单击 Scene（场景）视图的 2D 开关，将显示方式设置为 2D。双击 Canvas 游戏对象，使场景视图显示为整个画布。选中按钮，修改其大小为宽 300、高 100。选中 Rect Tool（矩形工具）工具，将按钮拖曳到画布右下角，如图 5-42 所示。

这样，无论显示分辨率是多少，按钮总是在屏幕右下角。

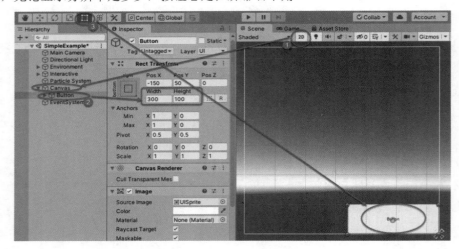

图 5-42

3. 设置按钮功能

选中按钮，单击 On Click()标签下的"+"按钮，添加一个单击响应。将 Wall 游戏对象拖曳到标签下，如图 5-43 所示。

单击 No Function 下拉菜单，选择 GameObject→SetActive(bool)，即响应事件是 Wall 游戏对象下的 GameObject 组件的 SetActive 方法，传入布尔参数，如图 5-44 所示。

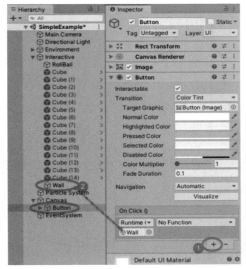

图 5-43

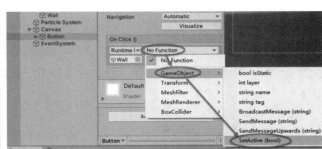

图 5-44

保持传入值为 false，如图 5-45 所示。用同样的方法再添加一个响应事件，响应事件是 Particle System 游戏对象下的 GameObject 组件的 SetActive 方法，传入值为 true，如图 5-46 所示。

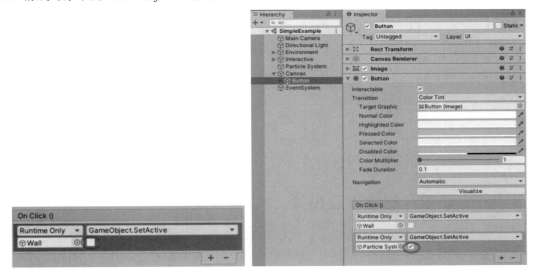

图 5-45　　　　　　　　　　　　　　　　　　图 5-46

选中 Particle System 游戏对象，取消勾选游戏对象激活选项，设置效果启动等待时间为 2.5，如图 5-47 所示。

此时运行游戏，需要单击按钮以后，球体才会滚动下来。当球体差不多撞到方块墙的时候，开始有粒子特效显示，如图 5-48 所示。

5.1　新建到生成过程描述

5.1.1　新建项目

　　新建项目需要确定 Unity 使用的版本，特别是多个人协调开发的情形。然后确定代码管理的方式和托管平台。最后在 Unity Hub 中新建项目，并且把代码托管到对应平台。如果不熟悉 Git，可以使用 Unity 自带的 PlasticSCM。

　　新建完项目以后，推荐先将项目的当前平台切换到目标平台，因为 Unity 会将所有使用资源都根据目标平台进行转换。此外，还推荐在游戏视图中设置好目标分辨率，这个在做界面的时候很有帮助。

　　新建的 Unity 项目会提供一个默认场景，可以删除。然后建立一些常用的目录，如表 5-1 所示，可以根据实际情况进行增加或减少。

表5-1　Unity项目常用的目录

目录名称	内　容
Addones	仅在编辑器状态下生效的插件，如一些地形制作插件
Animations	动画动作目录
Animator	动画控制器目录
AssetsPackages	项目中的第三方插件
GameData	游戏基础数据
Prefabs	预制件目录
Scenes	场景目录
Scripts	脚本目录
Images	界面 UI 使用的图片目录
Textures	模型环境贴图
Materials	模型纹理
Shaders	着色器脚本目录

5.1.2　资源和插件的导入及设置

　　Unity 项目需要导入许多资源和插件，例如常用的模型、界面图片、声音或者视频。此外，还需要用包管理器（Package Manager）导入 Unity 官方提供的插件，如 Cinemachine、Sprite Editor 等。资源商城也有很多不错的资源和插件，需要通过包管理器导入，例如 DoTween、InGameDebug 等。另外，还有部分插件是".unitypackage"文件，需要通过菜单或者项目窗口导入。

　　导入后的资源插件要根据项目目录重新放置，对常用资源（如模型、声音、图片、纹理）进行设置。一些插件还需要初始化，常见的是需要输入 License Key。

5.1.3　场景搭建

　　场景搭建会根据设计添加场景，并且在场景中添加各种环境的游戏对象，例如地面、道路、房屋。场景搭建还可能涉及对天空盒的修改，设置环境的光线效果、阴影效果、雾状效果等，可能还需要对场景进行光照贴图烘焙。

如果使用了 URP（通用渲染管线）或者 HDRP（高清渲染管线），还需要导入并设置对应的内容。当遇到一些特殊的环境、物体或者表面的时候，还需要编写对应的着色器（Shader）。此外，还包括用户界面的搭建。

5.1.4　特效、动画的制作

Unity 项目中经常会有一些特效，例如爆炸、火焰、魔法效果。这些需要使用 Unity 的粒子系统（Particle Systems），也可能需要编写对应的着色器。此外，还可能需要制作动画效果，如角色的特殊动作或者场景的动画，需要用到动画系统和时间线。

场景搭建和特效、动画的开发很多属于技术美术的范畴，初学者建议在资源商城找对应内容就好，商城里有很多免费的场景、模型、特效、人物动作等可以使用。

5.1.5　程序逻辑开发

这部分是程序员的主要战场。逻辑包括动作的逻辑设定、自动导航的设定和烘焙，以及最重要的程序逻辑的编写。这里除了编写脚本外，还会大量涉及对游戏对象及其组件的设置，如名称设定、层级结构设定，以及组件的添加、删除、启用、禁用等。此外，如果项目需要动态加载资源，还需要对相关资源进行设定。

Unity 2020 程序开发语言是 C#，为了能够通过动态加载的方式修改程序逻辑，一些项目还引入了 Lua 语言来编写部分程序逻辑。

5.1.6　调试和生成

对于初学者，调试主要是保证场景内容正确，程序代码的逻辑正确，不会出错。

一些项目的调试还包括性能优化的调试，通过减少模型面数、修改贴图大小、调整动态载入资源的顺序，甚至是程序结构（如使用 ECS+Job System 模式开发）等方式来减少 CPU 和内存的占用。

一些项目还需要针对特殊设备、平台进行兼容性方面的调试，例如使用到了 VR 眼镜、头盔，使用了定制的设备，或者要上架到指定商场等。

在确保所有内容都正确以后，最后打包生成对应的程序应用和动态加载资源包即可。

5.2　简单的例子

接下来我们通过一个简单的例子：一个球从斜坡上滚下来砸到一些方块来演示一个 Unity 项目从新建到生成应用的整个过程。

5.2.1　新建项目

打开 Unity Hub，单击"项目"标签，选择新建的 Unity 项目的版本。使用默认模板，设置项目名称为 Unity2020GetStarted，然后设置项目目录，最后单击"创建"按钮即可，如图 5-2 所示。

第6章

Unity 脚本的基础内容（上）

    Unity 2020 程序开发使用的语言是 C#，它是基于 Mono 这个跨平台的第三方.NET 库来实现跨平台的。当某些不常用的功能在 Unity 的文档中无法找到的时候，可以查找 C#的文档寻求解决方法。最常见的就是文件的读取和写入，数据库访问在 Unity 的开发中还是比较常用的，但是这部分内容在 Unity 的文档中没有，只有通过查找 C#的文档才能获得。

    本章将介绍 Unity 常用脚本的基础内容，部分涉及具体组件系统的脚本会在介绍常用功能的时候再介绍。

6.1　C#基础概述

    这里不对 C#的具体内容进行说明，只是列出学习 Unity 3D 脚本之前需要掌握的 C#内容。

    基本语法、变量、常量、运算符、分支（if、if...else、switch）、循环（while/do...while、for/foreach）、面向对象（类和类的继承）的基本内容。

    bool、int、float、string 是 Unity 3D 脚本开发使用最多的数据类型，char、double 的使用少很多，decimal、long、sbyte、short、uint、ulong、ushort 很少会使用。

    此外，经常用到的数据类型还包括 array（数组）、list（列表）和 enum（枚举）。

    泛型、箭头函数、注解也是经常用到的内容。

    接口（Interface）、事件（Event）、委托（Delegate）需要介绍的情况不多，但是要会使用。

    正则表达式和异常处理偶尔会用到，反射和多线程初学者可以不用考虑。C#脚本基础内容简单总结如图 6-1 所示。

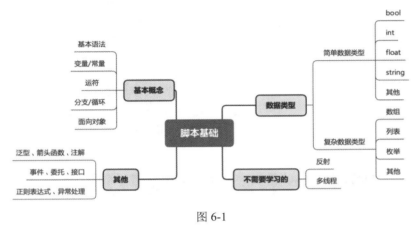

图 6-1

6.2 Unity 3D 的内置数据类型

1. 多维数

Unity 的多维数包括 Vector2、Vector2Int、Vector3、Vector3Int、Vector4，用以表示 2、3、4 维数。2 维数（Vector2、Vector2Int）和 3 维数（Vector3、Vector3Int）常用于表示一个向量或者空间中的一个点。4 维数（Vector4）常用于表示网络切线或者着色参数。在 Unity 中，3 维数用得最多，一个游戏对象的位置、旋转、缩放都用 3 维数表示。

Vector3 还提供了一些缩写，在初始化、移动、旋转的时候用起来很方便。Vector3 的缩写与对应值如表 6-1 所示。

表6-1　Vector3特殊缩写与对应值

缩　写	对 应 值
Vector3.right	Vector3(1, 0, 0)
Vector3.left	Vector3(−1, 0, 0)
Vector3.up	Vector3(0, 1, 0)
Vector3.down	Vector3(0, −1, 0)
Vector3.forward	Vector3(0, 0, 1)
Vector3.back	Vector3(0, 0, −1)
Vector3.zero	Vector3(0, 0, 0)
Vector3.one	Vector3(1, 1, 1)

2. 颜色

Color 和 Color32 都用于表示一个 RGBA 的颜色，区别只是 Color 的各项取值是 0~1，而 Color32 的各项取值是 0~255。

3. 2D 矩形

Unity 3D 内置了一些 2D 矩形的数据类型，如 Rect、RectInt、RectOffset，在用户界面使用得比较多。

图 5-8

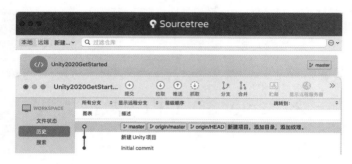

图 5-9

5.2.3 场景搭建

选中 Scenes 目录右击，在弹出的菜单中选择 Create→Scene（创建→场景），如图 5-10 所示。设置场景名称为 SimpleExample 并双击打开。

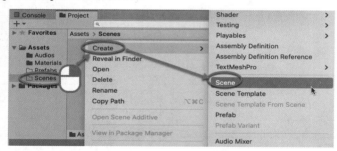

图 5-10

1. 添加环境游戏对象

这里的环境游戏对象就是地面和斜坡。

（1）添加根游戏对象

环境游戏对象有多个，为了便于管理，添加一个根游戏对象，将属于环境的游戏对象放置于该游戏对象下。

单击菜单 GameObject→Create Empty（游戏对象→创建空对象）添加一个空的游戏对象，如图 5-11 所示。

修改新添加的游戏对象名称为 Environment，并设置其 Transform 为默认值，如图 5-12 所示。

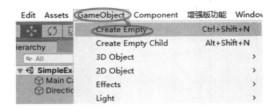

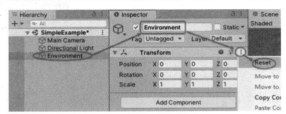

图 5-11   图 5-12

（2）添加地面

在 Hierarchy（层级）窗口中选中 Environment 游戏对象，右击，在弹出的菜单中选中 3D Object →Plane（3D 对象→平面），在 Environment 游戏对象下添加一个平面，如图 5-13 所示。

修改新添加的游戏对象名称为 Ground，并设置其 Transform 为默认值。将之前新建的材质拖曳一个到游戏对象上换个颜色，如图 5-14 所示。

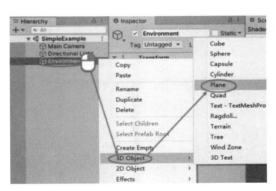

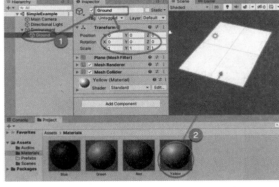

图 5-13   图 5-14

（3）添加周边游戏对象

在 Environment 游戏对象下再添加一个平面，设置颜色。修改新添加的游戏对象名称为 Slop1。设置其 Transform 的 Position（位置）为"5,0,0"，Rotation（旋转）为"0,0,-45"，Scale（缩放）为"2,2,2"。用同样的方法添加对面的斜坡，如图 5-15 所示。

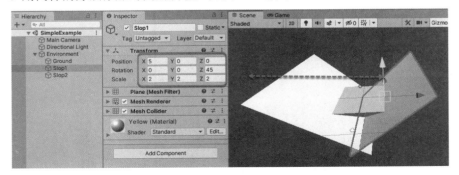

图 5-15

单击组件左上角的 ⬡ 按钮可以折叠或者展开组件信息。单击 ❓ 按钮可以打开组件说明。激活组件选项默认为选中状态，此时组件生效；如果取消勾选该选项，该组件就不会产生任何影响。

通过鼠标单击拖曳可以修改组件在游戏对象中的顺序，该顺序通常不影响运行效果。

4.5.4 资源的标签

选中资源的时候，检查器窗口中显示的是资源的信息，不同的资源可以进行不同的设置。这时在最底部可以设置资源的 AssetBundle 信息和标签，其中标签主要用于搜索，如图 4-59 所示。

4.5.5 其他功能

1. Debug 模式

选中游戏对象以后，单击检查器窗口右上角的 ⁝ 按钮，在弹出的菜单中可以选择 Debug（模式）（默认是 Normal（法线），中文这里确实是翻译错误，只有在使用着色器贴图的时候，Normal 才翻译成法线，这也是推荐使用英文界面的原因）。在 Debug 模式下可以查看组件更多的信息，如果是脚本，能查看到脚本的私有变量，在调试的时候很方便，如图 4-60 所示。

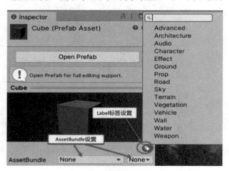

图 4-59

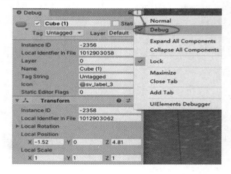

图 4-60

2. 粘贴组件值

复制组件以后，不仅能够粘贴组件，还能粘贴组件的值。通常调整游戏对象是在编辑状态下，但是偶尔也会在运行状态下调整游戏对象。这个时候想把调整结果保存下来，可以在运行状态复制组件（Copy Component），停止以后再粘贴组件的值（Paste Component Values），如图 4-61 所示。

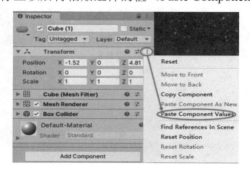

图 4-61

总结图如图 4-62 所示。

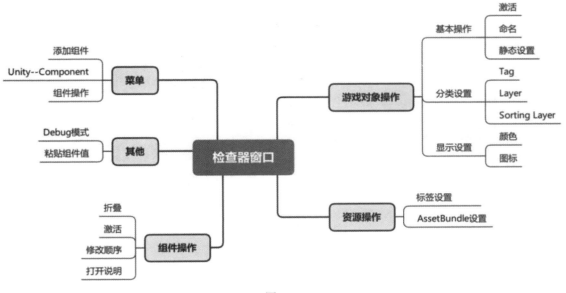

图 4-62

4.6 游戏视图

游戏视图（The Game View）用于模拟最终游戏运行的情景，在视图顶部有众多开关选项，如图 4-63 所示。

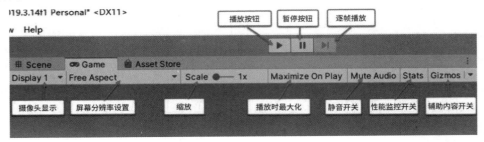

图 4-63

4.6.1 常用内容

播放按钮、暂停按钮和逐帧播放按钮是游戏视图用得最多的按钮。无论当前在任何视图或者窗口中，单击 Unity 快捷栏按钮中的播放按钮，都会切换到游戏视图并进入播放模式。再次单击播放按钮则会退出播放模式，如图 4-64 所示。在播放模式下可以修改游戏对象的内容，但是所有修改都不保存，一旦退出播放模式，则会回到运行前的状态。

Free Aspect 用于设置播放模式下的屏幕比例或者分辨率，单击 Free Aspect 下拉菜单底部的"+"

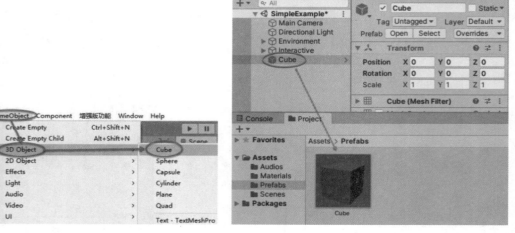

图 5-22   图 5-23

（2）修改预制件

删除场景中的方块。选中 Project（项目）窗口中的 Prefabs 目录下的 Cube 预制件资源，在 Inspector（检查器）窗口中单击 Open Prefab（打开预制件）按钮打开编辑界面，如图 5-24 所示。

修改预制件的坐标和角度为默认值，修改 Scale（缩放）为"0.4,0.4,0.4"。将 Materials 目录下的蓝色材质拖曳到方块上，然后单击 Hierarchy（层级）窗口中预制件左上角的 < 按钮退出编辑状态，如图 5-25 所示。

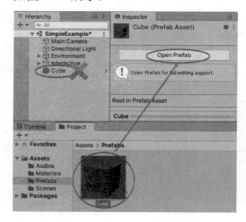   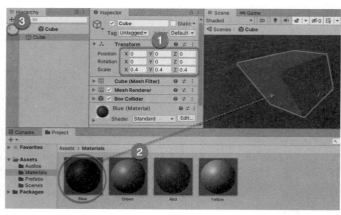

图 5-24   图 5-25

（3）放置预制件

将 Project（项目）窗口中的 Prefabs 目录下的 Cube 预制件资源拖曳到 Hierarchy（层级）窗口中的 Interactive 游戏对象下，在 Scene 场景视图中调整 Cube 游戏对象的位置，使其在滚动球体下方的路径上，如图 5-26 所示。

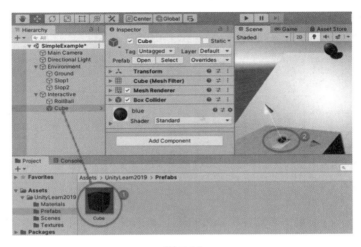

图 5-26

复制 Cube 游戏对象，在 Scene（场景）视图中修改复制出来的方块的位置，排成一排，如图 5-27 所示。

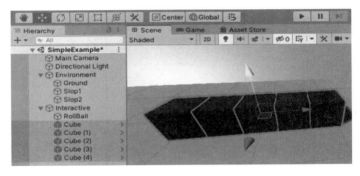

图 5-27

选中排成一排的方块，复制以后在 Scene（场景）视图中调整位置，最终堆成一堵墙，如图 5-28 所示。

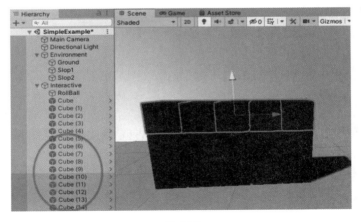

图 5-28

表4-4 工具栏常用按钮说明

按钮名称	说 明
Clear（清除）	单击该按钮后可以清除当前的所有消息记录。但是，如果不在播放状态，仍然有错误，则错误消息不会被清除，直到该错误被解决
Collapse（折叠）	开关可以将所有内容一致的消息合并显示
Clear on Play（播放时清除）	开关可以在单击 Unity 快捷栏的播放按钮的时候，先清除已有的消息记录，再进入播放模式，这样方便查看播放模式的消息
Clear on Build（生成时清除）	开关可以在发布操作前先清除已有的消息记录，这样方便查看发布过程中的消息
Error Pause（错误暂停）	开关选中以后，进入播放模式，只要遇到错误消息，播放模式就会自动暂停

在工具栏最左边分别有显示普通消息、警告消息和错误消息的开关。为了方便查找，还提供了搜索消息的输入文本框。

总结图如图 4-71 所示。

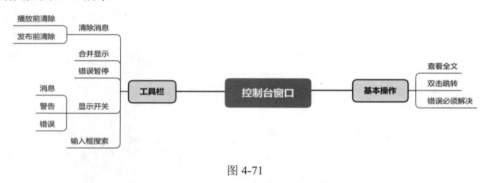

图 4-71

4.8 资源商城

资源商城（Asset Store）的主要功能是进行商城资源的查找。商城资源的查找、购买都可以在浏览器中完成，而且购买只能在浏览器中进行。从 Unity 2020 开始不再提供导入功能，需要从 Package Manager 导入。所以，资源商城推荐使用浏览器进行查找购买，而不推荐在 Unity 中查找购买。

资源商城并不是 Unity 编辑器本身的功能，但是对于初学者而言，资源商城提供了很多模型、动作、特效、脚本以及辅助工具，而且不少是免费的，可以让初学者把自己的项目做得更漂亮，更容易实现某些功能和特效。

资源商城中内容的购买和下载都需要登录。资源商城中提供了条件过滤、资源搜索框、发布者搜索框等来搜索定位想要的资源，如图 4-72 所示。现在资源商城支持信用卡、PayPal 和支付宝支付。

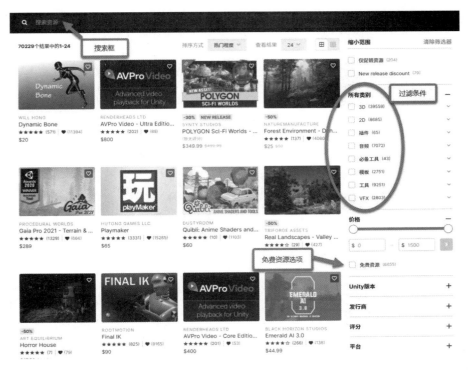

图 4-72

单击进入资源的详细页面以后，单击页面中的 Buy Now 按钮可以对资源进行购买。在页面左边有资源的图片或者视频，下方有资源的详细说明，如图 4-73 所示。

图 4-73

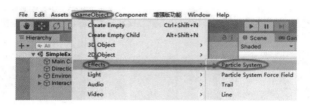

图 5-35

可以简单地修改粒子特效的速度、颜色，然后将其位置设置在方块墙处，如图 5-36 所示。

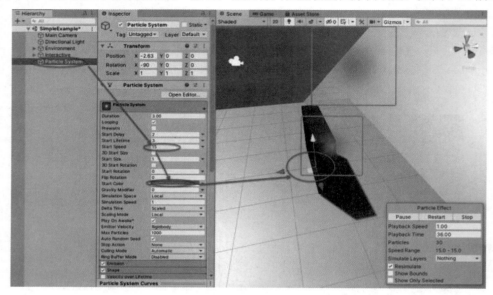

图 5-36

2. 设置光源

场景中默认有一个光源，设置光源的 Rotation（旋转）、Color（颜色）和 Intensity（强度），如图 5-37 所示。默认为方向光源，位置不影响光照效果。

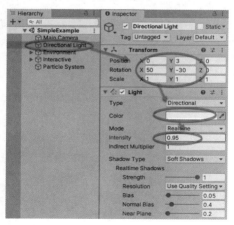

图 5-37

3. 添加背景音乐

选中 Environment 游戏对象，将音频文件拖曳到其上成为组件，确保 Play On Awake（唤醒时播放）选项被选中，如图 5-38 所示。因为场景中只有这个音频在播放，而且摄像头也没有移动，所以随便放置在哪个游戏对象上都可以。

4. 调整摄像机的位置

在 Scene（场景）视图中调整观看位置和角度到合适的地方的时候，选中 Main Camera 游戏对象，单击菜单 GameObject→Align With View（游戏对象→对齐视图），摄像机看到的就和当前视图中的效果一样了，如图 5-39 所示。

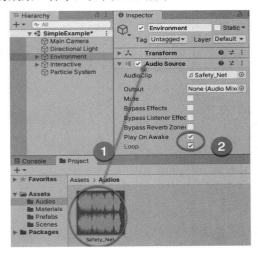

图 5-38

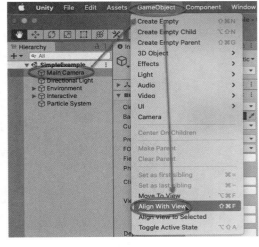

图 5-39

5.2.5 添加 UI 并设置逻辑

UI（User Interface）是 Unity 项目中一个重要的部分。这里添加一个按钮，单击以后，会让挡住球体的墙消失，并开始显示粒子特效。

1. 添加按钮

单击菜单 GameObject→UI→Button（游戏对象→UI→按钮），在场景中添加一个按钮，如图 5-40 所示。

2. 设置按钮的位置

选中按钮，设置对齐方式为右下角对齐，如图 5-41 所示。

Move To View（移动到视图）是将选中的游戏对象移动到场景视图的中间。Align With View（对齐视图）是将选中的游戏对象的位置和方向角度设置到和场景视图视角一致的位置和方向角度。这两种方法常用于设置游戏对象，在较大的场景中，当一个新添加的游戏对象距离比较远的时候，就可以用这两种方法来设置。

Align View to Selected（对齐视图到选定项）是将场景视图视角的位置和方向角度设置到和选中的游戏对象一致，可以用在查找游戏对象或者不同摄像机情况的查看中。

3. 贴合平面

把一个游戏对象放置在另一个游戏对象的表面是常用的操作，例如把物品放置在地面或桌面。

选中游戏对象以后，按键盘上的 V 键，这时可以选择模型的一个接触点，然后将这个接触点拖曳到其他游戏对象的某个面上，实现将一个游戏对象放置在另一个游戏对象表面的操作，如图 4-80 所示。

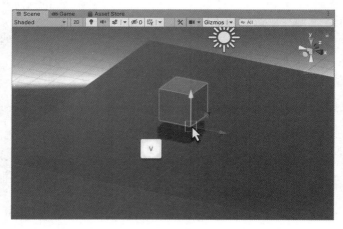

图 4-80

4.11 提示和总结

Unity 界面还是推荐使用英文的，Unity 本身有很多地方没翻译，而且很多资料都是英文的，这个事情躲不掉。

Unity 界面及操作相关视频链接（虽然是 2019 版，但内容基本一致）：https://space.bilibili.com/17442179/favlist?fid=1215613579&ftype=create。

第 5 章

从新建到生成

本章将简单描述一个 Unity 项目从新建到生成大致需要完成什么内容，以及这些窗口主要在哪个阶段使用，大致过程如图 5-1 所示。

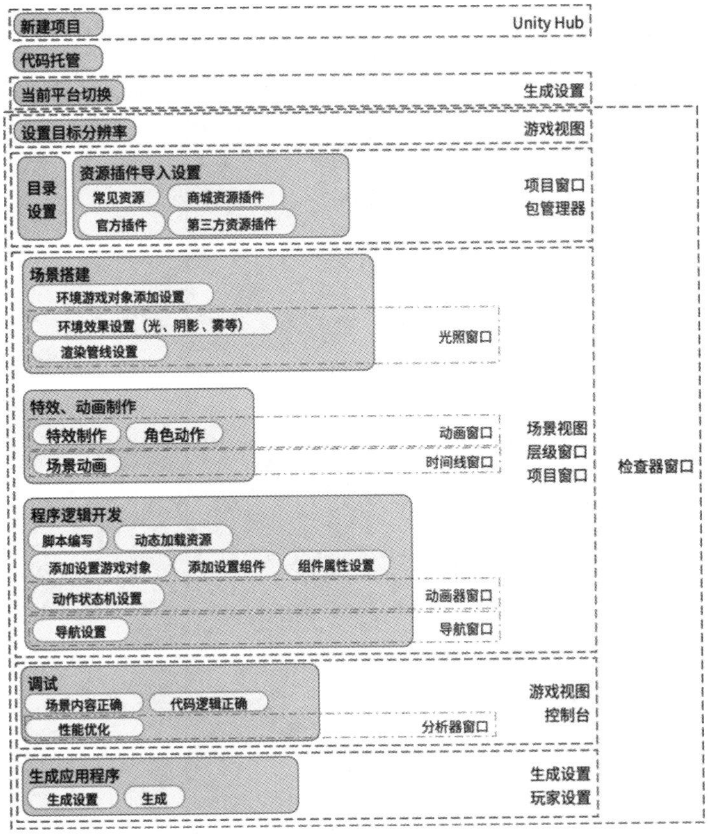

图 5-1

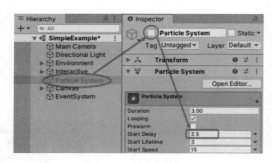

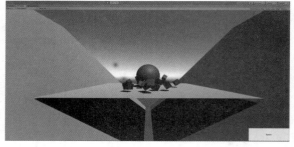

图 5-47   图 5-48

5.2.6 生成应用

单击菜单 File→Build Settings...（文件→生成设置...）打开 Build Settings 窗口,删除默认的场景,单击 Add Open Scenes（添加已打开场景）按钮将场景添加到生成中的场景中, 如图 5-49 所示。

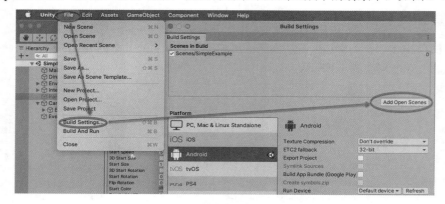

图 5-49

单击 Player Settings...（玩家设置...）按钮，打开玩家设置，修改 Company Name（公司名称）和 Product Name（项目名称），修改的时候会和 Package Name（包名）联动，然后单击 Build（生成）按钮，如图 5-50 所示。

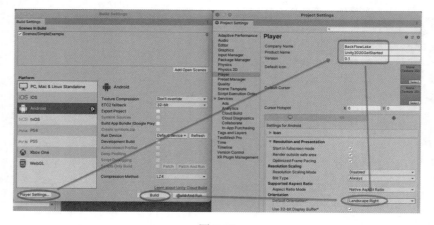

图 5-50

这里生成的应用使用的是默认设置，即生成的 APK 必须在安卓 10.0 及以上的系统上才能安装使用。完成后会生成一个 APK 文件，发送到手机安装以后，运行应用就能看到效果了，如图 5-51 所示。

图 5-51

5.3　提示和总结

Unity 项目比普通的软件涉及的方面更多，其中最麻烦的还是效果。软件的功能和逻辑已经有很多种方法和工具来说明，相对而言，视觉效果或者特效，动画就很难描述和说明。

在 Unity 项目中，无论是资源的放置和命名，还是场景中游戏对象的命名，包括脚本的命名，越清晰规范，在后期修改或者理解的时候越容易。

小例子的相关视频链接（虽然有些差异，但内容基本一致）：https://space.bilibili.com/17442179/favlist?fid=1215613579&ftype=create。

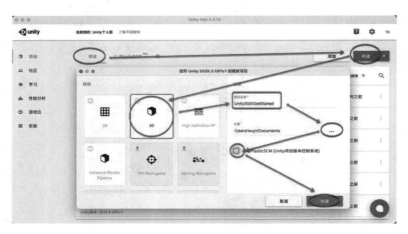

图 5-2

注意，Unity 所有路径（从安装路径到项目路径）都不要使用中文，避免意料之外的错误。建议尽量将项目加入代码管理中，有后悔药总是好的。这里使用了 SourceTree 作为工具，托管到了码云。

5.2.2 目录设置，添加和导入资源

1. 设置目录

删除默认的场景，并添加 Audios、Prefabs 和 Materials 目录，如图 5-3 所示。这个小例子只需要这几个目录就够了。

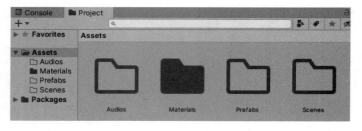

图 5-3

2. 切换当前平台

单击菜单 File→Build Settings…（文件→生成设置…）打开 Build Settings 窗口，单击 Android 选项，然后单击 Switch Platform（切换平台）按钮切换平台到安卓，如图 5-4 所示。

3. 设置目标分辨率

在 Game（游戏）视图中，设置目标分辨率，如图 5-5 所示。如果没有对应分辨率，可自行添加一个。

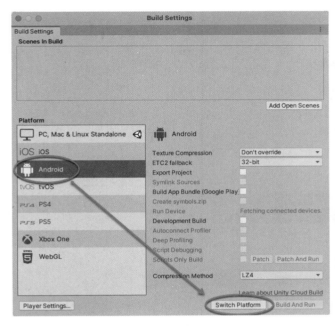

图 5-4

图 5-5

4. 添加材质

因为用的模型都是 Unity 自带的，为了方便区分，可以用不同颜色的材质来区分。

在 Project（项目）窗口中，选中 Materials 目录，右击，在弹出的窗口中选择 Create→Material（创建→材质）添加一个材质，如图 5-6 所示。选中新增的材质，在 Inspector（检查器）窗口中设置颜色，然后修改材质名称和设置的颜色对应，如图 5-7 所示。

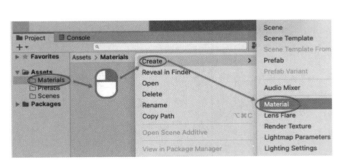

图 5-6

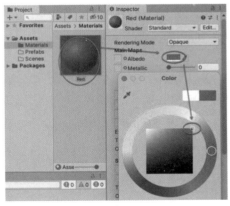

图 5-7

5. 导入背景音乐

将背景音乐拖曳到 Audios 目录下成为资源，如图 5-8 所示。项目准备工作完成，提交代码，如图 5-9 所示。要养成每做一点都提交一下的习惯。

4. 其他

Unity 3D 中经常见到的内置数据类型还有 Quaternion 和 Matrix4x4，这两个类型主要用于旋转，好处是可以避免万向锁。不过通常还是通过修改角度的 3 维数来实现的，毕竟比较直观，而且容易理解。Unity 内置的数据类型简单总结如图 6-2 所示。

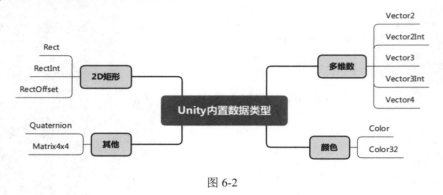

图 6-2

6.3　MonoBehaviour

6.3.1　脚本组件

MonoBehaviour 是 Unity 中重要的类，在 Unity 中新建的脚本默认继承该类。同时，只有继承了 MonoBehaviour 类的脚本才能成为脚本组件，才能被添加到游戏对象中。

Unity 中并不是所有的脚本都必须继承 MonoBehaviour 类才能参与运行，还可以以 C#的方式参与运行。但是想要成为脚本组件的脚本，必须继承 MonoBehaviour 类。

6.3.2　特殊赋值方式

脚本组件有独有的变量赋值方式，即公共变量可以在 Unity 编辑器中进行赋值。这是 Unity 中很常用的赋值方式。例如，在脚本中添加下列变量：

```
public class MonoBehaviouIntroduction : MonoBehaviour
{
    public string information;
    public int number;
    public Vector3 position;
    [Space]
    public Color background;
    public Transform player;
    public int[] index;
    public ACG acg;
    private string recorder;
}
public enum ACG
{
    Animate,
```

```
    Comic,
    Game
}
```

将脚本拖曳到游戏对象上，就能看到公开属性显示在 Inspector（检查器）窗口中，并显示其默认值，如图 6-3 所示。string、float、int、多维数等可以直接在 Inspector（检查器）窗口中进行填写，如图 6-4 所示。

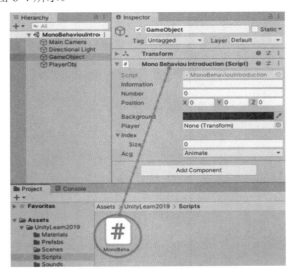

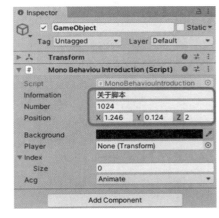

图 6-3　　　　　　　　　　　　　　　　　　　　图 6-4

关于颜色类型，Unity 提供了专门的颜色选择器方便操作。单击以后在弹出的窗口中选择颜色或者输入颜色值，如图 6-5 所示。

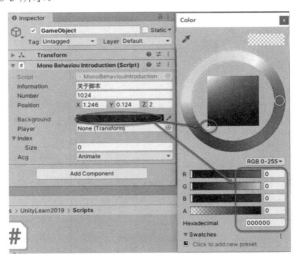

图 6-5

一些对象类型的属性可以拖曳或者单击以后在弹出的窗口中选择。这样的属性通常是组件、游戏对象、资源等。这里不仅能将场景中的内容赋值给属性，还能将资源中的内容赋值给属性，如

图 6-6 所示。

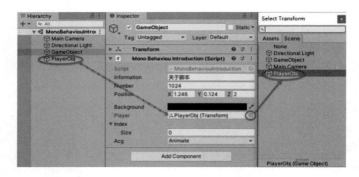

图 6-6

枚举类型会显示为下拉列表，如图 6-7 所示。

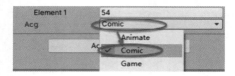

图 6-7

如果是数组或者列表，则需要先设置数组或列表的大小，再根据其类型设置具体的每个元素的值，如图 6-8 所示。

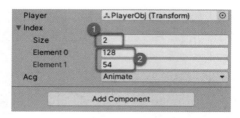

图 6-8

这些属性不但能在编辑时修改，而且还能够在编辑器调试运行的时候修改，调试运行的时候修改的结果不会保留。

在 Unity 中使用这样的赋值方式可以有效减少脚本之间的耦合，特别是在脚本属性有其他游戏对象或者组件的时候。但是，这样的赋值方式会增加场景的复杂程度，当需要这样赋值的属性很多的时候，非常容易出错，而且难以排查。

6.3.3 Unity 基础事件

继承了 MonoBehaviour 类的脚本就可以响应并处理 Unity 基础事件，默认每个脚本新建的时候都会添加 Start 和 Update 事件。

Unity 基础事件很多，官方给出了一个详细的顺序图，如图 6-9 所示。

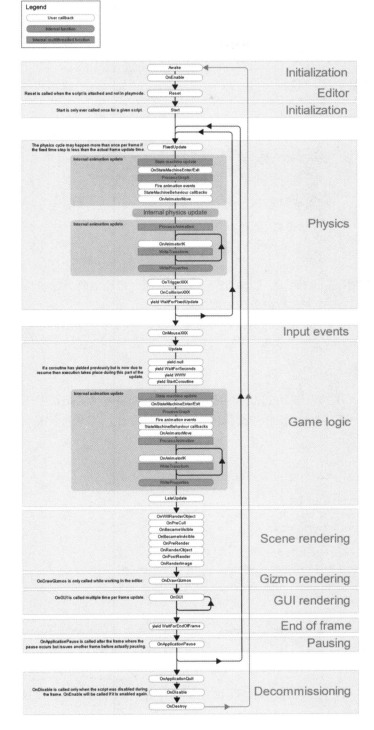

图 6-9

这个图对于初学者过于复杂，所以这里简化了一下，如图 6-10 所示。

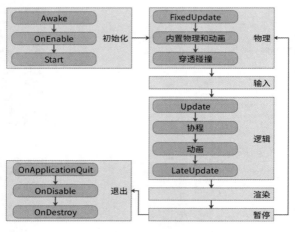

图 6-10

1. 顺序说明

Unity 事件的顺序是：初始化、物理处理、输入处理、逻辑处理、渲染、暂停处理、退出。其中，运行的时候会在物理处理和暂停处理之间循环。

动画处理在物理处理和逻辑处理的过程中都运行过。穿透和碰撞事件在物理处理的最后。协程的处理在 Update 事件之后。

2. 初始化的事件

在初始化时，Start 事件用得最多，也会用到 Awake 事件。官方推荐把初始化赋值尽量放在 Awake 事件中处理，除非有相互依赖。常见的初始化赋值有通过名称、类型获取游戏对象或者其组件，如下面的代码：

```
using UnityEngine;
public class InitEvent : MonoBehaviour
{
    public Transform tf;
    public Camera cam;
    public GameObject go;
    void Awake() {
        cam=FindObjectOfType<Camera>();
        go=GameObject.Find("Directional Light");
        tf=transform.Find("Cube");
    }
}
```

如果相互有依赖，即 B 需要在 A 初始化之前完成，就可以把 A 的初始化放到 Start 方法中。简单理解就是如果一个值在脚本中第一次使用就出现了 NullReferenceException: Object reference not set to an instance of an object 的提示，就需要查看是否发生了依赖，并把该值的初始化放到 Start 方法中。

另外，Start 事件是游戏对象激活后调用的，如果初始化赋值的内容必须激活后才能进行，也需要放到 Start 事件中。

3. Update 系列

Update 事件也是新建脚本后默认会添加的方法。该方法每帧调用一次，用于处理游戏逻辑、交互、动画等内容。

　　LateUpdate 事件和 Update 事件的区别仅仅是顺序不同，Update 事件完成后，还要处理协程和动画，然后才会调用 LateUpdate。LateUpdate 的常见用途是跟随第三人称摄像机。如果在 Update 内让角色移动和转向，可以在 LateUpdate 中执行所有摄像机移动和旋转计算。这样可以确保角色在摄像机跟踪其位置之前已完全移动。

　　FixedUpdate 与 Update 和 LateUpdate 最大的区别是调用频率。Update 和 LateUpdate 是每帧调用，会受硬件和场景内容的影响，即每次调用之间的间隔是不确定的。FixedUpdate 是以相对固定的时间来调用的。

　　游戏逻辑通常放在 Update 事件中，某些情况下，需要再放到 LateUpdate 中。只有物理相关的逻辑，例如给游戏对象施加力的时候，才放到 FixedUpdate 事件中。

　　Update、LateUpdate 和 FixedUpdate 运行都很消耗资源，如果一个脚本中的 Update、LateUpdate 和 FixedUpdate 事件中没有内容，则需要将该事件删除。而且，要尽量避免在这 3 个事件中出现循环等消耗性能的操作。

　　关于 MonoBehaviour 类的简单总结如图 6-11 所示。

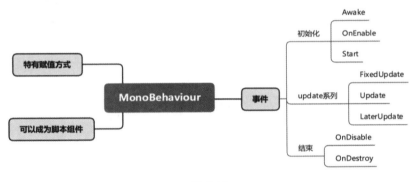

图 6-11

6.4　Debug 类

　　Debug 类是调试中经常用到的类，可以把相关信息输出到控制台。这样比通过脚本编辑器启动调试模式更方便。最常用的是 Debug.Log(object message) 方法，可以将对象的信息输出出来，无论是属性、对象或者简单的文本。除了 Debug.Log 外，类似的还有 Debug.LogWarning（输出为警告）和 Debug.LogError（输出为错误），效果上就是前面的图标变了。另一个常用的方法是 Debug.Break()，可以暂停运行。

　　例如，新建脚本，命名为 LearnDebug，代码如下：

```
using UnityEngine;

public class LearnDebug : MonoBehaviour
{
    void Start()
    {
        Debug.Log("This is log.");
```

```
        Debug.LogWarning("This is warning.");
        Debug.LogError("This is error.");
        Debug.Break();
        Debug.Log("This is log again.");
    }
}
```

新建场景，将脚本拖曳到一个空的游戏对象上，单击"运行"按钮。这个时候会看到运行被暂停，并且在 Console（控制台）窗口有对应的输出，如图 6-12 所示。

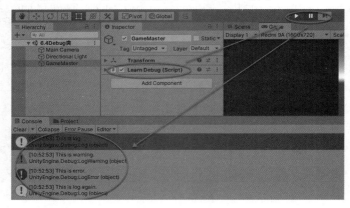

图 6-12

6.5 游戏对象的基本操作

场景中的每个元素都是 GameObject 游戏对象，每个 GameObject 游戏对象又必然有且只有一个 Transform 组件。从脚本的视角来看，就是每个游戏对象都有一个 gameObject 属性和 transform 属性，无论这个游戏对象是否有使用者添加的脚本组件。

每个组件也有一个 gameObject 属性和 transform 属性，和其所在的游戏对象的 gameObject 属性和 transform 属性相同。

6.5.1 获取指定游戏对象

1. 脚本所在的游戏对象

获取当前脚本所在的游戏对象很简单，直接使用 gameObject 属性即可。

下面这个例子就是在 Awake 事件中向控制台输出当前所在游戏对象的名称（如果游戏对象为空会报错，输出显示为红色的错误提示）。

```
void Awake() {
    Debug.Log(gameObject.name);
}
```

2. Unity 编辑器赋值

通过在 Unity 编辑器赋值也是获取游戏对象常用的方法，而且这种方法可以降低脚本之间的耦合。这种方式通常用在较小的项目或者预制件内部，比如一个画布游戏对象上的脚本获取画布中的按钮图片游戏对象。

添加一个公开变量，类型为 GameObject，代码如下：

```
public GameObject go01;
void Awake()
{
        Debug.Log(go01.name);
}
```

将 Hierarchy（层级）窗口中的游戏对象拖曳到属性中，或者单击属性右侧的⊙按钮，在弹出的窗口中选择，如图 6-13 所示。

图 6-13

如果要获取多个，可以使用数组或者列表。例如下面的代码是一个游戏对象数组。

```
public GameObject[] gos;
```

设置 Gos 的数值（数组个数）后，再将对应游戏对象拖曳到如图 6-14 所示的列表中赋值。

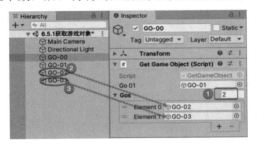

图 6-14

3. GameObject.Find

GameObject.Find 方法可以根据游戏对象的名称或者游戏对象的层次结构（以路径的方式表示）查找到当前所有运行场景中激活的游戏对象，如果失败则返回 null。

如果输入游戏对象名称，则在所有运行场景中查找并返回符合名称的游戏对象。例如下面的代码返回所有场景中名称为 GO-05 的游戏对象。

```
public GameObject go05;
void Awake()
{
    go05=GameObject.Find("GO-05");
    Debug.Log(go05.name);
}
```

只要名为 GO-05 的游戏对象在场景中，无论什么位置都可以获取，如图 6-15~图 6-17 所示。

图 6-15

图 6-16

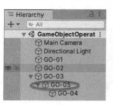

图 6-17

如果以"/"开头，则在所有运行场景中查找并返回根节点中符合名称的游戏对象。例如下面的代码返回所有场景中名称为 GO-05 且为根节点的游戏对象，如图 6-18 所示。

```
go05=GameObject.Find("/GO-05");
```

如果输入的是完整路径（以"/"开头的路径），则在所有运行场景中查找并返回指定路径的游戏对象。例如下面的代码返回父节点是根节点且名称为 GO-07，并且当前名称为 GO-08 的游戏对象，如图 6-19 所示。

```
public GameObject go08;
void Awake()
{
    go08=GameObject.Find("/GO-07/GO-08");
    Debug.Log(go08.name);
}
```

如果输入的是不完整的路径，则在运行场景中查找并返回符合路径的游戏对象。例如下面的代码返回路径为 GO-07/GO-08 的游戏对象，如图 6-20 所示。

```
go08=GameObject.Find("GO-07/GO-08");
```

图 6-18

图 6-19

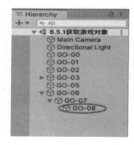

图 6-20

GameObject.Find 是使用频率蛮高的一个方法，使用的时候需要注意两点：

（1）当有多个同名的游戏对象或者同一个层级位置有相同名称的游戏对象的时候会出错。Unity 自动生成的游戏对象会通过添加数字后缀以避免重名。在场景搭建的时候尽量用完整路径，避免同一个层级位置有相同名称的游戏对象。

（2）该方法性能很差，不要频繁调用，特别是在 Update(LateUpdate,FixedUpdate)事件中使用。通常是在 Start 或者 Awake 事件中调用该方法,将获取到的游戏对象赋值给具体某个游戏对象属性,然后在 Update 事件中处理。

```
public class ExampleClass : MonoBehaviour
```

```
{
    private GameObject hand;
    void Start()
    {
        hand = GameObject.Find("/Monster/Arm/Hand");
    }
    void Update()
    {
        hand.transform.Rotate(0, 100 * Time.deltaTime, 0);
    }
}
```

4. FindWithTag 和 FindGameObjectsWithTag

GameObject.FindWithTag 可以根据游戏对象的 Tag 标签返回对应的激活的游戏对象。例如下面的代码返回一个 Tag 标签为 Player 的游戏对象。

```
public GameObject go06;
void Awake()
{
    go06 = GameObject.FindGameObjectWithTag("Player");
    Debug.Log(go06.name);
}
```

这里需要设置游戏对象的 Tag 标签，如图 6-21 所示。

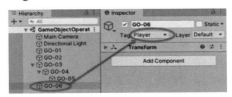

图 6-21

游戏对象默认的标签是 Untagged。如果场景中没有对应标签的游戏对象，则返回 null。如果没有对应的标签，则报错："UnityException: Tag: XXX is not defined."，如图 6-22 所示。

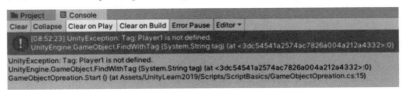

图 6-22

GameObject.FindGameObjectsWithTag 和 GameObject.FindWithTag 的用法是一样的，区别只是返回的是一个游戏对象数组。如果场景中没有对应标签的游戏对象，则返回空数组。

GameObject.FindWithTag 方法的性能还行，如果一定要频繁地查找游戏对象，可以使用该方法。或者说，推荐在 Update（LateUpdate,FixedUpdate）事件中使用该方法来查找游戏对象。

5. FindObjectOfType 和 FindObjectsOfType

FindObjectOfType 实际上返回的是某种类型的组件，只不过 Unity 所有组件都有 gameObject 属性指向组件所在的游戏对象，所以也被用来获取游戏对象。当场景中某个组件只有一个，例如场景中只有一个摄像机的时候，就会用这种方法来获取摄像机的游戏对象。

非泛型的写法：

```
((Camera)FindObjectOfType(typeof(Camera))).gameObject
```

泛型的写法：

```
FindObjectOfType<Camera>().gameObject
```

如果场景中不存在对应组件的游戏对象，则会报错，因为获取的组件为 null，如图 6-23 所示。

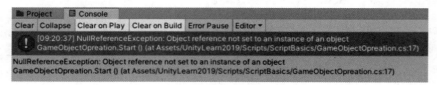

图 6-23

可以通过判断返回的组件是否为空来判断游戏对象是否存在。

```
var cam = FindObjectOfType<Camera>();
if (cam)
{
    var tempGO = cam.gameObject;
}
```

FindObjectsOfType 和 FindObjectOfType 的用法是一样的，区别只是返回的是一个游戏对象数组。如果场景中没有对应组件的游戏对象，则返回空数组。

6. transform.Find

transform.Find 方法返回的是当前游戏对象下的一个 Transform 类型的组件，同样，因为 Unity 所有组件都有 gameObject 属性指向组件所在的游戏对象，所以也被用来获取游戏对象。

transform.Find 方法可以获取到未被激活的游戏对象，这是前面 3 种方法做不到的。

如果输入的是游戏对象的名称（或者理解成特殊的不完整路径），则返回当前游戏对象下的子一级中的名称对应的游戏对象。下面的例子中，当脚本在 GO-01 游戏对象时，返回其直接子集中的 GO-09，如图 6-24 所示。

```
public GameObject go09;
void Awake()
{
    go09 = transform.Find("GO-09").gameObject;
    Debug.Log(go09.name);
}
```

如果输入的是完整路径（以"/"开头的路径），则以脚本所在的游戏对象作为根路径，返回指定路径的游戏对象。例如下面的代码当脚本在 GO-01 游戏对象时，返回其直接子集中的 GO-09，如图 6-25 所示。

```
transform.Find("/GO-01/GO-09").gameObject
```

如果输入的不是完整路径，则以脚本所在游戏对象的直接子游戏对象作为根路径，返回指定路径的游戏对象。例如下面的代码，当脚本在 GO-01 游戏对象时，返回其直接子游戏对象 GO-07 下的 GO-09 游戏对象，如图 6-26 所示。

```
transform.Find("GO-07/GO-09").gameObject
```

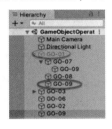　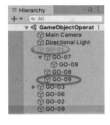　

图 6-24　　　　　　　　图 6-25　　　　　　　　图 6-26

如果对应游戏对象的子游戏对象中不存在对应名称的游戏对象，则会报错，因为获取的组件为 null，如图 6-27 所示。

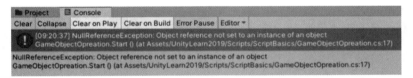

图 6-27

可以通过判断返回的组件是否为空来判断游戏对象是否存在。

```
var tf = transform.Find("GO-09");
if (tf)
{
    var tempGO = tf.gameObject;
}
```

几种获取指定游戏对象的方法总结如表 6-2 所示。

表6-2　获取游戏对象常用的方法

方　法	获取途经	适用范围	获取非激活	获取多个
.gameObject	自身	当前对象	否	无
编辑器赋值	编辑器设置	当前场景	可	游戏对象数组/列表
GameObjec.Find	名称/路径	当前场景	否	无
FindWithTag	Tag 标签	当前场景	否	FindGameObjectsWithTag
FindObjectOfType	组件类型	当前场景	否	FindObjectsOfType
transform.Find	路径	子游戏对象	可	无

6.5.2　其他操作

1. 获取并修改名称

gameObject 和 transform 类下都有 name 属性，通过该属性可以获取并修改对应游戏对象的名称。

```
public GameObject go01;
void Start()
{
    go01.name = "1096";
}
```

该方法与在 Inspector 检查器窗口设置的游戏对象名称等效，如图 6-28 所示。游戏对象名称常用于区分不同的游戏对象，为了避免获取时出错，同一个层级的游戏对象名称不要重复。

2. 获取并设置激活

gameObject 的 activeSelf 属性可以用于获取游戏对象的激活状态，SetActive 方法则可以设置激活状态。该方法与在 Inspector 检查器窗口设置激活选项等效，如图 6-29 所示。

```
public GameObject go02;
void Start()
{
    go01.name = "1096";
    go02.SetActive(false);
}
```

图 6-28   图 6-29

游戏对象的激活属性常用于显示/隐藏游戏对象，在 UI 中实现界面切换等功能。

3. 层级结构调整

通过 transform 类的 parent 属性可以获取和设置游戏对象的层级结构。

如果令 parent 属性等于其他游戏对象的 transform 属性，则会成为对应游戏对象的子游戏对象。

```
public GameObject go;
transform.parent = go.transform;
```

如果令 parent 属性等于 null，则会成为根节点游戏对象。

```
transform.parent = null;
```

还可以使用 transform.SetParent 方法。该方法类似于设置 transform 类的 parent 属性。该方法可以使用 worldPositionStays 保持子游戏对象的本地坐标和角度不会发生变化。

设置为子节点：

```
public GameObject go;
transform.SetParent(go.transform);
```

设置为子节点，但是子节点的本地坐标和角度不变：

```
public GameObject go;
transform.SetParent(go.transform, false);
```

使用 transform 类的 parent 属性和 SetParent 方法与在 Hierarchy（层级）窗口中拖曳游戏对象修改层级结构等效，如图 6-30 所示。

要注意的是，不能将游戏对象设置为其自身的下级游戏对象。例如图 6-31 中的结构，不能直接将 GO-01 游戏对象设置为 GO-08 游戏对象的子对象。

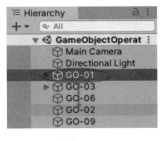

图 6-30

图 6-31

4. 创建和删除游戏对象

通过 new GameObject 可以在运行时动态添加游戏对象。
直接添加：

```
new GameObject();
```

添加时同时定义游戏对象名称：

```
new GameObject("test");
```

添加时定义游戏对象名称，并添加其他组件：

```
new GameObject("test",typeof(Rigidbody));
```

通过 Destroy 可以删除场景中的游戏对象或者游戏对象上的组件等。
直接删除游戏对象：

```
Destroy(gameObject);
```

1 秒以后删除游戏对象：

```
Destroy(gameObject,1f);
```

Destroy 方法并不是立即执行，即使没有设置延迟时间。Destroy 会在 Update 事件之后执行，并在渲染开始之前完成。

DestroyImmediate 方法不推荐在应用中使用，只推荐作为编辑器脚本的时候使用。

5. 为空检查

判断一个游戏对象是否为空，不需要与 null 比较，可以直接判断。

```
if (gameObject)
{
    XXXX
}
```

因为 Unity 基于组件的编程方式，经常需要对游戏对象是否为空进行判断，以保证程序不出错。

6. 遍历子游戏对象

遍历子游戏对象有两种方法，即 foreach 循环遍历和 for 循环遍历。无论使用哪种方法，都只能遍历当前游戏对象的直接子级。

for 循环遍历：

```
for(int i = 0; i < transform.childCount; i++)
{
    transform.GetChild(i).gameObject;
}
```

foreach 循环遍历：

```
foreach(Transform item in transform)
{
    item.gameObject;
}
```

在 GO-01 游戏对象上运行上面的语句，可以获得其直接子游戏对象 GO-07、GO-08、GO-09，如图 6-32 所示。

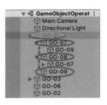

图 6-32

游戏对象基本操作总结如图 6-33 所示。

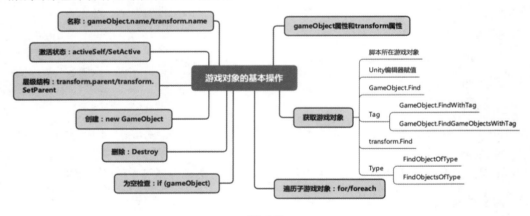

图 6-33

6.6 游戏对象位置的旋转和缩放

游戏对象的位置（Position）、旋转（Rotation）和缩放（Scale）的获取以及设置都是在 transform

类下进行的。位置、旋转和缩放可以获取其整体值，也可以单独获取其中某个分量，但是设置的时候只能设置其整体值。在 Inspector（检查器）窗口查看和设置的位置、旋转和缩放值都是基于游戏对象自身的本地坐标的。

6.6.1　获取并设置坐标

localPosition 属性可以获取并设置 transform 所在游戏对象的本地位置。
下面的语句获取游戏对象的本地位置。

```
transform.localPosition;
```

下面的语句获取游戏对象 X 轴的具体数值。

```
transform.localPosition.x;
```

获取的值等于 Inspector（检查器）窗口 Position（位置）属性的 X 值，如图 6-34 所示。
下面的语句将游戏对象的坐标设置为"1,1.5,0"。

```
transform.localPosition = new Vector3(1, 1.5f, 0);
```

该语句等效于在 Inspector（检查器）窗口对 Position 属性进行设置，如图 6-35 所示。

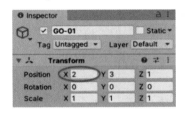
图 6-34

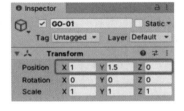
图 6-35

Position 属性可以获取并设置所在游戏对象相对于 Unity 世界的坐标值，获取和设置的方式和 localPosition 属性一致。

6.6.2　获取并设置旋转

localEulerAngles 属性可以获取并设置 transform 所在游戏对象的本地旋转值。
下面的语句获取游戏对象的本地旋转值。

```
transform. localEulerAngles;
```

下面的语句获取游戏对象 X 轴的具体数值。

```
transform. localEulerAngles.x;
```

获取的值等于 Inspector（检查器）窗口 Rotation（旋转）属性的 X 值，如图 6-36 所示。
下面的语句将游戏对象的旋转值设置为"45,10.5,0"。

```
transform.localEulerAngles = new Vector3(45,10.5f,0);
```

该语句等效于在 Inspector（检查器）窗口对 Rotation（旋转）属性进行设置，如图 6-37 所示。

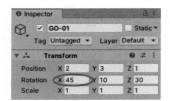

图 6-36

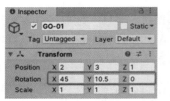

图 6-37

eulerAngles 属性可以获取并设置所在游戏对象相对于 Unity 世界的角度值，获取和设置的方式和 localEulerAngles 属性一致。另外，也可以用 Quaternion.eulerAngles 来获取旋转值，用 Quaternion.Euler 来设置旋转值。

下面的两行代码效果相同，都是获取旋转值。

```
Debug.Log(cube01.localEulerAngles);
Debug.Log(cube01.localRotation.eulerAngles);
```

下面的两行代码效果相同，都是设置旋转值。

```
transform.localEulerAngles = new Vector3(45,10.5f,0);
transform.localRotation= Quaternion.Euler (45,10.5f,0);
```

6.6.3　获取并设置缩放

localScale 属性可以获取并设置 transform 所在游戏对象的本地缩放。

下面的语句获取游戏对象的本地缩放。

```
transform. localScale;
```

下面的语句获取游戏对象 X 轴的具体数值。

```
transform. localScale.x;
```

获取的值等于 Inspector（检查器）窗口 Scale（缩放）属性的 X 值，如图 6-38 所示。

下面的语句将游戏对象的缩放设置为"2,1.5,1"。

```
transform.localScale = new Vector3(2,1.5f,1);
```

该语句等效于在 Inspector（检查器）窗口对 Scale（缩放）属性进行设置，如图 6-39 所示。

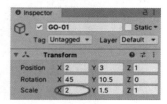

图 6-38

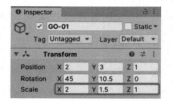

图 6-39

lossyScale 属性可以获取但不能设置所在游戏对象相对于 Unity 世界的缩放值，获取的方式和 localScale 属性一致。

游戏对象位置旋转和缩放总结如图 6-40 所示。

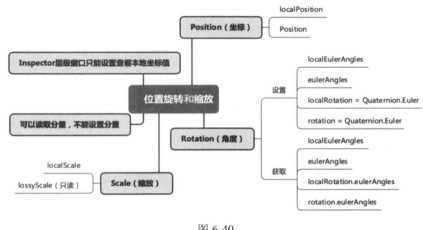

图 6-40

6.7　Time

6.7.1　Time 的 3 个常用属性

- Time.time：只读属性，返回一个浮点数，表示游戏启动直至当前时刻的时间，单位为秒。想要计时或者判断时间上的先后顺序的时候会用到。当然，这种情况下也可以用 C#的 DateTime.Now 来代替。
- Time.timeScale：该属性可以设置时间流逝缩放，默认值为 1。若该值大于 1，则快进，小于 1 则慢放，等于 0 则停止。通常通过将该属性设置为 0 来暂停游戏，以显示用户界面。
- Time.deltaTime：只读属性，自上一帧完成之后的时间。该属性可以将以帧为单位的变换转换成以时间为单位的变换。

游戏逻辑的变换（如移动、旋转）通常在 Update 事件中进行。Update 事件是每帧执行，因为每帧之间的时间间隔会因为内容等因素影响而不同，看上去的效果就是运动变换速度不均匀。通过 Time.deltaTime 可以将每帧变换转换成以时间为单位的变换，看上去运动变换速度就会更接近现实情形。

6.7.2　移动

1. transform. Translate

transform.Translate 方法可以让游戏对象沿某个方向移动。这个方法通常写在 Update 事件内。如果沿轴线移动，可以用 Vector3 的属性或者 Vector3 的特殊缩写来指示方向。对应的写法有两种，参数是 Vector3 或者 3 个浮点数，本质是一样的。

（1）沿游戏对象自身轴线移动

游戏对象沿本地的 X 轴正方向移动：

```
transform.Translate(Vector3.right * speed * Time.deltaTime);
```

或者

```
transform.Translate(speed * Time.deltaTime, 0, 0);
```

（2）沿世界坐标轴线移动

参数 Space 可以设置参照本地还是世界，默认为本地。

游戏对象沿世界坐标 X 轴的正方向移动：

```
transform.Translate(Vector3.right * speed * Time.deltaTime,Space.World);
```

或者

```
transform. Translate(speed * Time.deltaTime, 0, 0, Space.World);
```

（3）沿其他游戏对象轴线移动

参数 relativeTo 可以将参照对象修改为其他游戏对象。

游戏对象沿 tfRelative（Transform 类型）所在游戏对象的 X 轴正方向移动：

```
transform.Translate(Vector3.right * speed * Time.deltaTime,tfRelative);
```

或者

```
transform.Translate(speed * Time.deltaTime, 0, 0, tfRelative);
```

效果如图 6-41 所示。

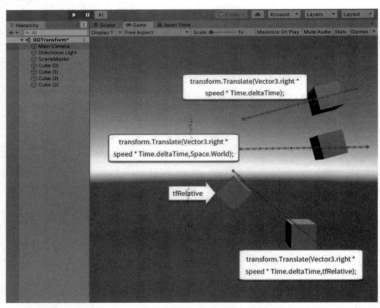

图 6-41

2. 坐标矢量相加

通过让 transform 的坐标加上一个矢量的方式也可以实现移动。

本地坐标加矢量则以本地坐标为参照移动：

```
tfs[4].localPosition += transform.right * speed * Time.deltaTime;
```

世界坐标加矢量则以世界坐标为参照移动：

```
tfs[5].position += transform.right * speed * Time.deltaTime;
```

效果如图 6-42 所示。

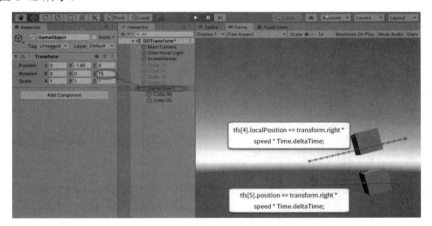

图 6-42

3. Vector3.MoveTowards

Vector3.MoveTowards 方法可以用于从一个点到另一个点移动。

从当前位置移动到 target 的位置：

```
transform.position = Vector3.MoveTowards(
transform.position,
target.position,
speed * Time.deltaTime);
```

在 Vector3 下，和 MoveTowards 类似的方法还有 Lerp 和 Slerp。

6.7.3　旋转

1. transform. Rotate

transform.Rotate 方法可以让游戏对象沿某个轴线旋转。这个方法通常写在 Update 事件内，可以用 Vector3 的属性或者 Vector3 的特殊缩写来指示轴线。

对应的写法有两种，参数是 Vector3 或者 3 个浮点数，本质是一样的。

（1）沿游戏对象自身轴线移动

游戏对象沿本地的 X 轴正方向移动：

```
transform.Rotate(Vector3.right * speed * Time.deltaTime);
```

或者

```
transform.Rotate(speed * Time.deltaTime, 0, 0);
```

（2）沿世界坐标轴线移动

参数 Space 可以设置参照本地还是世界，默认为本地。

游戏对象沿世界坐标 X 轴的正方向移动：

```
transform.Rotate(Vector3.right * speed * Time.deltaTime,Space.World);
```

或者

```
transform.Rotate(speed * Time.deltaTime, 0, 0, Space.World);
```

效果如图 6-43 所示。

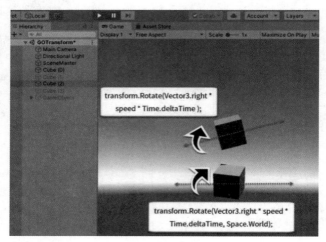

图 6-43

2. transform.RotateAround

该方法是让游戏对象围绕某个点进行旋转。

比如，游戏对象围绕点"3,3,3"以 X 轴为轴心旋转。

```
transform.RotateAround(new Vector3(3, 3, 3), Vector3.up, speed *
Time.deltaTime);
```

3. transform.LookAt

这是一个比较常用的特殊转动。可以让游戏对象的 X 轴正方向永远指向目标点（或者游戏对象）。

游戏对象对准 target（Transform 类型）游戏对象：

```
transform.LookAt(target);
```

比如，游戏对象对准世界坐标的"1,1,1"点：

```
transform.LookAt(new Vector3(1, 1, 1));
```

6.7.4 缩放

缩放很简单，就是直接对向量操作。

对游戏对象进行放大：

```
transform.localScale += Vector3.one * speed * Time.deltaTime;
```

游戏对象的移动方法还包括在引入物理效果后添加力。游戏对象的更复杂的旋转是用 Quaternion 类的四元数来控制的。前面所讲的移动旋转和缩放只是最基本的功能，在实际使用中，更推荐使用插件来实现移动旋转和缩放，这样效率更高，效果也更好。

Time 和移动、旋转、缩放总结如图 6-44 所示。

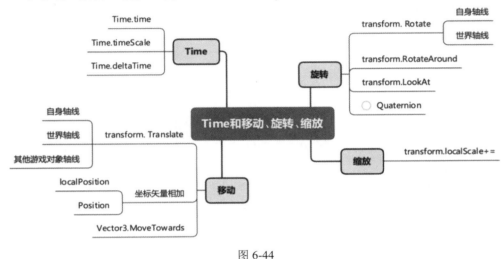

图 6-44

6.8　组件获取和基本操作

在 Unity 中，不仅要对游戏对象的位置、角度、大小进行控制，还需要对组件进行控制。因为组件类型很多，这里只介绍组件基本的操作，具体不同组件的操作后面再具体介绍。

6.8.1　获取指定组件

1. GetComponent

GetComponent 是用得最多的获取组件的方式，可以获取当前游戏对象下指定类型的组件，写法可以用泛型。如果查找的组件不存在，则返回 null。

获取当前游戏对象下的 Camera 组件并赋值给 cam 变量：

```
var cam = GetComponent(typeof(Camera)) as Camera;
```

或者

```
var cam = GetComponent<Camera>();
```

GetComponents 和 GetComponent 的用法是一样的，区别只是返回的是一个组件数组。如果当前游戏对象下没有对应的组件，则返回空数组。

2. GetComponentInChildren 和 GetComponentInParent

这两个方法和 GetComponent 类似,都是查找对应的组件,区别只是一个在子游戏对象中查找,另一个在父游戏对象中查找,查找过程都会遍历所有子游戏对象或者父游戏对象,如图 6-45 所示。

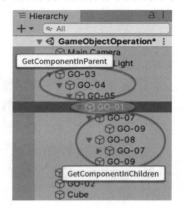

图 6-45

遍历子游戏对象获取 Camera 组件并赋值给变量 cam:

```
var cam = GetComponentInChildren(typeof(Camera)) as Camera;
```

泛型写法:

```
var cam = GetComponentInChildren<Camera>();
```

遍历父游戏对象获取 Camera 组件并赋值给变量 cam:

```
var cam = GetComponentInParent(typeof(Camera)) as Camera;
```

泛型写法:

```
var cam = GetComponentInParent<Camera>();
```

同样,遍历子游戏对象和遍历父游戏对象都有返回多个组件的方法,如 GetComponentsInChildren 和 GetComponentsInParent,都是返回数组。

3. FindObjectOfType

FindObjectOfType 虽然经常用于获取场景中特定的游戏对象,但是其本质是获取组件。

获取场景中的 Camera 组件并赋值给 cam 变量:

```
var cam = (Camera)FindObjectOfType(typeof(Camera));
```

泛型写法:

```
var cam = FindObjectOfType<Camera>();
```

FindObjectsOfType 和 FindObjectOfType 的用法是一样的,区别只是返回的是一个组件数组。如果当前游戏对象下没有对应的组件,则返回空数组。

6.8.2　组件的基本操作

1. enabled 属性

不是所有组件都有 enabled 属性，例如 Transform 和 Rigidbody 组件就没有 enabled 属性，如图 6-46 所示。

图 6-46

有 enabled 属性的组件可以通过该属性获取组件是否激活的状态，并且可以通过设置该属性实现启用/禁用组件对应组件的功能。

禁用当前游戏对象下的 Camera 组件：

```
GetComponent<Camera>().enabled = false;
```

这个和在 Inspector 检查器窗口的单击操作等效。

2. 添加和删除

gameObject.AddComponent 方法可以为游戏对象添加组件，其中包括自己编写的脚本组件。

为当前游戏对象添加 Camera 组件：

```
gameObject.AddComponent(typeof(Camera));
```

泛型写法：

```
gameObject.AddComponent< Camera >();
```

删除游戏对象下的组件使用 Destory 方法，输入的参数如果是组件，则会删除对应组件。

删除当前游戏对象下的 Camera 组件：

```
Destroy(GetComponent< Camera >());
```

3. 为空检查

判断一个组件是否为空，不需要与 null 比较，可以直接判断。

```
if (GetComponent< Camera >())
{
    XXXX
}
```

需要判断组件是否为空的情况比需要判断游戏对象是否为空的情况少很多，但是还是需要进行判断。

组件的基础操作总结如图 6-47 所示。

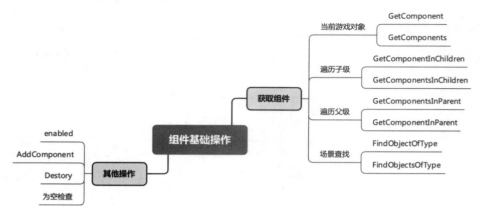

图 6-47

6.9　提示和练习

在实际使用中，很多时候会用插件来实现游戏对象的移动、旋转，这样可以实现更多的效果，使用起来也比直接写代码方便，常见的如 DoTween 插件。

获取游戏对象和组件是 Unity 程序开发中经常要做的事情，需要根据不同的情况采取不同的方法。无论采取什么方法，都要避免两个游戏对象简单相互持有的情况，即 A 游戏对象的 b 属性是 B 游戏对象，B 游戏对象的 a 属性是 A 游戏对象。

NullReferenceException: Object reference not set to an instance of an object 错误通常发生在获取游戏对象或者组件失败以后使用了未正确初始化的游戏对象或组件。

Unity 脚本基础相关视频链接：https://space.bilibili.com/17442179/favlist?fid=1215460379&ftype=create。

小练习

新建 4 个立方体和一个球体，一个空的游戏对象，位置都在原点。Cube-01 和 Cube-02 被取消激活。Cube-02 是空游戏对象的子游戏对象。Cube-03 的 Tag 标签为 Player。在空游戏对象上添加脚本，如图 6-48 所示。

图 6-48

在脚本中用 5 种不同方法获取所有方块和球体。运行后，球体删除，方块向不同方向移动并旋转，如图 6-49 所示。

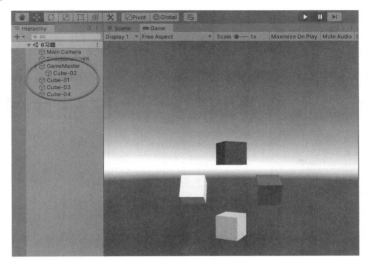

图 6-49

第7章

Unity 脚本的基础内容（下）

7.1 应用退出和场景控制

7.1.1 应用退出

使用 Application.Quit()方法就能退出应用，但是这个方法在编辑器模式下不起作用。在编辑器模式下无法测试这个语句，必须打包以后才能测试。

在编辑器模式下，可以用 UnityEditor.EditorApplication.isPlaying = false;来实现退出运行模式。

在 Windows 系统的编辑器模式下打包以后，使用下面的代码可以实现按 ESC 键（安卓的返回也是这个键）停止运行或退出应用程序。这种做法只适用于学习，正式使用时，按 ESC 键需要使用者确认以后才能退出。

```
void Update()
{
    if (Input.GetKeyUp(KeyCode.Escape))
    {
        if (Application.platform == RuntimePlatform.WindowsEditor)
        {
            UnityEditor.EditorApplication.isPlaying = false;
        }
        else
        {
            Application.Quit();
        }
    }
}
```

7.1.2 场景加载

1. 场景加载准备

场景如果要加载，首先必须单击 File→Build Settings...（文件→生成设置...）打开 Build Settings 窗口，确保目标场景在 Scenes In Build（Build 中的场景）列表中，否则会出错，如图 7-1 所示。

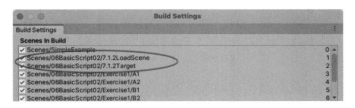

图 7-1

如果加载的场景没有在 Scenes In Build（Build 中的场景）中，就会报错误，如图 7-2 所示。

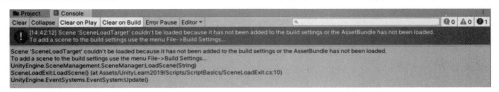

图 7-2

```
Scene 'XXX' couldn't be loaded because it has not been added to the build settings
or the AssetBundle has not been loaded.
To add a scene to the build settings use the menu File->Build Settings...
```

其次，场景加载使用的是 SceneManager 类的方法，使用的时候需要引用 UnityEngine.SceneManagement，例如下面的代码：

```
using UnityEngine.SceneManagement;
```

2. 场景加载的方法

（1）直接加载

使用 SceneManager.LoadScene 方法即可加载场景，例如下面的代码：

```
SceneManager.LoadScene("SceneLoadTarget");
```

默认情况下会卸载当前场景，参数是场景的名称或者完整路径，或者在 Scenes In Build（Build 中的场景）中的序号，如图 7-3 所示。

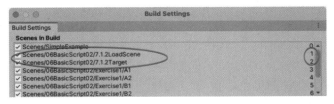

图 7-3

直接加载的优点是简单，代码运行后立即加载；缺点是当目标场景很大的时候，会进入卡顿。简单的处理方法就是加载前显示一个要求等待的图片或提示，再加载。

（2）异步加载

异步加载的基本用法和直接加载类似，只是方法名变成了 LoadSceneAsync。

```
SceneManager.LoadSceneAsync("SceneLoadTarget");
```

异步加载的时候不会出现卡顿，加载时间会长于直接加载。最重要的是，如果加载过程需要显示进度条，只能使用异步加载。异步加载并显示进度需要用到协程，会在之后的章节说明。

（3）同时加载多个场景

Unity 同时打开的场景可以不止一个。LoadScene 和 LoadSceneAsync 方法可以通过添加 LoadSceneMode 参数实现同时加载多个场景。

LoadSceneMode.Single 表示关闭所有当前加载的场景并加载一个场景。LoadSceneMode.Additive 表示将场景添加到当前加载的场景。

使用方法如下：

```
SceneManager.LoadScene("YourScene", LoadSceneMode. Additive);
```

3．获取当前活动场景

通过 GetActiveScene 方法可以获得当前活动场景，例如下面的代码可以获取当前场景名称：

```
SceneManager.GetActiveScene().name;
```

获取当前场景可以在多场景切换的时候用于判断。同时，获取到当前场景以后，还可以用 Scene.GetRootGameObjects 方法获取所有根一级的游戏对象。之后通过遍历就能获取场景中所有的游戏对象。

7.1.3　DontDestroyOnLoad 和单实例

场景切换的时候，原有场景的内容会被卸载并销毁。DontDestroyOnLoad 方法可以使指定的游戏对象在场景切换的时候继续保留。

例如：

```
void Start()
{
    DontDestroyOnLoad(gameObject);
}
```

这样可以让当前所在游戏对象在场景切换的时候不被销毁。同时，在 Hierarchy（层级）窗口中也会有特殊显示，如图 7-4 所示。

这样做可以让一些脚本、数据、功能能够在多个场景共享，而不需要在每个场景添加。但是如果只是简单地使用 DontDestroyOnLoad 方法，则会有另一个问题，当场景回到最初的带有 DontDestroyOnLoad 方法的场景的时候，会重复加载，如图 7-5 所示。

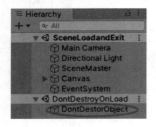

图 7-4　　　　　　　　图 7-5

这时候的解决办法就是采用单实例，代码如下：

```
public class SingleInstance : MonoBehaviour
{
    private static SingleInstance instance = null;
    void Awake()
    {
        if (instance == null)
        {
            instance = this;
            DontDestroyOnLoad(gameObject);
        }
        else if (this != instance)
        {
            Destroy(gameObject);
            return;
        }
    }
}
```

在 Awake 方法中判断当前对象是否重复出现，如果重复出现，就删除重复的游戏对象。这样就能保证场景中该脚本所在的游戏对象不被卸载，也不会重复。

本节总结如图 7-6 所示。

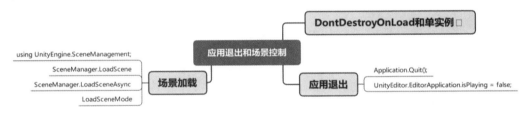

图 7-6

7.2　协程和重复

7.2.1　协程

在 Unity 中，有些内容需要在等待处理的时候继续当前的内容，通常情况下不考虑异步，而是使用协程。协程需要一个返回类型为 IEnumerator 的方法，并通过 StartCoroutine 方法来引用启动。如果需要停止正在进行的协程，需要使用 StopCoroutine 或者 StopAllCoroutines 方法。

```
void Start()
{
    Debug.Log("start-->"+Time.time);
    StartCoroutine("LearnCoroutine");
    Debug.Log("end start-->" + Time.time);
}
IEnumerator LearnCoroutine()
{
    Debug.Log("start Coroutine-->"+Time.time);
```

```
yield return new WaitForSeconds(1) ;
Debug.Log("end Coroutine-->" + Time.time);
}
```

上面的代码执行效果如图 7-7 所示。

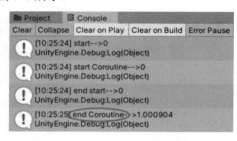

图 7-7

程序不会等 LearnCoroutine 方法执行完再执行 Debug.Log("end start-->" + Time.time);语句，而且会先执行之后的内容，等延时时间到再执行 Debug.Log("end Coroutine-->" + Time.time);语句。

协程经常用于异步加载场景、资源以及网络内容中等情景。

下面的代码利用协程异步加载场景，其中 async.progress 是场景的加载进度。

```
AsyncOperation async;
void Update()
{
    if (Input.GetKeyUp(KeyCode.B))
    {
        StartCoroutine("Load");
    }
    if (async!=null)
    {
        Debug.Log(async.progress);
    }
}
IEnumerator Load()
{
    async= SceneManager.LoadSceneAsync("7.1.2 场景加载目标");
    yield return async;
}
```

下面的代码是等待预制件实例化完成以后添加数据，用于玩家的加载。

```
IEnumerator AddPlayer()
{
    ...
    yield return Instantiate(playerPrefab, transform.position,
transform.rotation);
    LoadPlayerData();
    yield break;
}
```

下面的代码是移动到附近之后发动攻击。

```
IEnumerator MoveToAttackTarget()
{
    ...
    while (Vector3.Distance(attackTarget, transform.position) >AttackRange)
    {
```

```
        agent.destination = attackTarget.transform.position;
        yield return null;
    }
    Attack();
    ...
}
```

7.2.2　延时调用

Unity 中可以用 Invoke 方法延时调用函数或方法，输入的字符串是需要调用的方法的名称，如果在调用前需要取消，则使用 CancelInvoke 方法。

下面的代码延迟 2 秒后调用名为 InvokeTest 的方法。

```
void Start()
{
    Invoke("InvokeTest", 2);
}
void InvokeTest()
{
    Debug.Log("Invoke--"+Time.time);
}
```

7.2.3　重复调用

InvokeRepeating 可以实现对方法或函数的重复调用，有需要重复进行操作，但又不需要放置在 Update 方法中频繁调用的时候可以使用。

一秒以后开始重复调用名为 RepeatTest 的方法,重复频率为每 3 秒调用一次。如果要停止调用,则使用 CancelInvoke 方法。

```
void Start()
{
    InvokeRepeating("RepeatTest", 1, 3);
}
void RepeatTest()
{
    Debug.Log("Repeat--" + Time.time);
}
```

本节总结如图 7-8 所示。

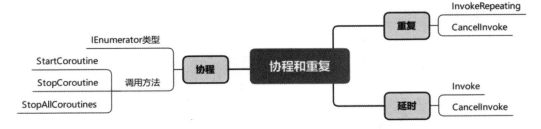

图 7-8

7.3 实例化

Instantiate 实例化可以将传入的对象克隆一个出来，传入的可以是游戏对象 GameObject 或者 Transform，也可以是包含特定组件的游戏对象，传入内容可以是当前场景中已有的内容，也可以是预制件。

7.3.1 基本用法

例如下面的代码：

```
public GameObject prefab;
void Start()
{
    Instantiate(prefab);
}
```

将代码放置到游戏对象以后，通过编辑器将场景中的一个游戏对象赋值给 Prefab 属性，如图 7-9 所示。此时运行，则会克隆一个和场景中原有游戏对象相同的游戏对象出来，名称为原有游戏对象名称加(Clone)，如图 7-10 所示。

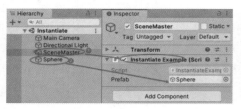

图 7-9   图 7-10

如果此时将一个预制件设置为 Prefab 属性，如图 7-11 所示。运行的时候会克隆一个和预制件一样的游戏对象到场景中，如图 7-12 所示。

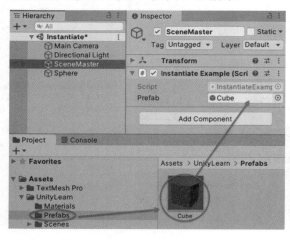

图 7-11   图 7-12

7.3.2　传入类型

传入类型可以是 GameObject，如下面的代码：

```
public GameObject prefab;
void Start()
{
    Instantiate(prefab);
}
```

也可以是 Transform：

```
public Transform prefab;
void Start()
{
    Instantiate(prefab);
}
```

以上这两种类型可以传入任意的游戏对象。如果传入类型是具体的组件，则只能传入包含该组件的游戏对象。例如下面的代码，只能传入包含摄像机的游戏对象。

```
public Camera prefab;
void Start()
{
    Instantiate(prefab);
}
```

7.3.3　其他

Instantiate 实例化可以将克隆出来的对象作为返回值，以便后续使用。

```
var clone = Instantiate(prefab);
```

在某些情况下，必须转换类型，可以用泛型的方法：

```
Transform clone = (Transform)Instantiate(prefab);
```

或者

```
Transform clone = Instantiate<Transform>(prefab);
```

Instantiate 实例化的同时，可以通过输入参数设置克隆出来的游戏对象的父游戏对象、位置和角度。

```
Transform clone = Instantiate(prefab, Vector3.zero, Quaternion.identity,
transform);
```

7.4　PlayerPrefs 保存获取数据

PlayerPrefs 类可以用于保存简单的数据类型，包括整型（Int）、浮点型（Float）和字符串（String）。这种方法会将数据保存到硬件中，即使程序退出后依然有效，但是其他应用在清理缓存（如浏览器清理缓存、应用清理缓存）的时候会把数据清理掉。

1. 保存数据

保存数据的方法有 SetString、SetInt、SetFloat，参数包括一个 key 和要保存的值。

例如下面的脚本就保存了一个字符串。

```
void Start()
{
    PlayerPrefs.SetString("id", "hello world.");
}
```

新建场景，将脚本拖曳到场景中的游戏对象上，运行场景，即可将数据保存到设备中。

不同的设备保存位置不一样，Windows 系统中保存到注册表，安卓设备保存到文本文件，网页使用浏览器的 IndexedDB API 进行存储，iOS 设备存储在 /Library/Preferences/[Bundle ID].plist 中。

2. 获取数据

获取数据的方法和保存数据的方法对应，有 GetString、GetInt、GetFloat。输入 key 作为参数，即可获取数据。下面的代码按空格键就可以在 Console（控制台）窗口中输出刚才保存的内容。

```
void Update()
{
    if (Input.GetKeyUp(KeyCode.Space))
    {
        Debug.Log(PlayerPrefs.GetString("id"));
    }
}
```

效果如图 7-13 所示。

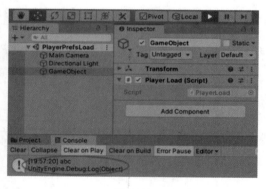

图 7-13

如果遇到大量数据或者复杂的数据，可以考虑保存到数据库或者文本文件，也可以使用商城中的专门插件。

7.5　ScriptableObject

继承了 ScriptableObject 的类可以被保存为一个资源，这个资源可以被程序调用，通常用于各种配置。ScriptableObject 的数据，在 Unity 编辑器开发的时候修改，在运行时候的修改会反馈到资源文件上，一旦发布为应用或者程序以后，则不会被修改。

7.5.1　新建

新建脚本必须继承 ScriptableObject 类，并添加公开属性，同时需要添加 CreateAssetMenu 注解。
新建脚本，代码如下：

```
[CreateAssetMenu]
public class SOObject : ScriptableObject
{
    public string soName;
    public int soNumber;
    public Color soColor;
    public Vector3 soPoint;
    public float[] soFs;
}
```

保存以后，在 Project（项目）窗口选中路径，右击，在 Create（创建）菜单中会多出一个和脚本类名（这里是 SO Object）一样的选项，单击该选项即可添加。另外，在 Unity 菜单的 Assets 中也会多出对应的选项，如图 7-14 所示。

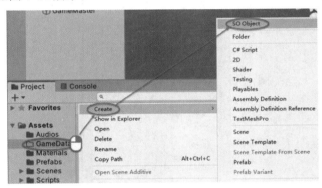

图 7-14

添加完以后会多出一个资源，选中资源，即可在 Inspector（检查器）窗口中设置具体属性，如图 7-15 所示。

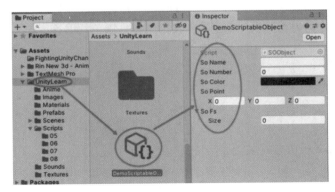

图 7-15

7.5.2　使用

新建脚本，在脚本中定义一个对应类型的变量。

```
public class SOController : MonoBehaviour
{
    public SOObject soObject;
    void Start()
    {
        Debug.Log(soObject.soColor);
    }
}
```

和其他的资源一样，在 Inspector（检查器）窗口可通过拖曳等方式进行设置，如图 7-16 所示。

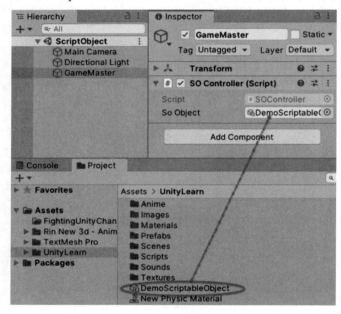

图 7-16

脚本调用和其他类的调用一样。如果在场景中一个配置供多个游戏对象使用，例如敌人的配置，直接使用会导致所有游戏对象共用同一个数据，即一个敌人掉血，则所有敌人掉血。这个时候，需要在使用前用 Instantiate 语句实例化一个副本，使用副本来避免数据共用。

```
public SOObject soTemplate;
public SOObject soObject;
void Awake()
{
    soObject = Instantiate(soTemplate);
}
```

ScriptableObject 脚本中可以有函数方法被其他类调用。

7.5.3　其他

1. 菜单设置

除了在 Assets 菜单中设置外，还可以通过编辑器脚本添加到主菜单中。在脚本中添加下面的方法。

```
#if UNITY_EDITOR
[MenuItem("Demo/Create SO")]
public static void CreateItemSet()
{
    var objSet = CreateInstance<SOObject>();
    string savePath = EditorUtility.SaveFilePanel(
        "save",
        "Assets/",
        "SOObject",
        "asset"
    );
    if (savePath != "")
    {
        savePath = "Assets/" + savePath.Replace(Application.dataPath, "");
        UnityEditor.AssetDatabase.CreateAsset(objSet, savePath);
        UnityEditor.AssetDatabase.SaveAssets();
    }
}
#endif
```

保存以后，会在 Unity 的菜单中多出对应的菜单选项，如图 7-17 所示。

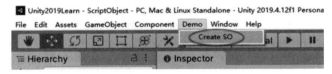

图 7-17

2. 自定义的类显示

自定义的类显示需要序列化，例如新增下面的类：

```
public class SODemo
{
    public string Name;
    public int code;
    public float number;
}
```

将该类添加到 ScriptableObject 类中。

```
[CreateAssetMenu]
public class SOObject : ScriptableObject
{
    public string soName;
    public int soNumber;
    public Color soColor;
    public Vector3 soPoint;
    public float[] soFs;
    public SODemo soDemo;
```

```
    #if UNITY_EDITOR
        ...
    #endif
}
```

此时选中资源，并不会在 Inspector（检查器）窗口中显示对应的内容，如图 7-18 所示。

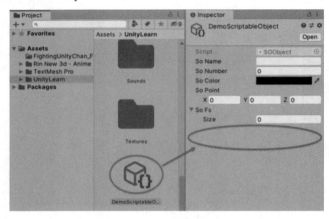

图 7-18

需要通过注解将自定义的类序列化。

```
[Serializable]
public class SODemo
{
    public string Name;
    public int code;
    public float number;
}
```

然后才能在 Inspector（检查器）窗口中显示对应的内容，如图 7-19 所示。

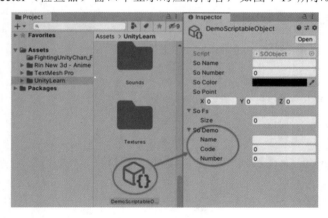

图 7-19

数据字典默认不能在 Inspector（检查器）窗口中显示并设置，但是 Unity 商城中有插件可以让数据字典能够在 Inspector（检查器）窗口中显示并设置。

7.6　调用其他组件上的方法

在运行过程中，经常需要调用游戏对象上的其他组件方法。例如，从 A 脚本调用 B 脚本上的方法，或者从 A 脚本调用视频组件的播放视频方法。

7.6.1　SendMessage

SendMessage 可以调用对应游戏对象上的方法，无论该方法是公开的还是私有的，无论该游戏对象上的组件中有多少个同名的方法，都会被调用。SendMessage 是 GameObject 类下的方法，如果是直接使用 SendMessage，则调用当前脚本所在的游戏对象的方法；如果指定游戏对象 XXX.SendMessage，则在 XXX 游戏对象上调用方法。

1. 指定游戏对象调用

下列脚本在 go 游戏对象上调用 BeCalled 方法，方法的作用为将游戏对象名称输出到控制台。

```
public class CallCpnt : MonoBehaviour
{
    public GameObject go;
    void Start()
    {
        if (go)
        {
            go.SendMessage ("BeCalled");
        }
    }
    private void BeCalled()
    {
        Debug.Log(gameObject.name);
    }
}
```

在场景中建立多个游戏对象并给游戏对象都添加上面的脚本，如图 7-20 所示。选中 SceneMaster 游戏对象，将 GameObject 游戏对象赋值给 SceneMaster 游戏对象的 Go 属性。此时运行，则会在控制台输出 GameObject，即从 SceneMaster 游戏对象的脚本调用了 GameObject 游戏对象上的脚本，如图 7-21 所示。

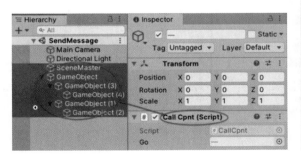

图 7-20

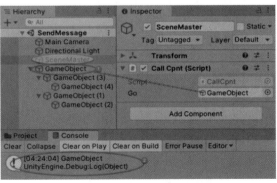

图 7-21

如果对应的游戏对象上没有符合名称的方法，则会有错误提示"SendMessage BeCalled has no receiver!"，如图 7-22 所示。

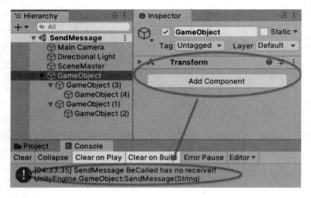

图 7-22

如果不确定对应游戏对象上是否有对应名称的方法，可以通过传入参数 SendMessageOptions.DontRequireReceiver 来避免报错。

SendMessage 有一个对应的方法，名为 BroadcastMessage，可以调用对应游戏对象的所有下级游戏对象上的方法。

修改上面的代码如下：

```
void Start()
{
    if (go)
    {
        go.BroadcastMessage("BeCalled");
    }
}
```

场景设置不变，此时运行，能看到 GameObject 的所有下级的游戏对象上的 BeCalled 方法都被调用了，如图 7-23 所示。

SendMessage 还有一个对应的方法，名为 SendMessageUpwards，可以调用对应游戏对象的所有上级游戏对象上的方法。

修改上面的代码如下：

```
if (go)
{
    go.SendMessageUpwards("BeCalled");
}
```

场景设置不变，此时运行，能看到 GameObject 的所有上级的游戏对象上的 BeCalled 方法都被调用了，如图 7-24 所示。

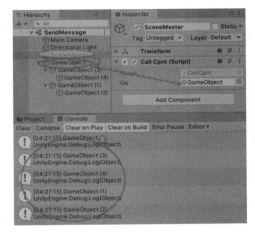

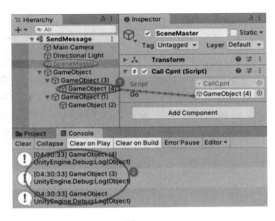

图 7-23   图 7-24

SendMessage（包括 BroadcastMessage 和 SendMessageUpwards）方法除了方法名称和
SendMessageOptions 外，还可以向对应方法传一个且只能传一个其他参数，参数类型可以自己定义。

例如下面的代码传递了一个字符串参数。

```
go.SendMessage("BeCalled", "info");
```

被调用的方法如果有参数，就必须传入参数，否则会报错，没有参数时可以传入参数，不会
报错。

SendMessage（包括 BroadcastMessage 和 SendMessageUpwards）方法的优点是可以有效地对脚
本进行解耦合，同时可以用一条语句调用多个游戏对象或者组件上的方法；缺点是只能传一个其他
参数，而且因为遍历的缘故，性能很差，在一些关注性能的场景中并不适用，也不建议在 Update 这
样的方法中频繁调用。

7.6.2　获取组件调用

获取对应的组件以后调用组件上的方法，也是比较常用的一种调用其他游戏对象或者组件上的
方法的做法。

将前面小节的代码修改如下：

```
public class CallCpnt : MonoBehaviour
{
    public GameObject go;
    void Start()
    {
        if (go)
        {
            go.GetComponent<CallCpnt>().BeCalled();
        }
    }
    public void BeCalled()
    {
        Debug.Log(gameObject.name);
    }
}
```

这样，就通过 go 游戏对象获取了在其上的 CallCpnt 脚本组件，再调用其上的 BeCalled 方法。

这样的做法优点是性能高，传递参数没有限制。但是，一次只能调用一个组件上的方法，而且脚本的耦合程度提高了。

调用其他组件上的方法还可以通过反射、单实例等方法来实现，这里就不讨论了。

7.7 Unity 中与计算有关的内容

7.7.1 随机数

Unity 中提供了获取随机数的类 Random，下面有一些静态的方法和类，用于获取常见的随机类型。

Random.Range 方法可以用于获取某个范围内的随机整数或者浮点数。

下面的代码获取 0~2.5 的浮点数，其中包括 0 和 2.5。

```
Random.Range(0.0f, 2.5f);
```

下面的代码获取 0~10 的整数，包括 0，但不包括 10。

```
Random.Range(0, 10);
```

这样的设计在随机获取列表或者数组元素的时候比较直观。

Random 类中还提供了获取随机颜色、球体内点的属性和方法，因为用得不多，所以不详细说明，用到的时候查官方文档就好。常用的随机方法如表 7-1 所示。

表7-1 常用的随机方法

属性/方法	功 能	返 回 值
insideUnitCircle	半径为 1 的圆形内的随机点	Vector2
insideUnitSphere	半径为 1 的球体内的随机点	Vector3
onUnitSphere	半径为 1 的球体表面上的随机点	Vector3
rotation	随机旋转	Quaternion
value	介于 0.0 [含] 与 1.0 [含] 之间的随机数）	float
ColorHSV()	通过 HSV 和 Alpha 范围生成随机颜色	Color

7.7.2 Mathf 类

Mathf 类中给出了常见的三角函数、开方、幂等的计算方法，还有一些插值和比较的方法。

下面的代码游戏对象以世界坐标从 "0,0,0" 移动到 "5,0,0" 位置。

```
transform.position = new Vector3(Mathf.Clamp(Time.time, 0.0f, 5.0f), 0, 0);
```

下面代码游戏对象以世界坐标在 "0,0,0" 和 "5,0,0" 位置之间重复移动。

```
transform.position = new Vector3(Mathf.PingPong(Time.time, 5f), 0, 0);
```

下面的代码游戏对象以世界坐标在 "0,0,0" 和 "5,0,0" 位置之间来回移动。

```
transform.position = new Vector3(Mathf.PingPong(Time.time, 5f), 0, 0);
```

7.7.3　向量计算

在 Vector2、Vector3、Vector4 中有向量的计算方法，包括向量的长度、点积、叉积、两点间距离、向量间夹角、平面投影等的计算方法。向量常用属性和方法如表 7-2 所示。

表7-2　向量常用属性和方法

方法和属性	说　明
normalized	标准化向量，使其方向不变，向量长度等于 1
sqrMagnitude	返回向量的长度。自动导航的时候，导航的速度是一个向量，具有方向，通过该方法获取其长度就能获得瞬时的速度值，用于设置动画。这个值不是严格计算的，如果严格计算用 magnitude 方法，但是性能较差
Angle	返回两个向量之间的角度
ClampMagnitude	返回原本向量的副本，副本的长度不大于输入值。这个常用于限制力的最大值
Distance	返回两点间的距离
Dot	向量的点积，常用于判断两个向量是否垂直，或者方向相同、相反
Project 和 ProjectOnPlane	向量在另一个向量和向量在另外平面的投影

7.8　其　他

7.8.1　获取目录

Unity 脚本的 Application 类下可以返回 4 个路径，即 dataPath（游戏数据目录路径）、persistentDataPath（持久数据目录的路径）、streamingAssetsPath（StreamingAssets 目录路径）和 temporaryCachePath（临时缓存路径）。其中，用得比较多的是 streamingAssetsPath 和 persistentDataPath。

streamingAssetsPath 可以返回 StreamingAssets 目录路径，有某些内容放置在 StreamingAssets 目录中需要读取的时候，就可以通过这个属性来获取文件路径。在 WebGL 和 Android 平台下需要使用 UnityWebRequest 类来访问 StreamingAssets 目录下的资源，通常把较大的视频、音频或者图片放在这里面。

persistentDataPath 返回的路径在移动设备是可写的，应用如果需要保存文件，在移动设备上 Unity 默认只能将文件保存在该目录下。例如截屏、相机拍摄，如果想要保存到移动设备的照片目录，就需要插件。

7.8.2　平台判断

通过 Application.platform 属性可以获得当前运行的平台，当需要根据不同平台进行判断和操作的时候，就可以用这个来判断。

例如，下面的语句就是当运行平台是 WebGL 时进行操作。

```
if (Application.platform == RuntimePlatform.WebGLPlayer)
{
    ...
}
```

常用平台判断枚举如表 7-3 所示。

表7-3　常用平台判断枚举

枚　举	说　明
OSXEditor	Mac 计算机上的 Unity 编辑器
OSXPlayer	Mac 计算机上的播放器
WindowsPlayer	Windows 计算机上的播放器
WindowsEditor	Windows 计算机上的 Unity 编辑器
IPhonePlayer	苹果移动设备
Android	Android 设备
WebGLPlayer	WebGL 网页程序

7.8.3　JsonUtility

Unity 2020 提供了 JSON 相关的类，可以将对象转换成 JSON 字符串或者将 JSON 字符串转换成对象。

下面的代码能够将当前对象转换成 JSON 字符串：

`JsonUtility.ToJson(this);`

下面的代码能够将 JSON 字符串转换并返回一个 PlayerInfo 类型的对象：

`JsonUtility.FromJson<PlayerInfo>(jsonString);`

下面的代码能够将 JSON 字符串转换并将数据加载到 playerInfo 对象上：

`JsonUtility.FromJsonOverwrite(jsonString, playerInfo);`

Unity 中的 JSON 最大的用途是扩展了 PlayerPrefs 的存储。通过 JsonUtility 能够在数据量不大的情况下将复杂的数据用简单的 PlayerPrefs.SetString 方法保存到设备，并用 PlayerPrefs.GetString 方法读取。配合 ScriptableObject 脚本，可以容易地将类似游戏设置、玩家信息等内容保存到设备并读取。

7.8.4　注解

Unity 的注解有些并不会对功能直接产生影响，但是可以减少操作上的失误。

常用的注解如表 7-4 所示。

表7-4　常用注解说明

注　解	说　明	示　例
Space	变量间距	[Space(50)]
TextArea	文本输入行数	[TextArea(3,10)]
Header	属性标题	[Header("血量设置")]
Tooltip	属性提示	[Tooltip("持有的货币的数量。")]
RequireComponent	脚本必要组件	[RequireComponent(typeof(AudioSource))]

RequireComponent 加在类名上，当将该脚本设置为组件的时候，如果所在游戏对象没有对应组件，则会自动添加对应组件。

新建脚本内容如下：

```
[RequireComponent(typeof(AudioSource))]
public class Others : MonoBehaviour
{
    public int top = 0;
    [Space(50)]
    public int number=0;

    [TextArea(3,10)]
    public string info;

    [Header("血量设置")]
    public int health = 0;

    [Tooltip("持有的货币的数量。")]
    public int money = 0;
}
```

将脚本拖曳为游戏对象的组件后，就能在 Inspector（检查器）窗口中看到如图 7-25 所示的效果。

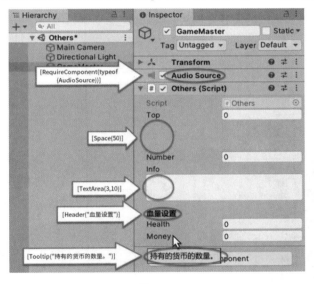

图 7-25

7.8.5　Gizmos

Gizmos 和注解类似，不会对实际运行的脚本的功能产生影响，仅仅是帮助使用者在编辑器中更方便地搭建场景。

Gzimos 常用的两个方法分别是 OnDrawGizmos（在编辑器中绘制）和 OnDrawGizmosSelected（当选中脚本所在的游戏对象后绘制）。绘制的效果仅在 Unity 编辑器的 Scene（场景）视图中可见。

在这两个方法中，通常先通过 color 属性设置绘制内容的颜色，再调用绘制内容的方法，常用的有 DrawCube（绘制实心方块）、DrawWireCube（绘制方框）、DrawSphere（绘制实心球体）、DrawWireSphere（绘制空心球体）、DrawLine（绘制线条）、DrawRay（绘制射线）。

例如下面的代码，添加到游戏对象后，会在游戏的正面绘制一条射线，选中后绘制出一个空心球体。

```
public class GizmosSample : MonoBehaviour
{
    public float radius;
    void OnDrawGizmos()
    {
        Gizmos.color = Color.yellow;
        Gizmos.DrawRay(transform.position, transform.forward*10);
    }

    void OnDrawGizmosSelected()
    {
        Gizmos.color = Color.green;
        Gizmos.DrawWireSphere(transform.position, radius);
    }
}
```

将脚本添加到一个 Capsule 上后，在 Scene（场景）视图中就能看游戏对象正面发出的射线，如图 7-26 所示。

选中以后，会显示球形线框，而且可以随着 Radius 属性的调整而变大变小，如图 7-27 所示。用这种方法可以很容易在搭建场景的时候标识出玩家、敌人以及各种范围等。

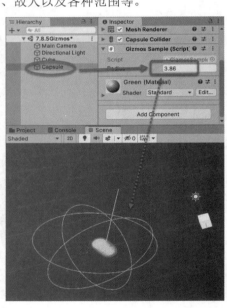

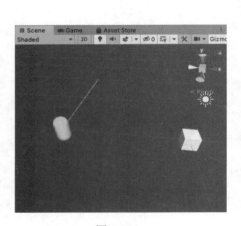

图 7-26   图 7-27

7.9   脚本常见错误

在 Unity 程序开发中，新手常遇到这个错误：NullReferenceException: Object reference not set to an instance of an object（调用的对象没有被实例化，是一个空对象），如图 7-28 所示。

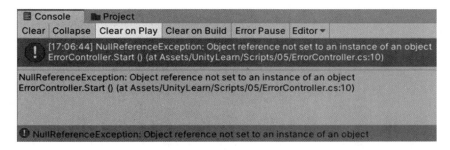

图 7-28

例如下面的代码，就很容易触发这个错误：

```
public class ErrorController : MonoBehaviour
{
    void Start()
    {
        GameObject go = GameObject.Find("Demo");
        Debug.Log(go.name);
    }
}
```

在其他语言的编程中，赋值多是在代码中完成的，通过编辑器的代码检查能够避免这类错误，而 Unity 基于组件的编程方式，加上其灵活的赋值方式，不能直接通过编辑器的代码检查来避免这类错误，所以在使用中一不小心就会遇到这类错误。

这类错误对于初学者而言还有一个问题就是无法定位错误产生的位置。例如上面的代码，出错发生在 Debug.Log(go.name);这行，但是产生错误的原因在 GameObject go = GameObject.Find("Demo");这行，因为在场景中没有找到名为 Demo 的游戏对象，变量 go 的值就为 null。所以在调用变量 go 的名称的时候就出错了。

当出错的这行代码很复杂的时候，初学者更加不知所措。例如下面的代码：

```
public class ErrorController : MonoBehaviour
{
    void Start()
    {
        GameObject go = GameObject.Find("Demo");
        if (go.GetComponent<AudioSource>().clip!=null)
        {
        }
    }
}
```

出错的是 if 判断语句，虽然根源还是前面的赋值语句。

遇到这种情况，首先要明确，一定是调用了空的游戏对象或组件，或者对空的属性进行了操作。可以通过脚本编辑器的调式模式找出空的游戏对象、组件或者属性，如图 7-29 所示。

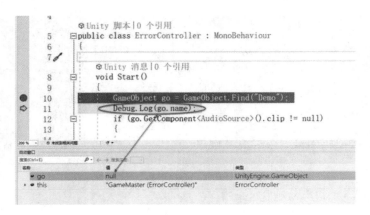

图 7-29

也可以用 Debug.Log 将可能的游戏对象、组件或者值都输出来进行判断。在确定了哪个对象是空的时候，就可以返回去查找是赋值的时候出错还是运行中被删除。

7.10 提示总结和练习

Unity 的场景处理简单的有 3 种思路，即单一场景、多个简单场景和多场景，如图 7-30 所示。

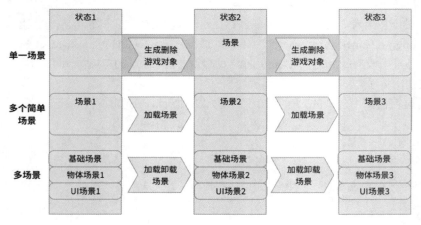

图 7-30

对于初学者，推荐使用多个简单场景，通过加载场景来切换。这种方法相对直观和简单，容易理解，也便于内容的设置和调试。缺点是可能需要在不同场景之间传递数据。实际的开发情况可能更复杂，上面 3 种情况都有，可以根据实际需要重新组合。

在多个场景传递数据基本有两种方法，一种是用 PlayerPrefs 在场景加载前保存数据到设备，在场景加载后读取数据；另一种是利用 DontDestroyOnLoad 把数据放在一个不会被卸载的游戏对象上。

Update（FixUpdate、LateUpdate）方法是每帧调用一次，在实际使用中，有些判断不需要那么频繁，可以用协程或者重复来代替。

本节内容总结如图 7-31 所示。

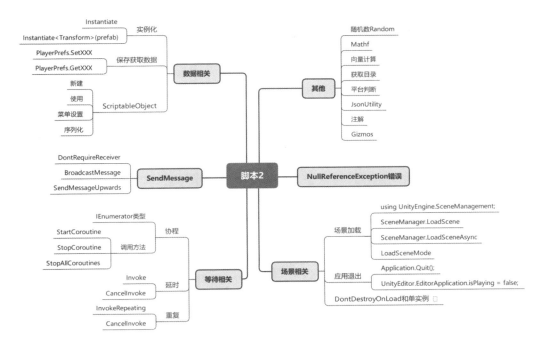

图 7-31

小练习 1

按键盘上的 A、B、C 显示不同的内容，如表 7-5 所示。

表7-5　练习完成效果

默　认	效果 1	效果 2
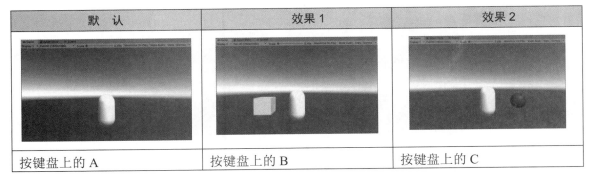		
按键盘上的 A	按键盘上的 B	按键盘上的 C

使用三种方法实现：

（1）只用一个场景实现。

（2）用三个场景，当前加载场景只有一个。

（3）用三个场景，胶囊只能在某一个场景中。

按键方法：

```
void Update()
{
    if (Input.GetKeyUp(KeyCode.A))
    {
```

```
        操作 1
    }
    if (Input.GetKeyUp(KeyCode.B))
    {
        操作 2
    }
    if (Input.GetKeyUp(KeyCode.C))
    {
        操作 3
    }
}
```

小练习 2

场景 InfoSet 有两个脚本，都可以设置字符串数值。若按键盘上的 A，则加载场景 InfoGet，用两种方法在跳转到场景 InfoGet 的时候，将场景 InfoSet 中设置的值输出到 Console（控制台）窗口。

场景 InfoSet 的设置如图 7-32 所示。

图 7-32

场景 InfoGet 的设置如图 7-33 所示。

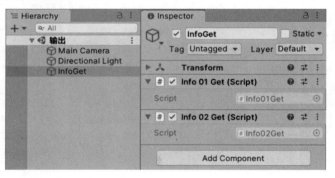

图 7-33

场景 InfoGet 的输出内容如图 7-34 所示。

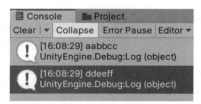

图 7-34

第8章

Unity 常用基础功能（上）

Unity 程序开发一部分工作是设置各种游戏对象 GameObject 的激活，通过 Transform 设置游戏对象的位置、大小、角度，以设置游戏对象下的组件的激活等；另一部分工作是设置组件的值和调用组件的各种方法。

Unity 有很多组件，包含千千万万的属性和方法，不需要专门去记忆。在 Unity 的编辑器中本身就能看到组件的名称和很多常用属性，和程序中是一样的，例如音频播放，如图 8-1 所示。

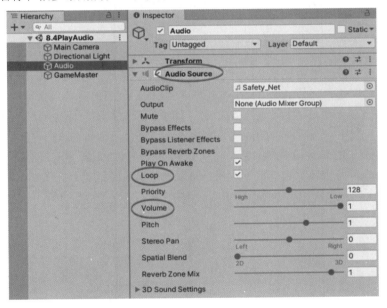

图 8-1

音频播放的组件在编辑器中叫 Audio Source，在程序中的类名是 AudioSource。控制音量的属性在编辑器中叫 Volume，在程序中是 volume。所以，看到 Inspector（检查器）窗口内容的时候，就能猜出要用的类和属性，加上代码提示，很多时候不需要去看文档。这也是推荐使用英文界面的原因之一。

当写程序的时候发现用法不一样，再去查文档，多数情况都能搞定，如图 8-2 所示。用得多了，常用的方法和属性自然就会有印象。

图 8-2

当然会有一些内容处理起来比较复杂，这个时候再用搜索引擎来解决即可。

Unity 的常用基础功能很大一部分就是在说明这些组件如何使用、如何用程序来控制。

8.1　常用资源导入后的设置

这里主要介绍图片、模型、音频和视频导入后的一些常用设置。这些资源都支持从系统拖曳到 Project（项目）窗口，或者单击菜单 Assets→Import New Asset...（资源→导入新资源...），或者在 Project（项目）窗口右击，选择 Assets→Import New Asset... （资源→导入新资源...）的方式导入。

导入的资源并不会被直接使用，会被处理后（如重新压缩以后）放到项目的 Library 目录中。所以，在 Unity 编辑器中对资源设置的修改只影响最终结果，不会对导入的内容进行修改。

在 Project（项目）窗口选中资源以后，可以在 Inspector（检查器）窗口对资源进行设置。单击并向上拖曳 Inspector（检查器）窗口底部的横条可以对资源进行预览，如图 8-3 所示。

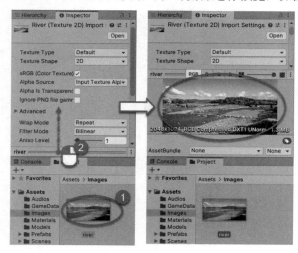

图 8-3

图 8-4

对资源设置修改以后，单击 Inspector（检查器）窗口底部的 Apply（应用）按钮以后，修改即可生效，通常还会有一个重新打包处理的过程，如图 8-4 所示。如果资源特别大，这个过程就会很长。

导入 StreamingAssets 目录的资源，都不能设置，也不会进行处理，会保持原有状态生成到应用程序中。所以，放置在 StreamingAssets 目录下的资源，特别是音频资源和视频资源，要自己确保其格式编码在对应平台下可以被使用。

8.1.1　图片资源设置

Unity 支持很多常用图片格式的导入，包括 BMP、GIF、JPG、PNG、PSD、TGA、TIFF 等。其中 PSD 图片可以通过 Skinning Editor 插件，根据 PSD 图片的图层把内容分开后，像使用 3D 模型一样使用 2D 角色图片。

导入图片后，首先要根据图片的用途设置图片的类型。单击 Texture Type（纹理类型）旁的下拉菜单设置即可，如图 8-5 所示。

图片资源经常设置的还有底部的 Max Size（最大尺寸）选项。这个选项能影响实际使用的图片的大小，默认值是 2048，如图 8-6 所示。只有长和宽的数值都是 2 的 n 次方的图片才能通过修改该选项影响实际使用大小，而且对减小最终应用有很大帮助，所以导入 Unity 的图片时，推荐宽和长的数值都是 2 的 n 次方，可以不是正方形图片。

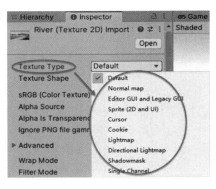

图 8-5

图 8-6

8.1.2　模型资源设置

Unity 使用的最多的模型文件格式是 FBX 和 OBJ。Unity 也支持其他一些如 MAX、BLEND、MA 等格式的模型，只是在设置使用的过程中会更麻烦一些。通常情况下还是推荐导出为 FBX 格式的模型文件后，再导入 Unity。

Unity 资源商城的模型通常不需要进行太多设置，有些模型会不小心把模式中的 Camera（摄像机）和 Light（光源）附带到模型中，通过取消勾选 Model 标签下的 Import Cameras（导入相机）和 Import Lights（导入灯光）选项，可以设置不导入这些内容，如图 8-7 所示。当场景中添加一个模型以后视角突然就变了的时候，说明模型上附带了摄像机。

一些模型的材质和纹理默认是在模型中的，如果需要对原有的材质和纹理进行修改，需要通过 Materials 标签下的 Extract Textures...（提取纹理）或者 Extract Materals...（提取材料）按钮将纹理或者材质内容导入，如图 8-8 所示。

图 8-7

图 8-8

8.1.3 音频资源设置

Unity 支持 AIFF、WAV、MP3 和 Ogg 等格式的音频文件导入，如果音频文件是 WAV 格式的，则建议直接导入。运行时使用的音频格式由音频资源的设置决定，和导入格式无关。导入 WAV 格式不会影响最终运行使用的大小，MP3 在导入的时候反而会多一个解压过程。设置方式说明如下。

- Load Type（加载类型）是 Unity 运行的时候加载音频资源的方法，包括 3 种方法，默认为 Decompress On Load（加载时解压），如图 8-9 所示。
- Decompress On Load: 音频文件加载后将立即解压缩。音频解压后会占用大量内存，因此不要对大文件使用此选项。建议用于音效文件中，如枪声、脚步声等。
  - ➢ Compressed In Memory（压缩内存）：声音在内存中保持压缩状态，播放时解压缩。建议用于对话中。
  - ➢ Streaming（流式处理）：即时解码声音。此方法使用少量的内存来缓冲从磁盘中逐渐读取并即时解码的压缩数据。建议用于背景音乐。
- Compression Format（压缩格式）是 Unity 使用的音频压缩方式，默认为 Vorbis，如图 8-10 所示。

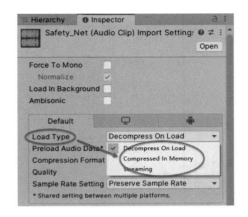

图 8-9   图 8-10

➢ PCM：此选项提供高质量文件，代价是文件内存变大，适合内存小的声音效果。

➢ Vorbis：压缩使文件减小，但与 PCM 音频相比，质量降低。可通过 Quality 滑动条来
配置压缩量。此格式最适合中等长度的音效和音乐。

➢ ADPCM：此格式适用于大量噪音和需要大量播放
的声音（例如脚步声、撞击声、武器声音）。与 PCM
相比，压缩能力提高了 3.5 倍，但 CPU 使用率远低
于 Vorbis 格式，因此成为上述声音类别的最佳压缩
方案。

8.1.4　视频资源设置

Unity 支持 AVI、MP4、MOV 等多种格式的视频文件导入，
视频资源设置不多，Transcode（转码）选项取消后，不会自动对
视频资源转码，需要手动转码。Dimensions（尺寸）可以简单修
改视频分辨率的大小，如图 8-11 所示。

图 8-11

8.2　预制件

预制件（Prefab）在脚本的内容中提到过，这里再详细说明一下。

预制件是一种特殊的资源，由使用者自己从场景中的游戏对象生成。预制件可以让相同功能的
东西方便地在不同场景中使用和修改。在同一场景中，相同功能的东西使用预制件也可以提高性能。
此外，预制件可以作为一个特定功能的集合，让整个项目更清晰。预制件经常用于游戏中的物品道
具，如敌人或者武器等。

对预制件进行修改以后，所有场景中出现的预制件都会发生修改。Unity 还提供了预制件变体
（Prefab Variant），让预制件能够像类一样进行继承。

预制件通常通过 Instantiate 方法进行实例化，以实现向场景中动态添加预制件。

8.2.1 生成预制件

在场景中建立游戏对象，在 Hierarchy（层级）窗口选中要生成预制件的游戏对象，将其拖到 Project（项目）窗口中即可生成预制件。

一般推荐的预制件默认坐标都是原点，方便生成时控制其位置角度，如图 8-12 所示。

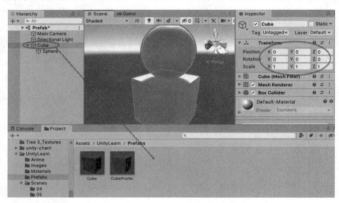

图 8-12

生成后的预制件和其他资源一样，可以通过拖曳到 Hierarchy（项目）窗口或者 Scene（场景）视图添加到场景中，如图 8-13 所示。

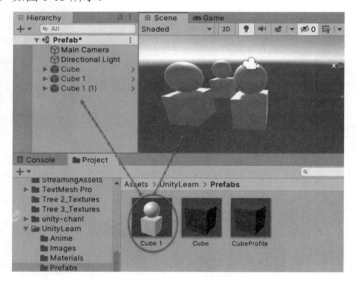

图 8-13

8.2.2 预制件的编辑

选中 Hierarchy（层级）窗口中的预制件，单击 Inspector（检查器）窗口中的 Open（打开）按钮即可编辑，如图 8-14 所示。

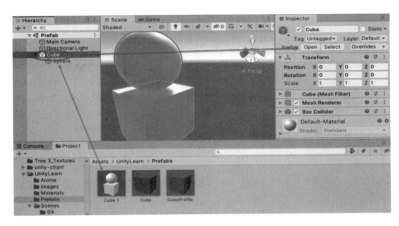

图 8-14

也可以选中 Project（项目）窗口中的预制件，单击 Inspector（检查器）窗口中的 Open Prefab（打开预制件）按钮来编辑，如图 8-15 所示。

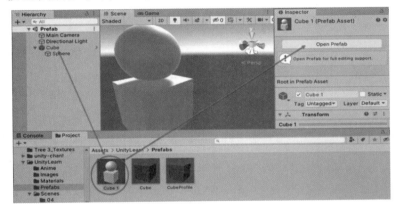

图 8-15

在预制件编辑的场景中，基本和普通场景编辑一样，只是在 Hierarchy（层级）窗口的显示略微不同，如图 8-16 所示。在窗口左上角有一个箭头，单击后可以退出预制件编辑。

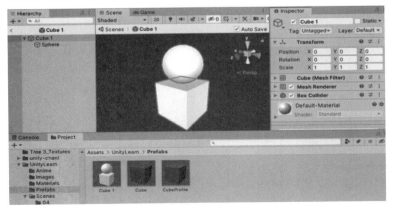

图 8-16

8.2.3　拆解预制件和生成预制件变体

选中 Hierarchy（层级）窗口中的预制件，右击，在弹出的菜单中选中 Unpack Prefab（解压缩）即可将场景中的预制件变成普通的游戏对象，如图 8-17 所示。这个操作不会影响资源中的预制件。

选中 Project（项目）窗口中的预制件，右击，在弹出的菜单中选择 Create→Prefab Variant（创建→预制件变体）即可生成当前预制件的变体，如图 8-18 所示。

预制件的变体的修改不影响预制件本身，但是预制件的修改会影响由其生成的所有变体，这个和类的继承很相似。

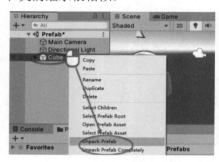

图 8-17

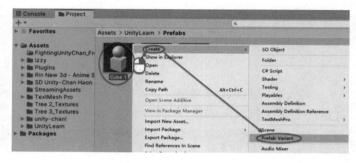

图 8-18

8.2.4　预制件的编程

预制件常见的用法之一是用 Instantiate 方法在场景中生成预制件，该方法可以在生成的时候设置预制件生成时的位置、角度、父节点等。同时，该方法可以返回当前生成的预制件，用于进行更多的操作。

例如脚本如下：

```
public class PrefabSet : MonoBehaviour
{
    public Transform prefab;

    void Update()
    {
        if (Input.GetKeyUp(KeyCode.Space))
        {
            Transform tf = Instantiate(prefab, Vector3.zero,
Quaternion.identity);
        }
    }
}
```

将脚本添加到场景中，将一个预制件拖到 Prefab 属性中，预制件添加了刚体受重力影响，如图 8-19 所示。

运行以后，按键盘上的空格键就会在场景中的对应位置生成预制件，如图 8-20 所示。

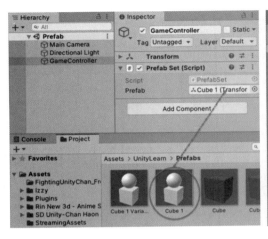

图 8-19

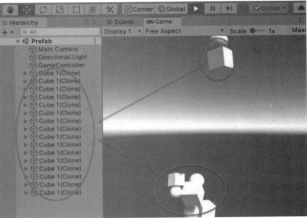

图 8-20

8.3　摄像机

通过 Unity 菜单可以添加一个包含摄像机（Camera）组件的游戏对象。这里为了方便说明，将 Unity 添加的包含摄像机组件的游戏对象暂时称为摄像机游戏对象。

单击菜单 GameObject→Camera（游戏对象→摄像机），即可往场景中添加一个摄像机游戏对象，如图 8-21 所示。

摄像机游戏对象是 Unity 场景中最重要的游戏对象。每个场景至少需要一个激活的摄像机游戏对象，否则无法显示。玩家或者用户能看到的内容都是通过摄像机游戏对象来展示的。

添加或者新建场景以后，默认都会有一个名叫 Main Camera 的摄像机游戏对象，如图 8-22 所示。

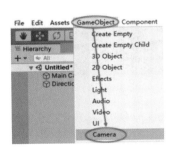

图 8-21

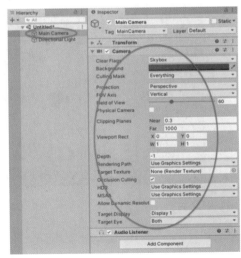

图 8-22

8.3.1 投影

Unity 的摄像机提供了两种投影模式，即 Perspective（透视）模式和 Orthographic（正交）模式。简单来说，透视模式就是 3D 的近大远小的模式，正交模式就是 2D 的远近一样大的模式。

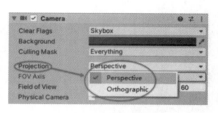

图 8-23

通过 Camera 组件下的 Projection（投影）属性可以选择具体的模式，如图 8-23 所示。

下面来看一下同一个位置透视模式和正交模式显示的区别。

透视模式如图 8-24 所示。

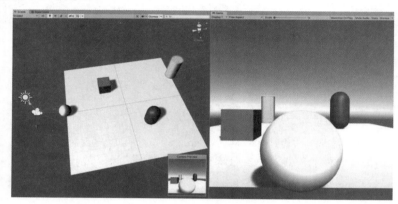

图 8-24

正交模式如图 8-25 所示。

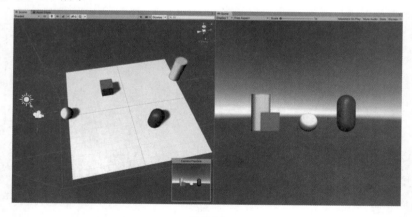

图 8-25

1. 透视模式

选中了 Perspective 选项会出现 FOV Axis（FOV 轴）和 Field of View（视野）选项，如图 8-26 所示。

● FOV Axis：用于设置摄像机是 Horizontal（水平）还是 Vertical（垂直）模式，通常不需要设置。

- Field of View：可以设置视野的夹角，默认为 60 度，和人眼的舒适视野基本一致。在使用多个摄像机的时候需要调整，例如显示的图顶视图的摄像机会根据地图大小调整视野。也常用于游戏中望远镜或瞄准镜的设置。

2. 正交模式

选中了 Orthograph 选项会出现 Size（大小）选项，如图 8-27 所示。

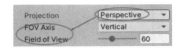
图 8-26

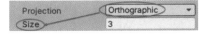
图 8-27

该选项可以设置可视区域的大小，但是具体的算法官方并未给出。

8.3.2　剪裁平面与清除标识

剪裁平面（Clipping Planes）用于设置摄像机看的距离，默认为 0.3~1000，如图 8-28 所示。简单来说，就是只能看到 0.3~1000 米范围内的东西，太近了看不到，太远了也看不到。

清除标识（Clear Flags）用于处理屏幕没有渲染的部分显示什么内容，默认为 Skybox（天空盒），如图 8-29 所示。

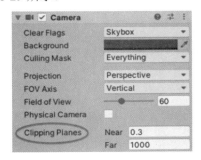
图 8-28　　　　　　　　　　　　　　　　图 8-29

- Skybox：默认选项，会显示一个类似天空的效果，在通常的 3D 场景中使用很多。
- Solid Color（纯色）：选中以后，可以通过下面的 Background（背景）属性来设置具体的颜色。通常用在界面的 2D 内容中。
- Depth only（仅深度）：简单来说就是背景透明，通常在场景中有多个摄像机的时候才使用。
- Don't Clear（不清除）：不处理没有渲染的部分，通常不会用到。

8.3.3　剔除遮罩

剔除遮罩（Culling Mask）可以根据游戏对象的图层（Layer）决定是否显示该游戏对象，默认为全部都显示。

例如，将摄像机设置为不显示 Water，如图 8-30 所示。

再把方块和胶囊体的图层设置为 Water，如图 8-31 所示。

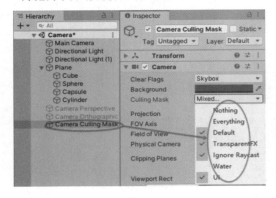 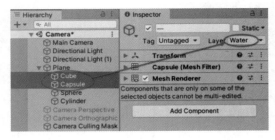

图 8-30   图 8-31

摄像机显示的内容中就没有方块和胶囊体，如图 8-32 所示。

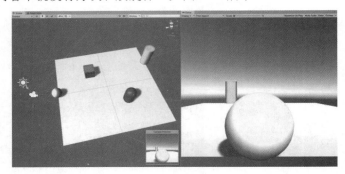

图 8-32

8.3.4 深度和视口矩形

深度（Depth）用于设置多个摄像机的显示顺序，数值大的显示在前面，数值小的显示在后面。数值相同的时候，在 Inspector（层级）视图中，下面的显示在前。

Viewport 矩形（Viewport Rect）用于设置显示范围。"X,Y"是起始坐标，取值范围是 0~1，屏幕左下角为 0，右上角为 1。"W,H"是高和宽，取值范围是 0~1。

深度优先级和 Viewport 矩形默认值如图 8-33 所示。

利用这两个属性可以简单地实现画中画功能，或者显示当前地图的功能。

在场景中添加一个摄像机，设置其位置为从顶部俯瞰，设置其"W,H"为"0.2，0.2"，"X,Y"为"0.7,0.7"，然后设置其 Depth 为 1，如图 8-34 所示。

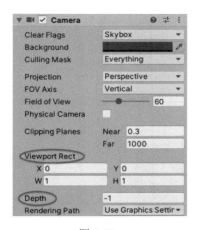 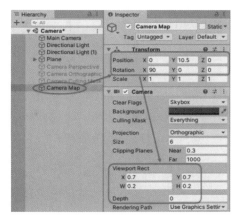

图 8-33　　　　　　　　　　　　　　　图 8-34

这时就会在屏幕右上角出现一个小方块，在其中显示俯瞰的内容，如图 8-35 所示。

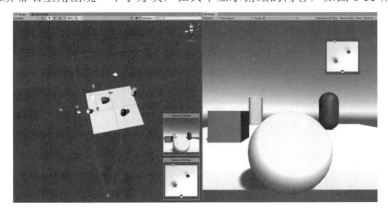

图 8-35

也可以同时设置两个摄像机的 Viewport Rect，将屏幕上下或者左右分割，造成类似双人游戏的效果。

8.3.5　其他

1. MainCamera 标签

场景默认的摄像机 Main Camera 游戏对象的 Tag（标签）默认值为 MainCamera，如图 8-36 所示。而之后添加的摄像机默认的 Tag（标签）都是 Untagged，如图 8-37 所示。

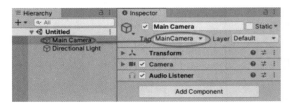 

图 8-36　　　　　　　　　　　　　　　图 8-37

Tag（标签）为 MainCamera 的摄像机并且激活时，可以在脚本中用 Camera.main 的方式直接获取。如果有多个摄像机的 Tag（标签）为 MainCamera，就获取 Depth 数值最大的摄像机。

2. 监听器

通过直接添加游戏对象添加出来的摄像机游戏对象默认带有监听器（Audio Listener）组件。该组件是判断声音源方向和距离的参照，如图 8-38 所示。

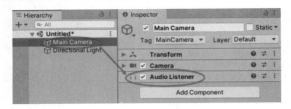

图 8-38

在每个场景中，只能有一个被激活的监听器组件，否则运行时会不停地有消息提示，如图 8-39 所示。所以，当场景中有多个摄像机游戏对象时，必须删除或禁用多余的监听器。

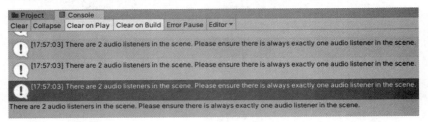

图 8-39

3. 物理摄像机

Unity 还提供了一个物理摄像机（Physical Camera）选项，选中以后，可以用接近现实摄像机中的焦距等概念设置摄像机并获得对应的显示效果，如图 8-40 所示。

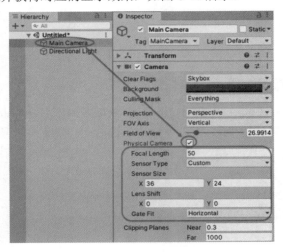

图 8-40

本节内容总结如图 8-41 所示。

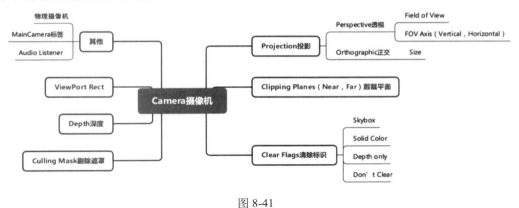

图 8-41

8.4　Unity UI

　　Unity 提供了多种用户界面，包括 UIElements、Unity UI 以及 IMGUI。这里只介绍 Unity UI。因为之前有一个叫 NGUI 的界面插件使用很广泛，所以 Unity UI 也会被称为 UGUI。

　　通过 Unity 的菜单 GameObject→UI（游戏对象→UI）或者 Hierarchy（层级）窗口的右键菜单可以向场景中添加 Unity UI 游戏对象，如图 8-42 所示。

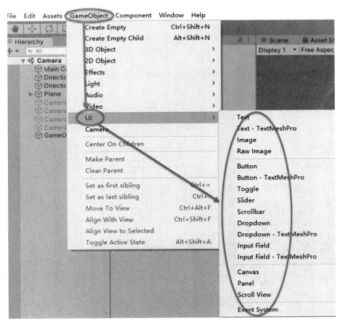

图 8-42

　　这些游戏对象分为 4 类，即用于显示的文本、图像等，用户交互的按钮、下拉菜单等，用于布局的画布、面板等，以及用于事件响应的事件系统。

8.4.1 RectTransform

RectTransform 主要用于用户界面，和普通游戏对象的 Transform 区别很大。

RectTransform 的旋转和缩放与 Transform 的旋转和缩放一样，没有变化。

为了让同一个设置能够适应不同大小的屏幕，RectTransform 使用了锚点（Anchors）位置字段、矩形偏移等多个概念来设置一个 UI 的大小和位置。确实很复杂，也确实在一定程度上实现了同一个设置能够适应不同大小的屏幕。

1. Pivot 轴心

轴心（Pivot）是以当前游戏对象为坐标系，左下角为（0,0）、右上角为（1,1）的一个点，如图 8-43 所示。

旋转、大小和缩放修改都是围绕轴心进行的，因此轴心的位置会影响旋转、大小调整或缩放的结果。轴心在游戏对象正中的时候，位置在父节点的原点，旋转 30 度的样子如图 8-44 所示。

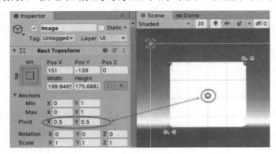
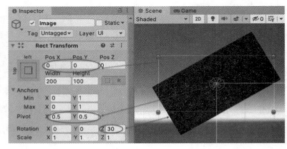

图 8-43　　　　　　　　　　　　　　　图 8-44

轴心在游戏对象左下角的时候，位置在父节点的原点，旋转 30 度的样子如图 8-45 所示。

2. 锚点

锚点（Anchors）是当前游戏对象以父游戏对象为坐标系，左下角为(0,0)、右上角为(1,1)的 4 个点。这 4 个点只能形成点、线或者矩形。表示的时候以左下角的点的坐标为 Min(X,Y)，右上角的点的坐标为 Max(X,Y)来确定 4 个点在父节点的位置。锚点在 Scene（场景）视图中显示为 4 个小三角形控制柄，如图 8-46 所示。

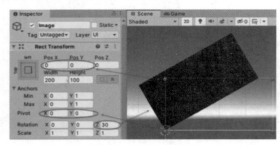
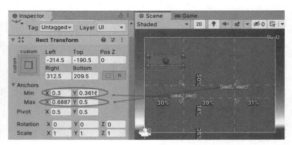

图 8-45　　　　　　　　　　　　　　　图 8-46

锚点是当前游戏对象设置位置和大小时的参照对象，通过设置不同的锚点，参照对象可以是点、线或者矩形。

Unity 提供了常见的几种锚点设置，即常见的点、线、矩形参照，如图 8-47 所示。除了使用官方提供的默认参照方式外，也可以通过在 Inspector（检查器）窗口修改 Anchors（锚点）的值或者在 Scene（场景）视图中单击拖曳锚点的标志小三角来设置参照，如图 8-48 所示。

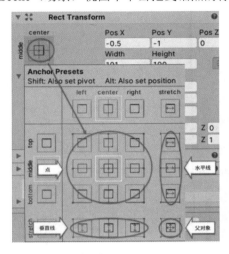

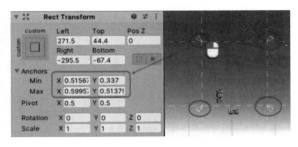

图 8-47　　　　　　　　　　　　　　　　　　图 8-48

3. 位置字段

RectTransform 有 5 个位置字段，其中除了 Pos Z（位置 Z）字段外，其他 4 个字段都会因为锚点属性的变化而有所不同。通过设置除 Pos Z（位置 Z）字段外的位置字段，可以设置游戏对象的位置和大小。下面是当锚点是点、水平线和矩形的时候，位置字段（除 Pos Z（位置 Z）字段外）的具体内容，如图 8-49 所示。

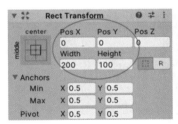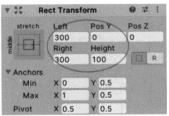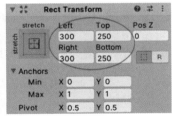

图 8-49

Pos Z（位置 Z）字段可以设置游戏对象的 Z 轴位置，但是不影响显示顺序。在同一个画布（Canvas）中，游戏对象的显示顺序由其在 Hierarchy（层级）窗口中的顺序决定，下面的游戏对象在前，即下面的游戏对象会遮住上面的游戏对象。

在图 8-50 中，Image03 游戏对象会遮住 Image02 和 Image01，Image02 会遮住 Image01。

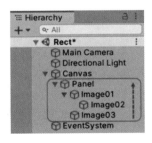

图 8-50

4. 设置思路

RectTransform 的大小和位置受锚点和位置字段属性共同影响，设置的时候，除了本身的结构外，还需要考虑如何能够在屏幕大小、比例发生变化的时候，界面依然保持大致相同或者基本可用。这可以简单地理解为当屏幕发生变化的时候，当前游戏对象的 4 个角到 4 个锚点的位置关系不变。

当锚点形成一个点的时候，变化的情况如图 8-51 所示。

当锚点形成一条线的时候，变化的情况如图 8-52 所示。

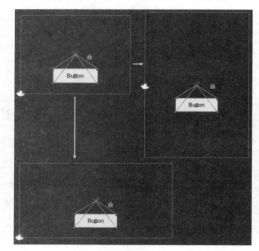

图 8-51

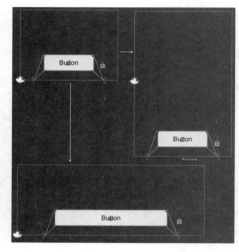

图 8-52

当锚点形成一个矩形的时候，变化的情况如图 8-53 所示。

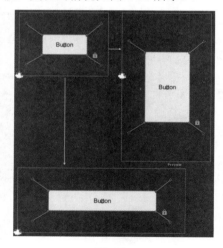

图 8-53

当一个游戏对象的长、宽都远小于父游戏对象的时候，比如一些按钮、头像、图标等，可以考虑以距离较近的点作为参照。例如当一个按钮靠近左上的时候，就以左上角作为参照。

当一个游戏对象的长、宽其中一个远小于父游戏对象，另一个超过父游戏对象一半的时候，比如滚动条、底部文字对话框、整行的按钮等，可以考虑以距离较近水平或者垂直线作为参考。

当一个游戏对象的长、宽都超过父游戏对象一半的时候，比如背景、外框等，可以考虑以矩形作为参考。

矩形作为参考也适用于前两种情况。

不同的做法实现以后会有不同的效果，都能在一定程度上适应不同大小比例的屏幕。在设计的时候，多使用 Game（游戏）窗口的分辨率设置，在目标分辨率下进行设计测试，以保证 UI 界面良好可用，如图 8-54 所示。

8.4.2　RectTransform 的程序控制

RectTransform 设置游戏对象大小位置的时候，不仅在 Unity 编辑器中与 Transform 不一样，在程序控制上也不一样。RectTransform 作为一个组件存在于游戏对象上，所有控制方法和属性都在该组件下。虽然 RectTransform 下的 rect 类可以获取游戏对象的宽（rect.width）和高（rect.height），但是不可以直接设置。

在场景中添加一个图片，设置按钮宽 200、高 100，屏幕中心点对齐，并新建空游戏对象添加脚本，如图 8-55 所示。

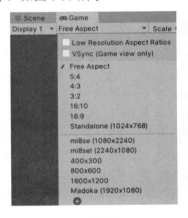

图 8-54

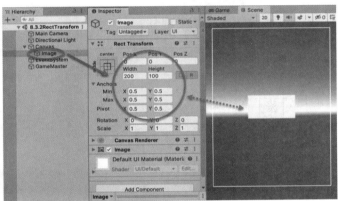

图 8-55

1. 轴心

RectTransform 类下的轴心（Pivot）可以用于获取和设置游戏对象的轴心。

添加下面的方法，即按键盘上的 A 键的时候，修改游戏对象的轴心。

```
public RectTransform rect01;
void Update()
{
    if (Input.GetKeyUp(KeyCode.A))
    {
        rect01.pivot = new Vector2(1.5f, -0.8f);
    }
}
```

单击以后，游戏对象的轴心发生改变，轴心和游戏对象在屏幕上的位置都发生了改变，如图 8-56 所示。

2. 锚点

RectTransform 类下的 anchorMin 和 anchorMax 属性可以用于获取和设置游戏对象的锚点

（Anchors）。

修改脚本的方法，即按键盘上的 A 键的时候，修改游戏对象的锚点。

```
public RectTransform rect02;
void Update()
{
    if (Input.GetKeyUp(KeyCode.A))
    {
        rect02.anchorMin = new Vector2(1, 0);
        rect02.anchorMax = new Vector2(1, 1);
    }
}
```

单击以后，游戏对象的锚点发生改变，轴心和游戏对象在屏幕上的位置都发生了改变，如图 8-57 所示。

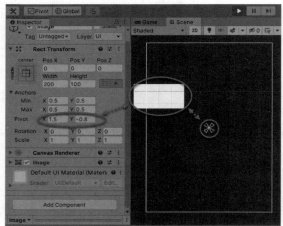

图 8-56

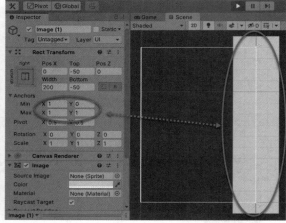

图 8-57

3. 锚点偏移

在脚本中，不可以直接设置位置字段，可以通过设置锚点偏移（offset）来设置游戏对象的大小和位置。

锚点偏移是两个矢量，一个是从左下角的锚点到游戏对象的左下角，另一个是从右上角的锚点到游戏对象的右上角，如图 8-58 所示。无论当前锚点是形成点、线或者矩形，都能通过这样两个矢量来设置游戏对象的位置和大小。

修改脚本的方法，即按键盘上的 A 键的时候，令锚点偏移的 Y 分量都增加 100，X 分量一个增加 50，一个减少 50。

```
public RectTransform rect03;
void Update()
{
    if (Input.GetKeyUp(KeyCode.A))
    {
        rect03.offsetMin = new Vector2(
rect03.offsetMin.x-50, rect03.offsetMin.y + 100);
        rect03.offsetMax = new Vector2(
rect03.offsetMax.x+50, rect03.offsetMax.y + 100);
```

```
      }
}
```

单击以后，图片宽度增加了 100，位置向上移动了 100，如图 8-59 所示。

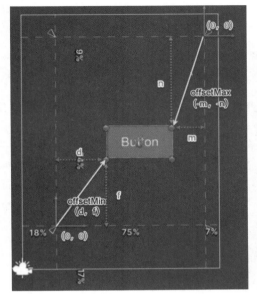

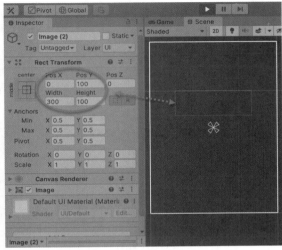

图 8-58   图 8-59

4. SetSizeWithCurrentAnchors 方法

锚点偏移改变游戏对象的大小和位置很方便，但是直接设置游戏对象的大小就比较麻烦，因为要参考锚点的设置。这个时候推荐使用 SetSizeWithCurrentAnchors 方法来设置大小。

SetSizeWithCurrentAnchors 方法的第一个参数是选择设置宽（RectTransform.Axis.Horizontal）还是高（RectTransform.Axis.Vertical），第二个参数是具体大小。

修改脚本的方法，即按键盘上的 A 键的时候，将游戏对象的宽设置为 100，高设置为 200。

```
public RectTransform rect04;
void Update()
{
    if (Input.GetKeyUp(KeyCode.A))
    {
        rect04.SetSizeWithCurrentAnchors(RectTransform.Axis.Horizontal, 100);
        rect04.SetSizeWithCurrentAnchors(RectTransform.Axis.Vertical, 200);
    }
}
```

单击以后，图片宽度变成了 100，高度变成了 200，如图 8-60 所示。

5. anchoredPosition 方法

anchoredPosition 属性是一个矢量，通过该矢量可以获取及设置当前游戏对象的位置。

首先，根据游戏对象的轴心计算出在锚点矩阵中的参考点位置。如果是矩阵，则参考点到轴心的矢量为 anchoredPosition。如果是线段，则锚点矩阵减少一个维度后，参考点的对应位置到轴心的矢量为 anchoredPosition。如果是点，则从锚点到轴心的矢量为 anchoredPosition，如图 8-61 所示。

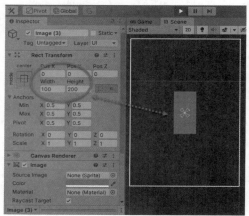

图 8-60

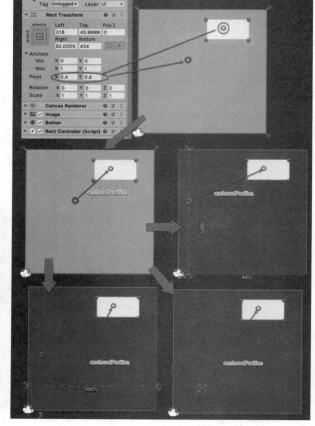

图 8-61

简单理解就是，轴心在中心的时候，4 个锚点的中心到轴心的矢量是 anchoredPosition，轴心在角上的时候，4 个锚点对应的角到轴心的矢量是 anchoredPosition。

修改脚本的方法，即按键盘上的 A 键的时候，为 anchoredPosition 的 Y 分量增加 100。

```
public RectTransform rect05;
void Update()
{
    if (Input.GetKeyUp(KeyCode.A))
    {
        rect05.anchoredPosition = new Vector2(
                rect05.anchoredPosition.x,
                rect05.anchoredPosition.y + 100);
    }
}
```

单击以后，图片向上移动了 100，如图 8-62 所示。

6. SetInsetAndSizeFromParentEdge 方法

SetInsetAndSizeFromParentEdge 方法是以父游戏对象的上、下、左、右 4 个点中的一个作为参照，同时设置游戏对象到该点的距离和对应方向上的值，如图 8-63 所示。

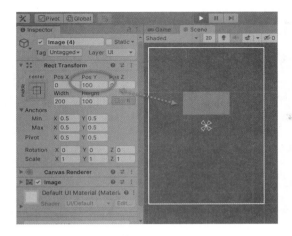
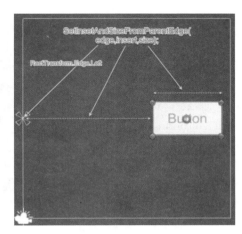

图 8-62　　　　　　　　　　　　　　　　　　　　图 8-63

用这个方法也可以设置游戏对象的大小和位置，但是该方法会修改游戏对象的锚点。

修改脚本的方法，即按键盘上的 A 键的时候，以左边为参照，距离左边 50，宽变为 100。

```
public RectTransform rect06;
void Update()
{
    if (Input.GetKeyUp(KeyCode.A))
    {
        rect06.SetInsetAndSizeFromParentEdge(RectTransform.Edge.Left, 50,
100);
    }
}
```

单击以后，图片变成了正方形，距离左边 100，而且锚点发生了变化，从形状中心对齐变成了左边中心对齐，如图 8-64 所示。

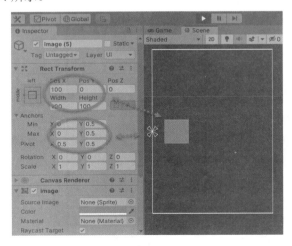

图 8-64

7. 简单总结

在程序中，修改轴心和锚点比较容易，只是修改完以后，都需要重新设置一下游戏对象的大小和位置。锚点偏移功能最全，可以方便地实现移动和变形，但是用来设置位置和大小比较麻烦，因为要参考当前的锚点。

改变形状使用 SetSizeWithCurrentAnchors 方法最简单，移动使用 anchoredPosition 属性最简单。以上方法在修改过程中都不会对锚点产生影响。SetInsetAndSizeFromParentEdge 可以同时设置位置和大小，但是会修改锚点，建议游戏对象原有参考本身就是父游戏对象 4 边中间的点的时候使用。

RectTransform 总结如图 8-65 所示。

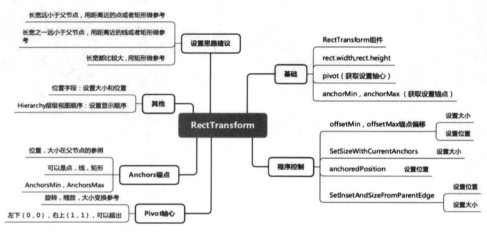

图 8-65

8.4.3　画布

画布（Canvas）游戏对象是其他 Unity UI 的基础，其他的 Unity UI 必须是画布游戏对象的下级游戏对象。可以通过 Unity 菜单 Game Object→UI→Canvas（游戏对象→UI→画布）来添加画布游戏对象，如图 8-66 所示。

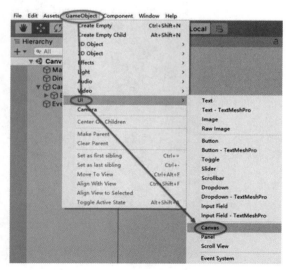

图 8-66

如果场景中没有画布游戏对象，添加其他 Unity UI，Unity 会自动为场景中添加一个画布游戏对象，并将其他 Unity UI 设置为新增画布游戏对象的子游戏对象。

Unity UI 的更新以画布游戏对象为单位。如果场景中有某些 Unity UI 更新很频繁，那么可以考虑将其单独放置在一个画布中，和其他 Unity UI 分开，以提高性能。

1. 屏幕空间覆盖

画布的渲染模式（Render Mode）有 3 种：屏幕空间覆盖（Screen Space Overlay）、屏幕空间摄像机（Screen Space Camera）和世界空间（World Space）。其中，屏幕空间覆盖是默认的，也是最常用的渲染模式，如图 8-67 所示。

屏幕空间覆盖是根据屏幕分辨率进行渲染，不参考场景中的任何游戏对象或者摄像机，渲染之后将其绘制在其他所有内容之上。这种模式画布大小只受屏幕大小的影响。

当场景中有多个同为屏幕空间覆盖的画布的时候，排序次序（Sort Order）值大的画布的内容显示在前面。

图中 Pixel Perfect（像素完美）选项选中后，可以让 UI 变得更平滑，减少锯齿效果。

2. 屏幕空间摄像机

屏幕空间摄像机这种渲染模式是将画布设置为摄像机前方视野中的一个平面，画布的大小受屏幕和摄像机设置的双重影响。该模式下的属性项目如图 8-68 所示。

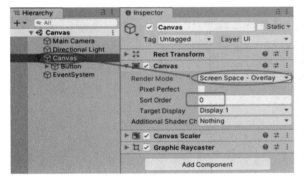

图 8-67

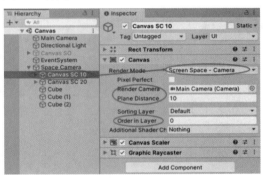

图 8-68

在这种模式下，必须通过 Render Camera（渲染摄像机）属性来指定摄像机，且只有在被指定的摄像机中，画布才是可见的。

同时，还需要通过 Plane Distance（平面距离）属性来指定画布到摄像机的距离，该距离不会影响画布中内容的大小，但是会被距离摄像机更近的其他游戏对象遮挡。如果 Plane Distance（平面距离）属性的取值在摄像机 Clipping Planes（剪裁平面）的取值范围之外，画布仍然是不可见的。

以图 8-69 所示的设置为例，摄像机 Z 轴值为-10，两个屏幕空间摄像机的画布的平面距离分别为 10 和 20，即距离摄像机的距离为 10 米和 20 米。在距离摄像机 10 米、15 米、20 米处分别各有一个方块，如图 8-69 所示。

此时显示效果如图 8-70 所示，距离摄像机 10 米处的方块和 Plane Distance（平面距离）属性为 10 的画布相交，距离摄像机 15 米处的方块遮挡了 Plane Distance（平面距离）属性为 20 的画布。

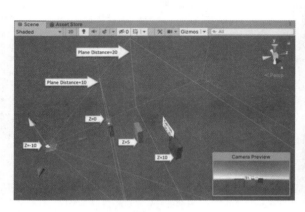

图 8-69

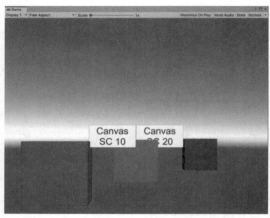

图 8-70

3. 世界空间

世界空间（World Space）这种渲染模式是将画布变成了 Unity 空间的一个普通游戏对象来处理。该模式下的属性项目如图 8-71 所示。

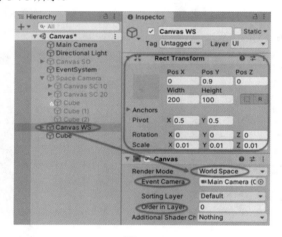

图 8-71

其中 Rect Transform 中的"Pos X,Pos Y,Pos Z"就相当于其他游戏对象的 Transform 的位置（Position），"Width,Height"则用于设置画布的大小。因为这里的大小会影响其子对象的大小，所以通常与缩放一起使用。

● Event Camera（事件摄像机）：设置用于处理 UI 事件的摄像机，建议设置。
● World Space：这种渲染模式的画布经常用于游戏对象的名称或者说明上，如图 8-72 所示。

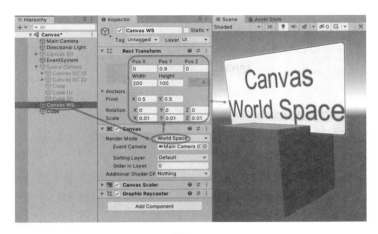

图 8-72

4. 画布缩放器

画布缩放器（Canvas Scaler）是画布游戏对象自带的组件，其作用是进一步让界面适应不同的分辨率，主要的 UI Scale Mode（UI 缩放模式）仅在画布的渲染模式是屏幕空间覆盖和屏幕空间摄像机的情况下有效，默认为 Constant Pixel Size（恒定像素大小），如图 8-73 所示。

恒定像素大小是可在屏幕上按像素指定 UI 元素的位置和大小，Constant Physical Size（恒定物理大小）是按物理单位（如毫米、点或派卡）指定 UI 元素的位置和大小，简单理解就是这两种方法在同一代机型中，UI 元素大小不随屏幕大小变化。

Scale With Screen Size（屏幕大小缩放）可以根据指定参考分辨率的像素来指定位置和大小。通常会设置 Reference Resolution（参考分辨率）为默认分辨率。然后 Screen Match Mode（屏幕匹配模式）设置为 Match Width Or Height，即画布会根据屏幕的长和宽来进行缩放。设置 Match（匹配）为 0.5，即画布同时受到屏幕长和宽的影响，如图 8-74 所示。

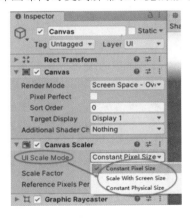

图 8-73

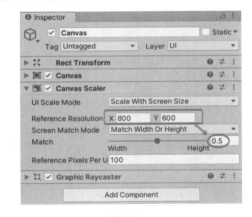

图 8-74

5. 画布组

画布组（Canvas Group）组件是一个需要单独添加的组件，选中一个 Canvas（画布）游戏对象以后，单击 Unity 菜单 Component→Layout→Canvas Group（组件→布局→画布组）即可添加，如

图 8-75 所示。

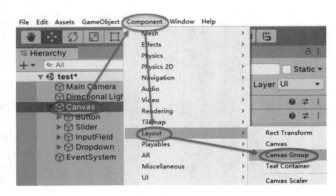

图 8-75

画布组组件可以对所在画布下的所有 UI 元素进行统一的设置修改，省去逐一修改设置 UI 元素的麻烦。为画布添加画布组，默认如图 8-76 所示。

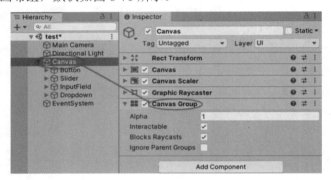

图 8-76

- Alpha：透明度，可以统一设置所在画布下所有 UI 元素的透明度，可以用于整个窗口的淡入淡出效果。
- Interactable：互动选项，默认选中。如果取消选中，则画布下的滚动条、下拉菜单、单选框、输入文本框都不可以修改，按钮不可以单击。
- Block Raycasts：是否作为射线投射的碰撞体，默认选中。如果取消，则画布下的元素无法被单击。Interactable 取消后可以单击，但不能使用，Block Raycasts 取消后因为无法单击，所以不能使用。Physics.Raycast 依然有效。
- Ignore Parent Groups：是否受更上层的画布组设置影响，默认取消，即不受更上层的画布组设置影响。

画布内容总结如图 8-77 所示。

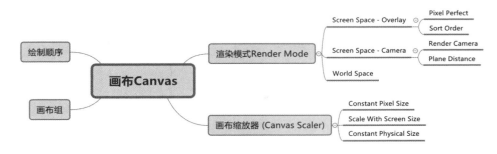

图 8-77

8.4.4　文本和图像

文本和图像组件在官方文档中被称为可视组件（Visual Components），是 Unity UI 的基础，也是其他一些交互组件（Interaction Components）的基础。其他的一些交互组件的外观都是由文本和图像组件构成的，交互组件的外观调整都是基于可视组件的。

1. 文本游戏对象

文本（Text）游戏对象用于显示文字内容，可以通过菜单 GameObject→UI→Text（游戏对象→UI→文本）添加，如图 8-78 所示。

文本游戏对象的主要内容分为 3 部分，即 Text、Character 和 Paragraph，如图 8-79 所示。

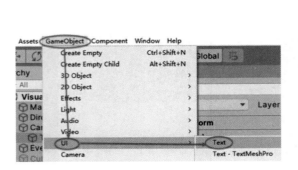

图 8-78

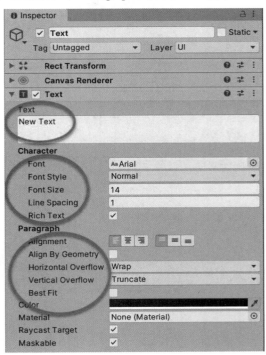

图 8-79

（1）Character

其中 Character 部分包括 Font（字体）、Font Style（字体样式，如普通、粗体、斜体等）、Font Size（字体大小）、Line Spacing（行间距）以及 Rich Text（富文本）。

中文内容在某些机型上会出现乱码，所以字体还是蛮重要的，但是中文字体普遍较大，作者本人经常使用的是思源黑体，8MB 左右。

富文本的写法类似于 HTML，可以让文本中的部分内容改变颜色、大小等。

（2）Paragraph

Paragraph 中包括 Alignment（对齐方式）、Align by Geometry（几何形状对齐）、Horizontal Overflow（水平溢出处理选项）、Vertical Overflow（垂直溢出处理）、Best Fit（自适应）、Color（字体）和 Material（材质）。

选中 Best Fit 以后，可以设置显示的最小字体和最大字体，系统将根据文字内容的多少自动设置字体大小，在处理不同大小屏幕的时候经常会用到。

Unity 还提供了字体轮廓和阴影的组件，选中文本游戏对象以后，可以通过菜单 Component→UI→Effects→Shadow/Outline（组件→UI→效果→阴影/轮廓）来添加，如图 8-80 所示。

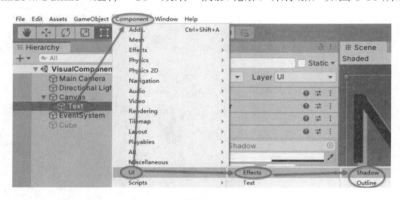

图 8-80

添加了 Shadow（阴影）组件以后，可以设置阴影的颜色、大小和位置，如图 8-81 所示。

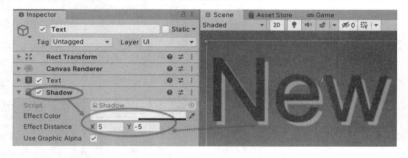

图 8-81

同样，添加了 Outline 轮廓组件后，可以设置轮廓的颜色、大小和位置，如图 8-82 所示。

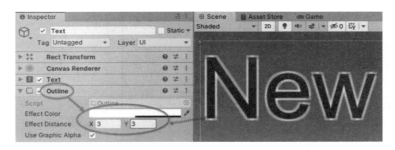

图 8-82

初学者不建议在富文本、边框、阴影和材质上花太多精力，如果需要将文本变得很漂亮，可以考虑使用 TextMesh Pro。

2. Image 图像游戏对象

Unity 有两种图像相关的游戏对象，可以通过 Unity 菜单 GameObject→UI→Image/Raw Image（游戏对象→UI→图像/原始图像）添加，如图 8-83 所示。

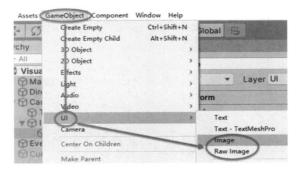

图 8-83

Raw Image（原始图像）游戏对象的优点是可以设置任何纹理图片用于显示。

通常情况下，在 UI 中还是建议使用 Image（图像）游戏对象。虽然图像游戏对象只能添加 Sprite（精灵）类型的图片纹理用于显示，但是图像游戏对象为动画化图像和准确填充控件矩形提供了更多选项。原始图像游戏对象只有在特殊情况下（例如要在 UI 播放视频、显示超大图片）才使用。

默认 UI 中的 Panel（面板）本质也是一个图像游戏对象，只不过是一个默认全屏布局、半透明的白色图像，多用于做一组 UI 的背景。

3. 纹理类型设置

导入的图像文件默认 Texture Type（纹理类型）为 Default，在 Project（项目）窗口选中图像资源以后，在 Inspector（检查器）窗口选择 Texture Type 的属性为 Sprite(2D and UI)，然后单击 Apply（应用）按钮，即可将纹理类型设置为精灵类型，如图 8-84 所示。

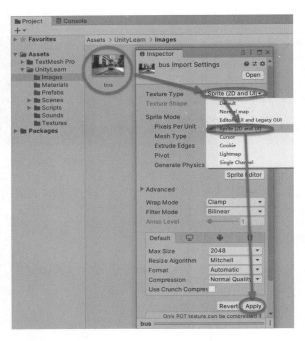

图 8-84

这个时候，才能将图像资源设置到图像游戏对象的 Source Image（图像源）属性中，如图 8-85 所示。

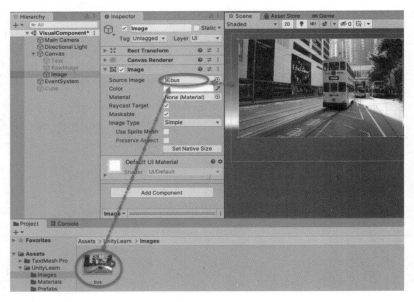

图 8-85

4.3 种简单的图像显示类型

图像游戏对象有 3 种图像展示类型，下面一一说明。

（1）简单类型

简单类型是最基本的展示方法，将 Image Type（图像类型）的值设置为 Simple（简单），此时可以通过选中 Preserve Aspect（保持长宽比）选项来保持图像的长宽比例，也可以通过单击 Set Native Size（设置原生大小）将图像大小设置为与图像分辨率一致，如图 8-86 所示。

图 8-86

（2）平铺模式

该模式通常用于比较小的图像，通过循环显示的方式来显示成一个大的图像。将 Image Type（图像类型）的值设置为 Tiled（已平铺）之后，图像会重复铺满整个显示区域，如图 8-87 所示。

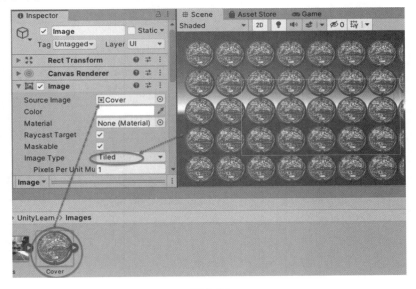

图 8-87

（3）填充模式

将 Image Type（图像类型）的值设置为 Filled（已填充）则进入填充模式，在该模式下，图像会以不同的方式填充在显示区域内。这种模式更多用于动态展示图像出现的过程。

通过 Fill Method（填充方法）、Fill Origin（填充原点）、Fill Amount（填充总数）以及 Clockwise（顺时针）选项可以让图像以不同的方式来填充。通过动态修改 Fill Amount 填充量让其以不同的方式展示填充过程，如图 8-88 所示。这个常用于切换特效，或者圆形进度条。

5. 九宫格显示

九宫格显示主要用于背景或者按钮等类型的显示，只用一个图像纹理就能适应多种大小和长宽比的显示，并且保持风格一致。九宫格显示需要先设置图像纹理。在将图像资源设置为 Sprite(2D and UI)以后，在窗口中有一个 Sprite Editor 按钮。如果单击 Sprite Editor 按钮出现"No Sprite Editor Window registered..."的提示，如图 8-89 所示，则单击 Unity 菜单 Window→Package Manager（窗口→包管理起）打开 Package Manager（包管理起）窗口，选中 All packages（Unity 注册表），找到 2D Sprite 插件，单击 Install（安装）按钮安装，如图 8-90 所示。

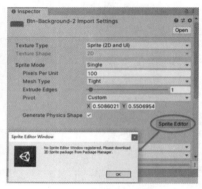

图 8-88   图 8-89

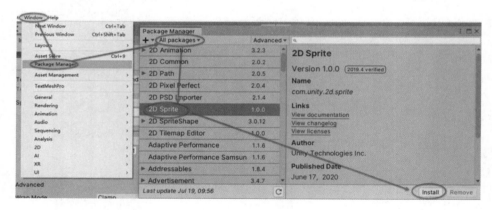

图 8-90

安装好以后，单击 Sprite Editor 按钮，则会弹出 Sprite Editor（Sprite 编辑器）窗口。此时在图像的 4 个边上有 4 条线，如图 8-91 所示。

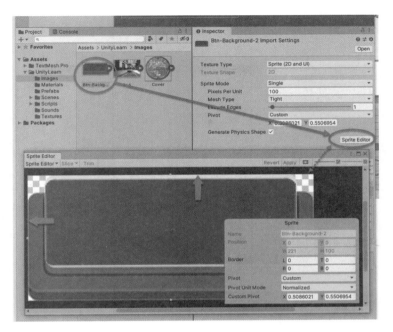

图 8-91

将 4 条线拖曳到图像中，利用 4 条线将图像分割为 9 个部分。单击 Apply（应用）按钮即可，如图 8-92 所示。

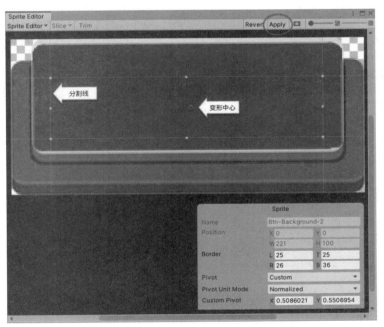

图 8-92

这里，在 9 个部分中，中心的区域是被上下左右拉伸填充的，上下和左右的区域只被水平和垂直拉伸，4 个角的图像不会变。

此时将这个图像纹理设置为 Image 图像游戏对象的 Source Image（源图像）属性的值，将 Image Type（图像类型）设置为 Sliced（已切片），如图 8-93 所示。

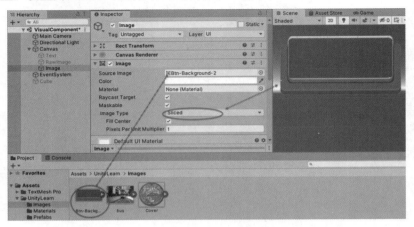

图 8-93

这时，将图像设置为不同的大小或者长宽比例，整体的风格都能保持不变，如图 8-94 和图 8-95 所示。

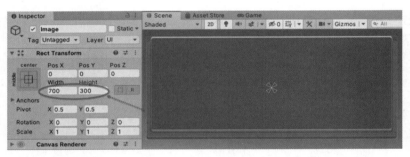

图 8-94

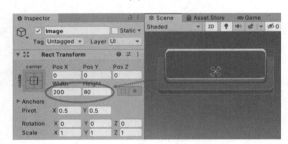

图 8-95

6. 光线投射目标选项

光线投射目标（Raycast Target）选项默认为选中状态，此时单击只会影响最上层的 UI。如图 8-96 所示，当一个图像覆盖住一个按钮的时候，此时是无法单击按钮的。

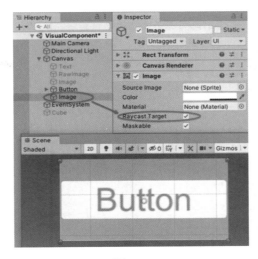

图 8-96

如果取消图像游戏对象的光线投射目标选项，则可以单击下方的按钮。这个在设计某些复杂的 UI 的时候需要用到。

7. 遮罩和矩形遮罩 2D

遮罩（Mask）组件和矩形遮罩 2D（Rect Mask 2D）组件都用于限制子游戏对象的显示范围和形状。可以通过父游戏对象（文本游戏对象或者图像游戏对象）的内容形状实现特定形状的显示。

（1）Rect Mask 2D

Rect Mask 2D（矩形遮罩 2D）组件只能显示为矩形，但是性能更高，使用也更方便。如果只是显示矩形区域，则推荐使用 Rect Mask 2D 组件。

在画布游戏对象下新建一个空的游戏对象，如图 8-97 所示。选中新建的空的游戏对象，单击菜单 Component→UI→Rect Mask 2D（组件→UI→矩形遮罩 2D）就可以添加 Rect Mask 2D 组件，如图 8-98 所示。

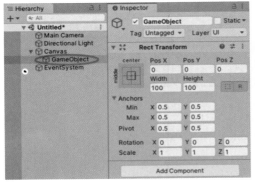

图 8-97

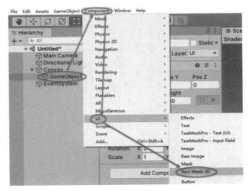

图 8-98

这个时候，在添加了矩形遮罩 2D 组件的游戏对象下添加一个图像游戏对象，设置其图像并设置大小为原始大小，如图 8-99 所示。此时显示的内容如图 8-100 所示，其显示范围仅由矩形遮罩 2D

组件所在游戏对象的大小决定，超出部分都不显示。

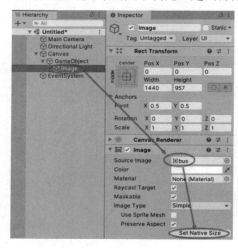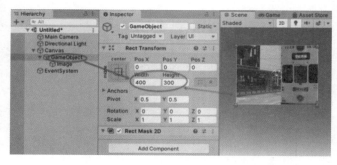

图 8-99   图 8-100

（2）Mask 遮罩组件

遮罩（Mask）组件需要有图像游戏对象或者文本游戏对象作为模板，不可以建立在空的游戏对象上。在画布上新建一个图像游戏对象，设置一个原型图像作为模板，如图 8-101 所示。

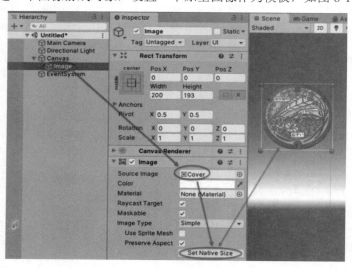

图 8-101

选中对应游戏对象以后，可以通过菜单 Component→UI→Mask（组件→UI→遮罩）添加遮罩组件，如图 8-102 所示。

在添加了遮罩组件的游戏对象下添加一个图像游戏对象，设置其图像并设置大小为原始大小，如图 8-103 所示。

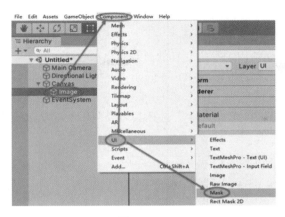
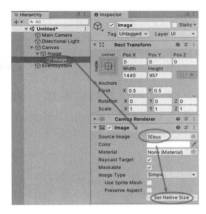

图 8-102　　　　　　　　　　　　　　图 8-103

　　此时显示的大小由遮罩组件所在游戏对象的大小决定，而显示的形状由图像的形状决定，如图 8-104 所示。这种方法可以显示出矩形以外的形状、文字。如果遮罩组件所在的图像游戏对象的图像是渐变图像，则显示的内容也会有渐变效果。

　　如果用文本游戏对象代替图像游戏对象，则效果如图 8-105 所示。

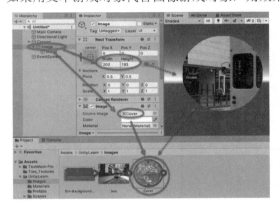

图 8-104　　　　　　　　　　　　　　图 8-105

文本和图像总结如图 8-106 所示。

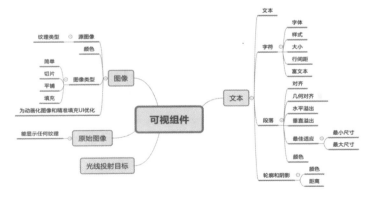

图 8-106

8.4.5 交互游戏对象

交互游戏对象是官方提供的一组用户界面常用的一些交互的游戏对象，包括 Button（按钮）、Toggle（切换）、Slider（滑动条）、Scrollbar（滚动条）、Dropdown（下拉列表框）和 Input Field（文本输入框）。

通过单击 Unity 菜单 GameObject→UI（游戏对象→UI），选择具体类型后，可以向场景中添加对应的交互游戏对象，如图 8-107 所示。

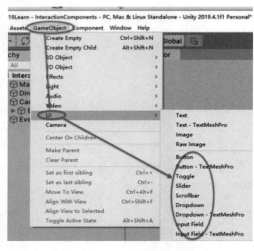

图 8-107

1. 交互选项和过渡选项

交互选项（Interactable）和过渡选项（Transition）是所有交互游戏对象都具有的属性。

（1）Interactable

Interactable 选项默认选中，即可进行交互。当取消勾选该选项以后，则不可以交互，即不可以进行单击、输入或者修改。按钮上默认的 Interactable 选项如图 8-108 所示。

（2）Transition

Transition 选项可以让交互游戏对象在不同状态显示不同效果，让使用者明确知道自己在操作哪个 UI 元素。Transition 选项有 4 种，即 None（无）、Color Tint（颜色色彩）、Sprite Swap（Sprite交换）、Animation（动画）效果。默认为 Color Tint，如图 8-109 所示。

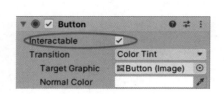

图 8-108

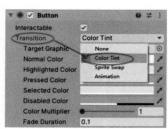

图 8-109

Color Tint：可以设定交互游戏对象不同状态下的颜色，如图 8-110 所示。

选中 Color Tint 以后，可以设定 Normal Color（正常颜色）、Highlighted Color（高亮颜色，鼠标经过时的颜色）、Pressed Color（按下颜色）、Selected Color（选中时的颜色）、Disabled Color（已禁用颜色）。关于颜色，交互组件通常也可以设置颜色，最终显示的颜色是二者叠加的效果，例如按钮本身可以设置颜色，如果设置为蓝色，颜色变化再设置为黄色时，最终按钮会显示为黑色，如图 8-111 所示。

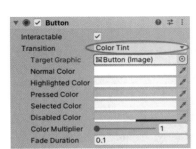

图 8-110

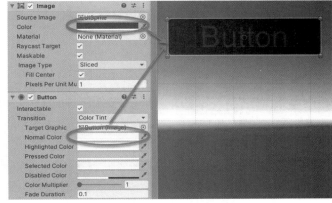

图 8-111

Sprite Swap：可以设置 Highlighted Sprite（鼠标经过图像）、Pressed Sprite（单击图像）、Selected Sprite（选中图像）、Disabled Sprite（禁用图像），如图 8-112 所示。

Animation：可以用 Unity 自带的动画系统设置交互游戏对象不同状态下的效果，如图 8-113 所示。

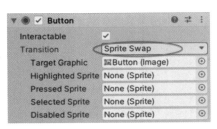

图 8-112

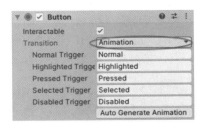

图 8-113

这里的动画效果主要是指大小、位置、角度、颜色及透明度的变换。

2. 按钮

按钮（Button）游戏对象用于响应用户的单击，并用于启动或确认操作，可以通过菜单 GameObject →UI→Button（游戏对象→UI→按钮）添加，如图 8-114 所示。

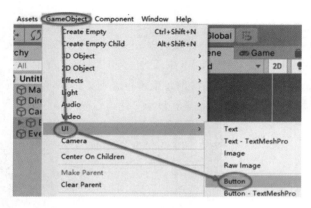

图 8-114

按钮本身的样子是由一个图像游戏对象和一个文本游戏对象组成的，按钮显示文字通过修改按钮游戏对象的子游戏对象文本中的文本即可，如图 8-115 所示。

如果使用特定的图片作为按钮，可以删除子游戏对象文本。

图 8-115

3. 切换

切换（Toggle）游戏对象用于让用户打开或关闭某个选项的复选框或单选按钮，可以通过菜单 GameObject→UI→Toggle（游戏对象→UI→切换）来添加，如图 8-116 所示。

切换游戏对象的文字是由其子游戏对象中的名为 Label 的文本游戏对象控制的，如图 8-117 所示。选项的框和选中时显示的勾都是图像游戏对象。

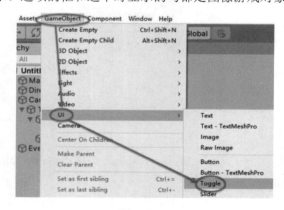

图 8-116

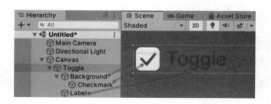

图 8-117

切换游戏对象的 Is On（是开启的）属性可以设置是否选中当前选项。默认情况下，开关相互没有关联，或者说，默认的时候是多选按钮。只有设置了 Group 属性，才能成为单选按钮，如图 8-118

所示。

接下来讲一下 Toggle Group 组件。在一个游戏对象下添加组件 Toggle Group（开关组），如图 8-119 所示。

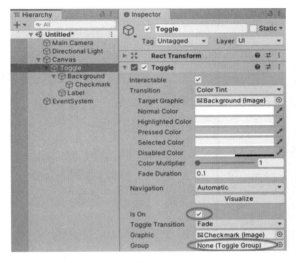

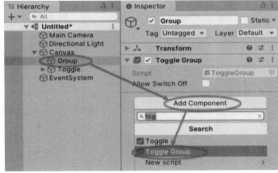

图 8-118　　　　　　　　　　　图 8-119

将相关的几个 Toggle 游戏对象的 Group 属性都设置为添加了 Toggle Group（开关组）组件的游戏对象。此时，相关的几个切换游戏对象就会变成单选按钮，即同时只能选中其中的一个，如图 8-120 所示。选中开关组组件的 Allow Switch Off 属性以后，允许默认的时候所有选项都处于未被选中状态，如图 8-121 所示。

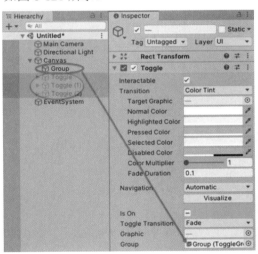

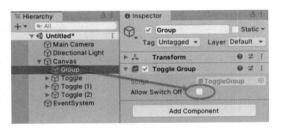

图 8-120　　　　　　　　　　　图 8-121

4. 滑动条

滑动条（Slider）游戏对象用于通过拖曳鼠标从预定范围中选择数值，或者用于进度显示，可以通过菜单 GameObject→UI→Slider（游戏对象→UI→滑动条）添加，如图 8-122 所示。

滑动条游戏对象的外观是由 3 个图像游戏对象组成的。其中，Background 是没有完成部分的显示，Fill Area 是完成部分的显示，Handle Slider Area 是可以单击拖曳的部分，如图 8-123 所示。把 Handle Slider Area 隐藏或者删除就可以当进度条使用。

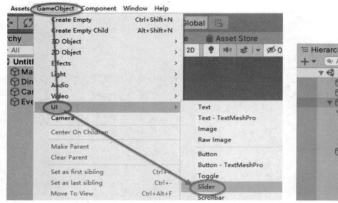 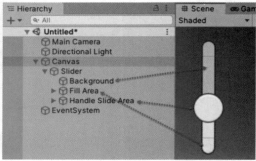

图 8-122　　　　　　　　　　　　　　　　　图 8-123

滑动条游戏对象的常用属性包括 Direction（方向）、Min Value/Max Value（最小值/最大值）、Whole Numbers（整数）和 Value（值），如图 8-124 所示。

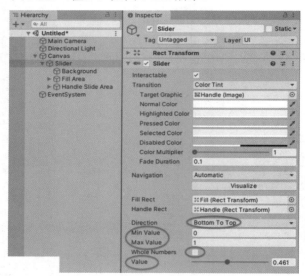

图 8-124

（1）Direction

Direction 用于设置滑动条的滑动方向，包括 Left To Right（从左到右）、Bottom To Top（从下到上）等常见的 4 种情况。因为 UI 可以旋转，其实即使只有一种也足够应付。

（2）Min Value/Max Value 和 Whole Numbers

Min Value/Max Value 用于设置滚动条的值的范围，默认的值的范围是 0~1 的浮点数，在 Unity 中很多内容加载的进度都是以这个来计算的。可以根据需要设置成其他的范围，例如 0~100。默认情况下，值是浮点数，如果选中了 Whole Numbers 选项，则值会变成整数。

（3）Value

Value 用于获取选择的数值或者通过设置值显示进度。

5. 滚动条

滚动条（Scrollbar）游戏对象允许用户滚动由于太大而无法完全看到的图像、文本或其他内容，可以通过菜单 GameObject→UI→Scrollbar（游戏对象→UI→滚动条）添加，如图 8-125 所示。

滚动条游戏对象的常用属性包括 Direction（方向）、Value（值）、Size（大小）和 Number Of Steps（步骤数量），如图 8-126 和表 8-1 所示。

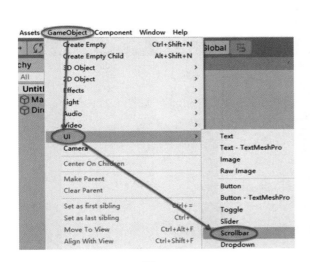

图 8-125

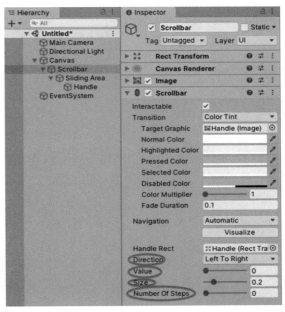

图 8-126

表8-1　Scrollbar（滚动条）属性说明

属　　性	说　　明
Direction	用于设置滚动条的滚动方向，包括 Left To Right（从左到右）、Bottom To Top（从下到上）等常见的 4 种情况
Value	用于设置滚动条的初始位置值，范围为 0.0~1.0
Size	用于设置控制柄在滚动条内的比例大小，范围为 0.0~1.0
Number Of Steps	用于设置滚动条允许的不同滚动位置的数量，默认值为 0。当该属性为 0 时，控制柄可以在滚动条内平滑滚动；当该数值大于 0 时，则控制柄在滚动条内只有固定的几个位置可以停靠

6. 下拉列表框

下拉列表框（Dropdown）游戏对象会显示当前选择的选项。单击后，此控件会打开选项列表，以便选择新选项。可以通过菜单 GameObject→UI→Dropdown（游戏对象→UI→下拉列表框）添加，如图 8-127 所示。

其中，Label 子游戏对象用于显示当前选中的选项，Arrow 子游戏对象用于显示下拉图标，下拉出来的选项则用一个 Scroll View（滚动视图）显示，如图 8-128 所示。

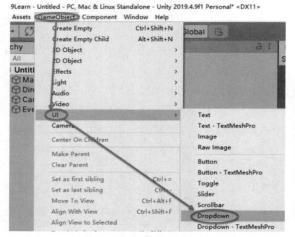

图 8-127

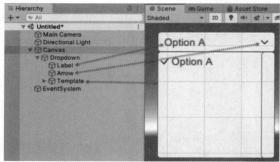

图 8-128

下拉列表框游戏对象的常用属性包括选项显示设置、Value 和 Options，如图 8-129 所示。

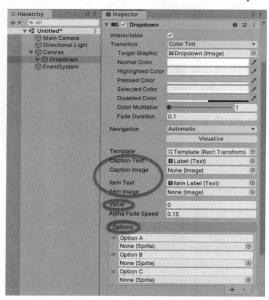

图 8-129

（1）显示设置

显示设置包括 Caption Text（标题文本）、Caption Image（标题图像）、Item Text（项目文本）、Item Image（项目图像）的设置。其中，Caption Text、Caption Image 用于设置当前选中内容的显示效果。Item Text（项目文本）、Item Image（项目图像）用于设置列表项目的显示效果。

（2）Value

Value 是当前所选选项的索引，从 0 开始计数。0 代表第一个选项，1 代表第二个，以此类推。

（3）Options

Options 用于存放下拉选项的列表，可以通过修改该属性来设置下拉选项中的列表内容。

7．文本输入框

文本输入框（Input Field）游戏对象为使用者提供输入文本的内容区域。可以通过菜单 GameObject→UI→Input Field（游戏对象→UI→文本输入框）添加，如图 8-130 所示。

文本输入框游戏对象的常用属性包括选项字符设置、类型设置、提示设置和其他设置，如图 8-131 所示。

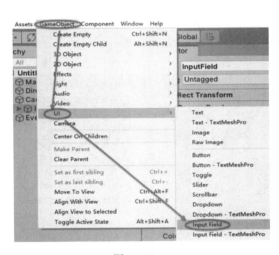

图 8-130

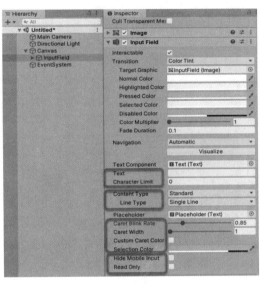

图 8-131

（1）字符设置

字符设置包括 Text（文本）属性和 Character Limit（角色限制，一个明显的翻译错误，应该是字符限制）属性。文本属性可以设置和获取输入的文字内容。角色限制属性用于设置字符数量，如果该属性为 0，则不用限制，否则输入字符数不能超过角色限制属性值。

（2）类型设置

类型设置包括 Content Type（内容类型）属性和 Line Type（直线类型）属性。

内容类型属性可以对输入内容进行限制，例如可以设置为只能输入 Integer Number（整数）、Email Address（电子邮箱地址）、Password（密码）等。

Line Type（直线类型）属性用于设置输入文本行数，默认为 Single Line（单线）。如果选择为 Multi Line Submit（多行提交），则可以输入多行，输入回车的时候自动提交；如果选择为 Multi Line Newline（多行新行），则可以输入多行，而且输入回车的时候，会在 Input Field（输入文本框）中自动换行。

（3）其他设置

Hide Mobile Input（隐藏移动输入）选中后可以隐藏苹果移动设备上屏幕键盘附带的本机输入字段。

8. 滚动视图

滚动视图（Scroll View）游戏对象用于在小区域查看占用大量空间的内容。可以通过菜单 GameObject→UI→Scroll View（游戏对象→UI→滚动视图）添加，如图 8-132 所示。

其中，Scrollbar Horizontal 子游戏对象是水平滚动条，Scrollbar Vertical 子游戏对象是垂直滚动条，需要显示的内容必须在 Content 游戏对象下，如图 8-133 所示。

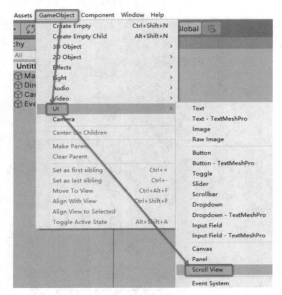

图 8-132

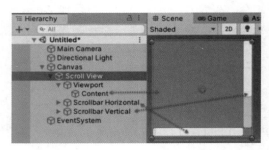

图 8-133

滚动视图游戏对象的常用属性包括滚动条设置、运动惯性设置和滚动条显示设置，如图 8-134 所示。

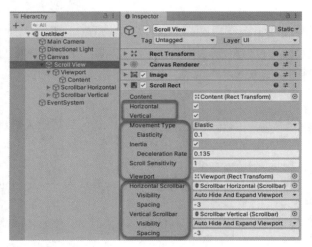

图 8-134

（1）滚动条设置

滚动条设置包括 Horizontal（水平）选项和 Vertical（垂直）选项，默认都选中。取消以后，就会停止使用对应的滚动条。

（2）运动惯性设置

运动惯性设置包括 Movement Type（运动类型）、Elasticity（弹性）、Inertia（惯性）、Deceleration Rate（减速率）和 Scroll Sensitivity（滚动灵敏度）设置。这些设置不影响显示效果，但是会提供不同的操作感受。

（3）滚动条显示设置

滚动条显示设置主要是 Visibility（可视性）选项，可以设置滚动条是否会自动隐藏，或者始终显示/隐藏。

8.4.6　自动布局相关组件

1. 宽高比适应器

宽高比适配器（Aspect Ratio Fitter）组件可以控制布局对象的大小，选中对应的游戏对象以后，单击菜单 Component→Layout→Aspect Ratio Fitter（组件→布局→宽高比适配器）即可添加，如图 8-135 所示。

宽高比适配器有两个属性，Aspect Mode（纵横模式）用于设置适配模式，Aspect Ratio（宽高比）用于设置对象的宽/高比例，如图 8-136 所示。

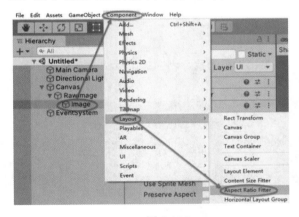

图 8-135

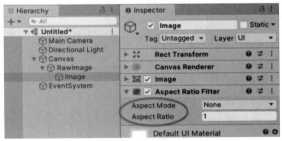

图 8-136

（1）Width Controls Height 和 Height Controls Width

选项 Width Controls Height 和 Height Controls Width 可以通过宽度自动设置高度，或者通过高度自动设置宽度，如图 8-137 所示。

效果如图 8-138 所示，如果宽/高比为 1，则显示为正方形。

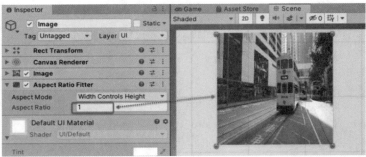

图 8-137   图 8-138

（2）Fit In Parent

Fit In Parent 选项会根据父游戏对象的形状自动填充，但是不会超出父游戏对象的范围，如图 8-139 所示。

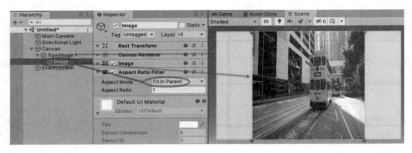

图 8-139

（3）Envelope Parent

Envelope Parent 选项会充满整个父游戏对象，如果比例不一致，则会超出父游戏对象的范围，如图 8-140 所示。

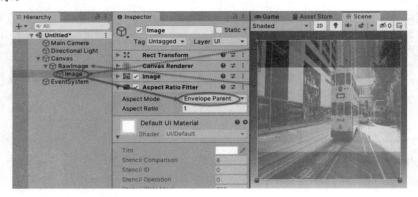

图 8-140

2. 水平布局组组件和垂直布局组组件

水平布局组（Horizontal Layout Group）组件和垂直布局组（Vertical Layout Group）组件可以将游戏对象下的子游戏对象水平或者垂直分布，选中游戏对象以后，单击菜单 Component→Layout→

Horizontal Layout Group/Vertical Layout Group（组件→布局→水平布局组/垂直布局组）即可添加，如图 8-141 所示。

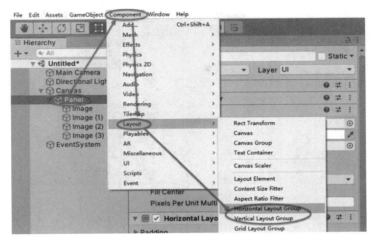

图 8-141

（1）Padding 和 Spacing 属性

Padding（填充）属性用于设置子元素和父元素之间的填充大小，Spacing（间距）属性用于设置子元素之间的间距大小，如图 8-142 所示。

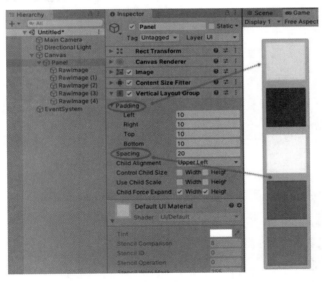

图 8-142

（2）Child Alignment 属性

Child Alignment（子集对齐）属性用于设置子元素在父元素中的对齐方式，如图 8-143 所示。

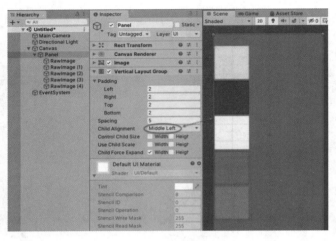

图 8-143

（3）Child Force Expand 属性

Child Force Expand（子力扩展）属性用于设置子元素的扩展。当使用 Vertical Layout Group（垂直布局组）组件的时候，选中 Child Force Expand（子力扩展）属性中的 Height（高度）选项时，子元素会自动增加间距，使其在高度上布满父元素，如图 8-144 所示。此时 Width（宽度）选项无效。

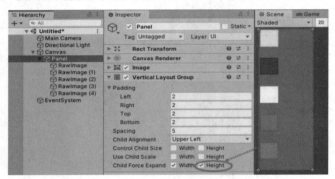

图 8-144

此时，如果去掉 Height（高度）选项，则不会自动布满，如图 8-145 所示。

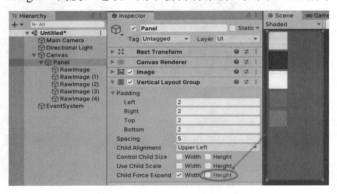

图 8-145

（4）Control Child Size 属性

Control Child Size（控制子对象大小）属性会强制修改子元素大小，必须配合 Child Force Expand 属性同时使用。当选中 Control Child Size 属性的 Width 选项时，会修改子元素宽度以使用父元素宽度，如图 8-146 所示。同样，当选中 Control Child Size 属性的 Height 选项时，会修改子元素高度以使用父元素高度。

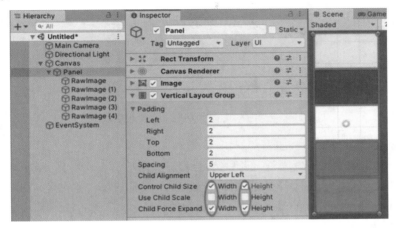

图 8-146

Horizontal Layout Group（水平布局组）组件和 Vertical Layout Group（垂直布局组）组件的使用方法相同，只是布局方式不同，如图 8-147 所示。

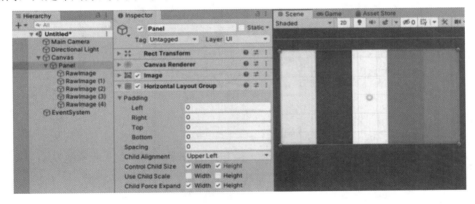

图 8-147

3. 网格布局组组件

网格布局组（Grid Layout Group）组件可以将游戏对象下的子游戏对象按照网格进行分布，选中游戏对象以后，单击菜单 Component→Layout→Grid Layout Group（组件→布局→网格布局组）即可添加，如图 8-148 所示。

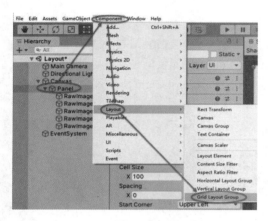

图 8-148

（1）Padding、Cell Size 和 Spacing 属性

　　Padding（填充）属性用于设置子元素和父元素之间的填充大小。Spacing（间距）属性用于设置子元素之间的间距，这里间距分 X 轴间距和 Y 轴间距。Cell Size（单元格）属性用于设置子元素的大小。使用了 Grid Layout Group 组件以后，子元素大小都是由父节点的 Grid Layout Group 组件控制的，如图 8-149 所示。

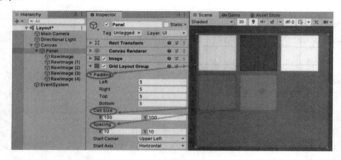

图 8-149

（2）Start Comer 属性

　　Start Comer（起始角落）属性用于设置子元素开始的位置，图 8-150 所示是从右下角开始。

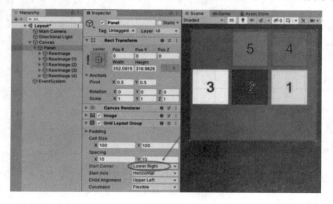

图 8-150

图 8-151 所示是从左上角开始。

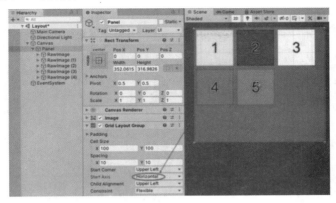

图 8-151

（3）Start Axis 属性

Start Axis（起始轴）用于设置首先添加行还是首先填充列。图 8-152 所示是首先填充行。

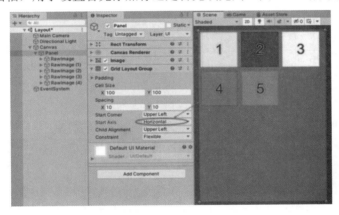

图 8-152

图 8-153 所示是首先填充列。

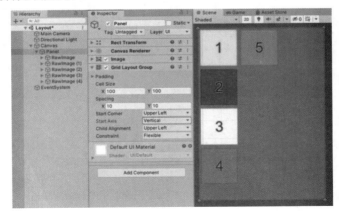

图 8-153

（4）Child Alignment 属性

Child Alignment（子级对齐）属性用于设置子元素位于父节点的位置，如图 8-154 所示。

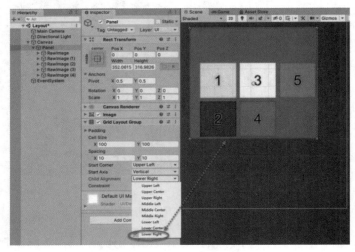

图 8-154

（5）Constraint 属性

Constraint（约束）属性用于设置具体的行数或者列数，默认为 Flexible，是根据父节点大小自动分布的，如图 8-155 所示。选择 Fixed Row Count 为固定行数，并且需要设置具体多少行。选择 Fixed Column Count 为固定列数，并且需要设置具体多少列。

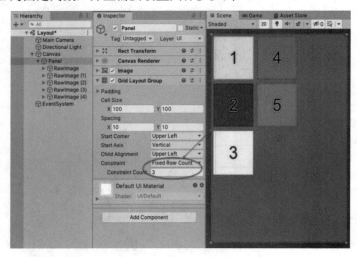

图 8-155

4. 内容尺寸适应器组件

内容尺寸适应器（Content Size Fitter）组件可以根据内容来控制当前元素的大小，选中游戏对象以后，单击菜单 Component→Layout→Content Size Fitter（组件→布局→内容尺寸适应器）即可添加，如图 8-156 所示。

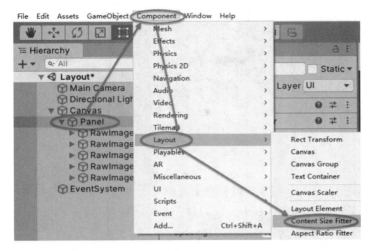

图 8-156

（1）与 Layout Group 组件配合使用

在添加了有水平布局组组件、垂直布局组组件或者网格布局组组件的游戏对象之后，设置 Horizontal Fit（水平适应）属性或者 Vertical Fit（垂直适应）属性为 Min Size（最小大小），就可以将所在游戏对象的大小设置为根据其子元素内容的大小而设定。图 8-157 所示是在 Vertical Layout Group（垂直布局组）组件中，设置高度根据子元素大小设定。

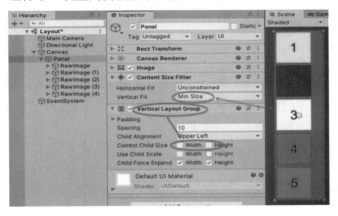

图 8-157

如果是 Horizontal Layout Group（水平布局组）组件或者 Vertical Layout Group（垂直布局组）组件，不可以选中对应的 Control Child Size（控制子对象大小）属性。

（2）在文本游戏对象上使用

在文本游戏对象上添加内容尺寸适应器组件，选择 Preferred Size，可以将游戏对象的大小设置成根据文本内容的多少自动设定，如图 8-158 所示。

图 8-158

5. 布局元素组件

布局元素（Layout Element）组件可以根据父元素大小自动调整大小，选择对应的游戏对象，单击菜单 Component→Layout→Layout element（组件→布局→布局元素）即可添加，如图 8-159 所示。

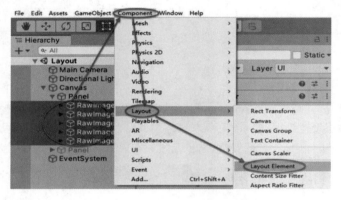

图 8-159

布局元素组件的 Min Width/Min Height 是最先分配的值大小，Preferred Width/Preferred Height 是在父元素大小足够的情况下分配的值大小，Flexible Width/Flexible Height 是自动充满父元素的大小，如图 8-160 所示。

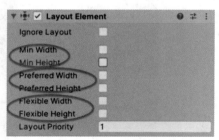

图 8-160

使用布局元素组件需要父游戏对象有 Horizontal Layout Group 组件或者 Vertical Layout Group 组件，如图 8-161 所示。

在父游戏对象上添加 Vertical Layout Group 组件，设置其 Child Force Expand（子力扩展）高度不强制扩展。设置 Control Child Size（控制子对象大小）高度由父元素控制。

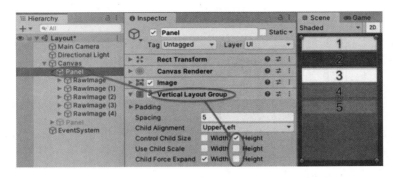

图 8-161

设置所有子元素的布局元素组件的 Min Height 为 40，即最小高度是 40。此时，父元素高度大于所有元素高度的总和，如图 8-162 所示。

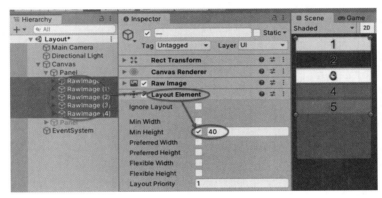

图 8-162

设置第一个元素的 Preferred Height 为 100，则第一个元素在高度足够的情况下，高度会在 40~100 之间变化，如图 8-163 所示。

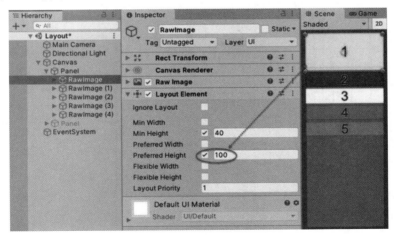

图 8-163

设置第一个元素的 Flexible Height 大于 0，则第一个元素会自动修改高度充满父元素，如图 8-164

所示。

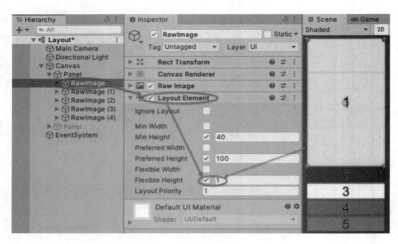

图 8-164

8.4.7 事件响应

Unity UI 的事件响应有两种方式，一种是在编辑器绑定对应事件，另一种是完全在脚本中完成。本质上没有区别，区别只是把耦合放在场景中还是放在脚本中。

Unity UI 事件响应都需要一个 EventSystem（事件系统）游戏对象，如果场景中没有该游戏对象，则 UI 无法对事件进行响应。在添加 Unity UI 的时候，如果场景中没有该游戏对象，就会自动添加，如图 8-165 所示。

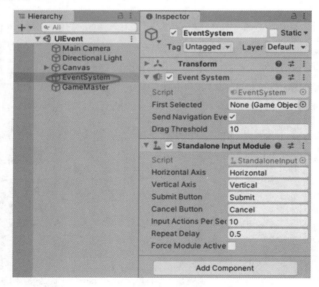

图 8-165

如果需要单独添加，单击菜单 GameObject→UI→Event System（游戏对象→UI→事件系统）即可添加，如图 8-166 所示。

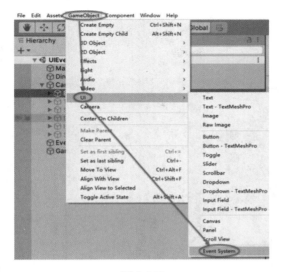

图 8-166

1. 编辑器设置默认事件响应

（1）绑定响应事件

新建一个脚本，名为 UIEventLearn。添加一个公共方法，名为 OnEvent，作用就是在控制台显示文本。

```
public class UIEventLearn : MonoBehaviour
{
    public void OnEvent()
    {
        Debug.Log("On Event");
    }
}
```

在场景中新建一个空的游戏对象，将脚本拖曳到空的游戏对象上成为其组件，如图 8-167 所示。

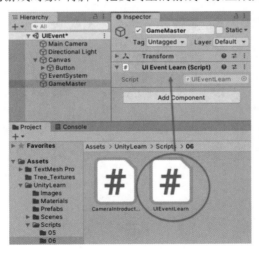

图 8-167

选中按钮，单击 On Click()标签下的"+"，添加一个单击事件的响应。将带有脚本的游戏对象拖曳到 On Click()标签下。选择响应的方法是 UIEventLearn 脚本组件的 OnEvent 方法，如图 8-168 所示。

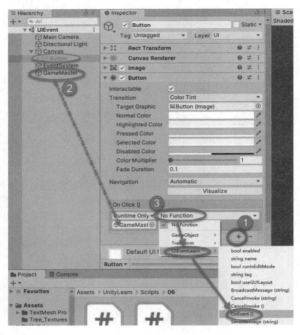

图 8-168

此时，运行场景，单击按钮以后，就会在控制台显示对应的内容，如图 8-169 所示。

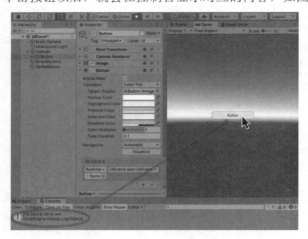

图 8-169

（2）设置带参数的响应事件

如果为方法添加一个参数：

```
public void OnEvent(string info)
{
```

```
    Debug.Log("On Event "+info);
}
```

则在绑定完响应事件以后，就会有一个输入框提供输入参数，如图 8-170 所示。这里的输入框会随
参数类型的不同而变化，但是最多只能有一个参数。

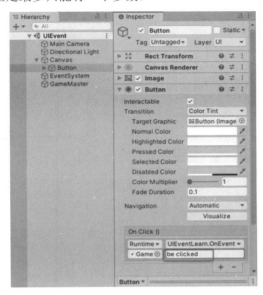

图 8-170

此时运行场景，单击按钮以后，就能看到参数也被显示在控制台，如图 8-171 所示。

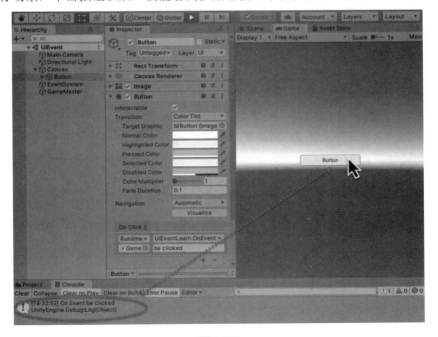

图 8-171

（3）联动参数

部分 Unity UI 的事件默认包含参数，有些参数可以联动。

修改方法，添加一个浮点参数：

```
public void OnEvent(float info)
{
    Debug.Log("On Event "+info);
}
```

在场景中添加一个滑动条，将有脚本的游戏对象拖曳到 On Value Changed(Single)（值改变时（single））标签下，如图 8-172 所示。

这时候选择事件，就会出现两个同名的事件：在顶部分割线上的是可以联动的事件，在分割线下的是普通事件，如图 8-173 所示。

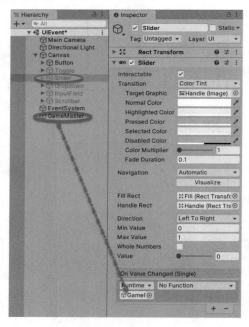
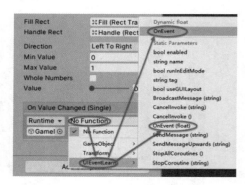

图 8-172   图 8-173

选择分割线下的普通事件，和之前一样，需要输入一个参数，事件获取的值就是输入值，如图 8-174 所示。

若选择分割线上的联动事件，则不需要输入参数。事件获得的参数是 Unity UI 提供的，如图 8-175 所示。

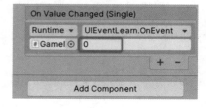

图 8-174   图 8-175

运行场景效果如图 8-176 所示，拖曳滑动条的时候，滑动条的 Value 属性会作为参数传给事件。

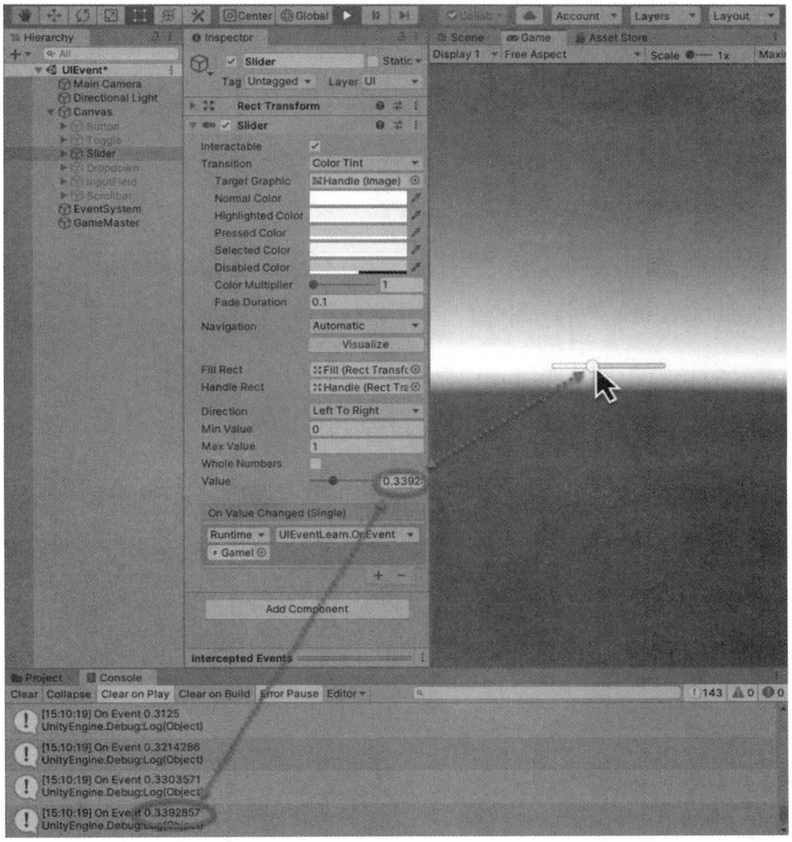

图 8-176

（4）Unity UI 组件默认事件列表

列表如表 8-2 所示，其中 Input Field 默认有两个事件。

表8-2　UI组件默认事件

UI 组件	默认事件	联动参数	联动内容
Button	On Click	无	
Toggle	On Value Changed	布尔数	Is On（是否选中）
Slider	On Value Changed	浮点数	Value（进度）
Scrollbar	On Value Changed	浮点数	Value（进度）
Dropdown	On Value Changed	整数	Value（选中项序号）
Input Field	On Value Changed On End Edit	字符串	Value（输入内容）

（5）其他

有些内容游戏对象上有公共方法，不需要写脚本，例如游戏对象的名称等属性的修改、激活和禁用，以及发送 SendMessage 等，如图 8-177 所示。

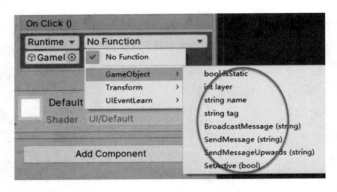

图 8-177

绑定的响应事件可以是多个，如图 8-178 所示。

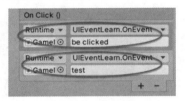

图 8-178

2. 编辑器设置事件系统响应

首先把脚本拖曳到空的游戏对象上。选中一个 UI 游戏对象，单击菜单 Component→Event→Event Trigger（组件→事件→事件触发器），添加一个事件触发器组件，如图 8-179 所示。

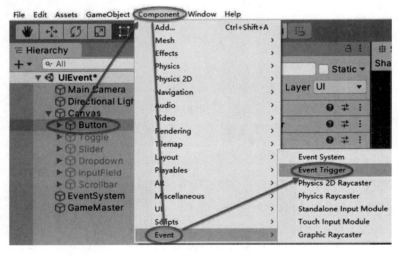

图 8-179

单击 Add New Event Type（添加新事件类型）按钮，添加对应事件。默认事件类型很多，这里选择的是 PointerClick 事件，如图 8-180 所示。

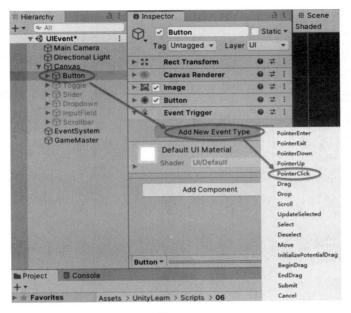

图 8-180

　　添加完事件以后，选中按钮，单击 Pointer Click()标签下的"+"，添加一个单击事件的响应。将带有脚本的游戏对象拖曳到 Pointer Click()标签下，选择响应的方法是 UIEventLearn 脚本组件的 OnEvent 方法，如图 8-181 所示。

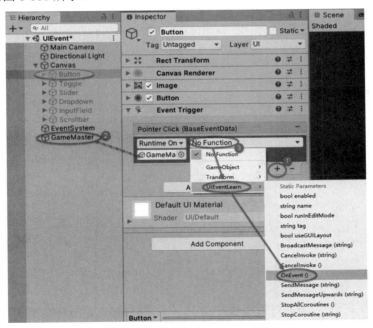

图 8-181

　　此时，运行场景，单击按钮以后，就会在控制台显示对应的内容，如图 8-182 所示。

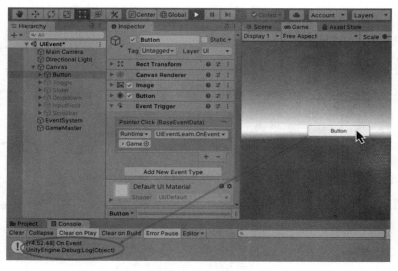

图 8-182

这种方法没有设置联动参数，但是和设置默认事件响应一样，有些内容不需要写脚本，默认事件本身能支持，同时可以绑定的响应事件可以是多个。

这种方法不止能用在交互的 UI 游戏对象上，还可以用在普通的 UI 游戏对象，如文本游戏对象和图像游戏对象，还可用于非 UI 的一些游戏对象的单击上。

3. 脚本监听默认事件

新建一个脚本，名为 UIScript。添加一个 Button 类型的变量，并为 Button 类型的变量添加单击事件响应的方法，名为 OnEvent，作用就是在控制台显示文本。注意引用 UnityEngine.UI。

```
using UnityEngine;
using UnityEngine.UI;
public class UIScript : MonoBehaviour
{
    public Button button;
    void Start()
    {
        button.onClick.AddListener(OnEvent);
    }
    private void OnEvent()
    {
        Debug.Log("On Event ");
    }
}
```

在场景中新建一个空的游戏对象，将脚本拖曳到空的游戏对象上成为其组件。将一个场景中的 Button 游戏对象拖曳到脚本组件上为其赋值，如图 8-183 所示。

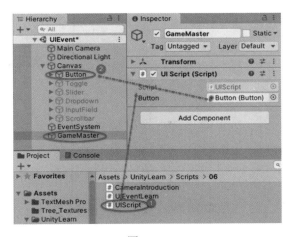

图 8-183

运行场景，单击按钮以后，就会在控制台显示对应的内容，如图 8-184 所示。

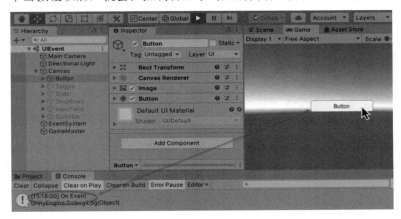

图 8-184

这种方法和在编辑器设置默认事件响应完全一致，只不过是将编辑器中的场景设置搬到了脚本中。

下面是箭头函数的写法，脚本绑定到按钮游戏对象本身。

```
void Start()
{
    GetComponent<Button>().onClick.AddListener(() =>
    {
        Debug.Log("On Clicked");
    });
}
```

4. 脚本监听事件系统事件

新建一个脚本，名为 UISysEvent。添加一个 IPointerClickHandler 接口的继承，并实现接口的方法（如果要监听其他事件，则需要继承并实现其他事件的接口）。注意引用 UnityEngine.EventSystems。

```
using UnityEngine;
```

```
using UnityEngine.EventSystems;
public class UISysEvent : MonoBehaviour, IPointerClickHandler
{
    public void OnPointerClick(PointerEventData eventData)
    {
        Debug.Log("On Click");
    }
}
```

将脚本拖曳到 UI 游戏对象下，如图 8-185 所示。

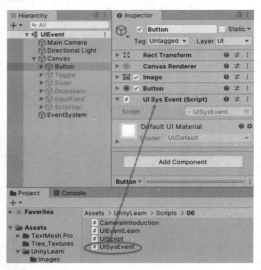

图 8-185

运行场景，就会在控制台显示对应的内容，如图 8-186 所示。

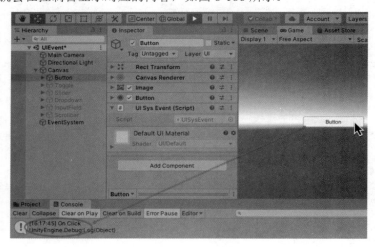

图 8-186

这种方法和在编辑器设置事件系统响应本质上一样，只不过是将编辑器中的场景设置搬到了脚本中。这种方法也可以用于非交互的 Unity UI，甚至是其他一些非 UI 的游戏对象。

这种方法和在脚本监听默认事件相比，只能将脚本绑定在要监听的游戏对象上，不能像脚本监听默认事件那样，可以把脚本设置在其他游戏对象上。

8.5　音频播放

音频播放也是 Unity 常用的功能，例如播放背景音乐等。Unity 支持导入多种格式的音频文件，包括 AIFF、WAV、MP3 和 Ogg 等格式。Unity 并不是直接使用这些音频文件（放在 StreamingAssets 目录下的除外），而是根据不同的平台进行压缩处理。所以，不用担心导入的音频文件过大，录制的声音可以直接使用 WAV 格式。

Unity 中的音频播放主要由 3 部分构成：Audio Clip（音频剪辑）即要播放的音频内容；Audio Source（音频源）即音频播放器，将音频内容在什么位置以及如何播放；Audio Listener（监听器）即在什么位置听到声音。

8.5.1　音频剪辑

当音频文件导入 Unity 中成为资源后，称为音频剪辑。在 Project（项目）窗口选中以后，就能在 Inspector（检查器）窗口看到音频信息并设置，如图 8-187 所示。

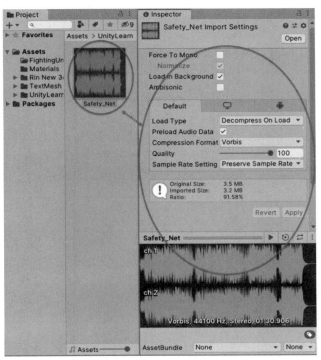

图 8-187

8.5.2 音频源

音频源组件是音频内容的播放器，可以设置播放的方式，并通过游戏对象位置影响播放位置。

选中游戏对象以后，单击菜单 Component→Audio→Audio Source（组件→音频→音频源）即可添加音频源组件，如图 8-188 所示。音频源组件属性如图 8-189 所示。

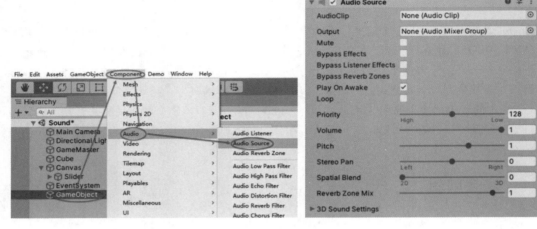

图 8-188   图 8-189

常用属性说明如表 8-3 所示。

表8-3 音频源常用属性说明

属 性	说 明
AudioClip	音频剪辑，即要播放的声音的内容
Mute（静音）	如果启用此选项，则为静音
Play On Awake（唤醒时播放）	如果启用此选项，声音将在场景启动时开始播放；如果禁用此选项，需要通过脚本使用 Play() 命令启用播放
Loop（循环）	启用此选项可在音频剪辑结束后循环播放
Volume（音量）	声音的大小与离音频监听器的距离成正比，以米为单位
Pitch（音调）	通过改变播放速度从而改变音调的高低，默认值为 1
Stereo Pan（立体声像）	设置 2D 声音的立体声位置，-1 代表完全在左边，1 代表完全在右边，默认值为 0
Spatial Blend（空间混合）	设置 3D 引擎对音频源的影响程度，0 代表完全没有 3D 效果，1 代表完全没有 2D 效果

8.5.3 音频监听器

音频监听器组件用于确定听到声音的位置。当声音是 2D 的时候，位置不会有影响，当声音是 3D 的时候，在什么位置听到声音就很重要。

选中游戏对象，单击菜单 Component→Audio→Audio Listener（组件→音频→音频监听器）即可添加音频监听器组件，如图 8-190 所示。

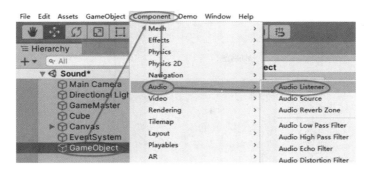

图 8-190

在新建场景中，默认会在 Main Camera 游戏对象下添加一个音频监听器组件，如图 8-191 所示。因此，如果要修改或在场景中添加新的音频监听器组件，必须注意这个默认组件的存在。

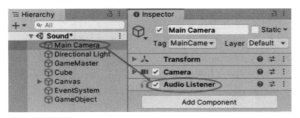

图 8-191

当场景中出现超过一个音频监听器组件的时候，运行场景会有如图 8-192 所示的提示信息。

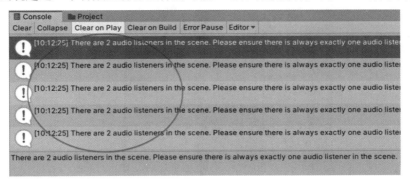

图 8-192

只需要删除或禁用多余的音频监听器组件即可解决此问题。

8.5.4　音频播放的程序控制

音频播放的程序控制很简单，在 AudisoSource 类下面有常用的对音频的操作方法。例如 Play、Stop、Pause 等方法可以对音频是否播放进行操作。修改 clip 属性可以设置播放内容，修改 volume 属性可以设置播放音量等。此外，还有 PlayOneShot 方法，只播放音频一次，在一些射击类游戏中，将音频设置为循环播放，用该方法来实现单次射击的声音。

新建脚本，内容如下：

```
public class AudioSample : MonoBehaviour
{
    public AudioSource audioSource;
    void Update()
    {
        if (Input.GetKeyUp(KeyCode.Space))
        {
            audioSource.Play();
        }
        if (Input.GetKeyUp(KeyCode.P))
        {
            audioSource.Pause();
        }
        if (Input.GetKeyUp(KeyCode.S))
        {
            audioSource.Stop();
        }
    }
}
```

将脚本拖曳到空的游戏对象上，并将音频播放的游戏对象拖曳到 Audio Source 属性中赋值，如图 8-193 所示。

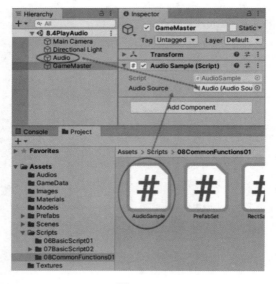

图 8-193

运行以后，按键盘上的空格键播放音频，按键盘上的 P 键暂停，按键盘上的 S 键停止播放。

8.6　视频播放

视频播放也是 Unity 经常会用到的功能，Unity 现在自带了播放器，能在大多数的平台实现视频播放。视频播放由两部分构成：Video Clip（视频剪辑，即视频内容）和 Video Player（视频播放器）组件。

8.6.1 视频剪辑

Unity 支持导入多种格式的视频文件，例如.mp4、.mov、.webm、.wmv 等。视频文件导入以后，即成为视频剪辑。选中导入的视频，在 Inspector 层级视图能看到并设置视频剪辑，如图 8-194 所示。

图 8-194

8.6.2 视频播放器

视频播放器组件用于设置如何播放视频。选中游戏对象以后，单击菜单 Component→Video→Video Player（组件→视频→视频播放器）即可添加，如图 8-195 所示。视频播放器组件的属性如图 8-196 所示。

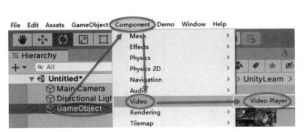

图 8-195

图 8-196

常用属性说明如表 8-4 所示。

表8-4　视频播放器常用属性说明

属　性	说　明
Source（源）	选择视频源类型。可以选择视频剪辑作为源，也可以选择 URL 从网络地址或者本地路径（例如 http://或 file://）获取视频源
Play On Awake（唤醒时播放）	选中后将在场景启动时自动播放视频
Wait For First Frame（等待第一帧）	如果选中，Unity 将在游戏开始前等待源视频的第一帧准备好显示。如果取消勾选此复选框，可能会丢弃前几帧以使视频时间与游戏的其余部分保持同步
Loop（循环）	视频播放器组件在源视频到达结尾时循环播放视频
Playback Speed（回放速度）	此滑动条和数字字段表示播放速度的乘数，值为 0~10。默认值为 1（正常速度）
Aspect Ratio（宽高比）	在使用相应的渲染模式时图像的宽高比。包括下列选项：No Scaling（无缩放）、Fit Vertically（垂直适应）、Fit Horizontally（水平适应）、Fit Inside（内部适应，缩放以适合目标矩形而不裁剪）、Fit Outside（外部适应，不改变宽高比填满目标矩形）、Stretch（伸展，改变宽高比填满目标矩形）
Audio Output Mode（音频输出模式）	定义如何输出源的音频轨道。包括下列选项：None（无，不播放音频）、Audio Source（音频源，音频样本发送到选定音源，允许应用 Unity 的音频处理）、Direct（直接，音频样本绕过 Unity 的音频处理，直接发送到音频输出硬件）

8.6.3　播放视频的几种方法

视频可以在模型上播放、在 UI 上播放以及在摄像机上播放。

1. 直接在模型上播放

在场景中添加一个平面（Plane），修改角度使其正对摄像机，然后添加一个视频播放器组件，如图 8-197 所示。

设置视频源。添加视频播放器组件时，会将渲染模式自动设置为 Material Override（材质覆盖），Renderer 属性设置为当前游戏对象的 Mesh Renderer，如图 8-198 所示。

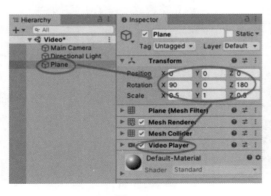

图 8-197　　　　　　　　　　　　图 8-198

运行场景，效果如图 8-199 所示。这个时候会修改视频的宽高比来适应平面。要想保持视频的宽高比，需要通过修改平面的 Scale（缩放）属性来实现。这种做法同样适用于平面以外的模型。

在场景中添加一个方块并设置位置和角度，并添加一个视频播放器组件，如图 8-200 所示。

图 8-199   图 8-200

同样设置视频源。Render Mode 属性仍然用自动设置的结果，如图 8-201 所示。

运行效果如图 8-202 所示，能看到视频在方块的各个面上播放。

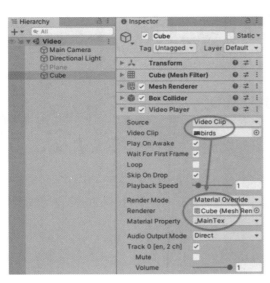

图 8-201   图 8-202

2. 通过 Render Texture 在模型上播放

渲染器纹理（Render Texture）是在运行时创建和更新的特殊纹理，可以用于汽车后视镜，以及在 UI 上显示模型等效果。

在 Project（项目）窗口选中路径，右击，选中 Create→Render Texture（创建→渲染器纹理）即可在选中路径创建一个渲染器纹理，如图 8-203 所示。

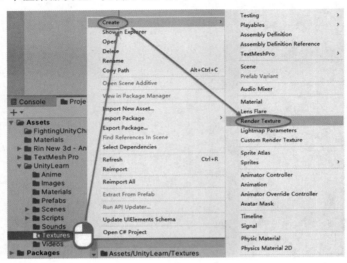

图 8-203

选中创建好的渲染器纹理，设置其大小，Size（大小）的比例要和使用对象的比例一致，如图 8-204 所示。这里是在正方形上使用，所以比例是 1:1。

在场景中添加平面，设置其大小和位置，并添加视频播放器组件，如图 8-205 所示。

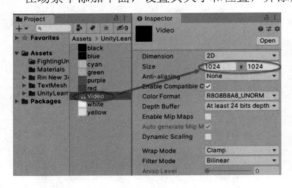

图 8-204

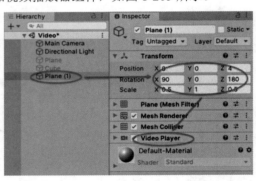

图 8-205

设置视频源。设置 Render Mode（渲染模式）为 Render Texture，将新建的渲染器纹理拖曳到平面上，设置 Target Texture（目标纹理）为新建的渲染器纹理，如图 8-206 所示。

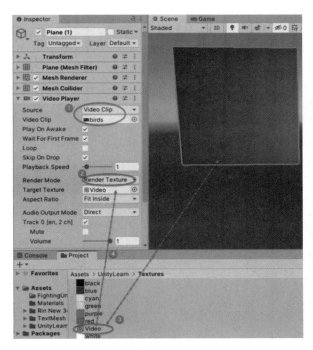

图 8-206

　　将新建的渲染器纹理拖曳到平面上的时候，会自动生成一个对应的材质，并将平面的材质修改为新生成的材质，如图 8-207 所示。

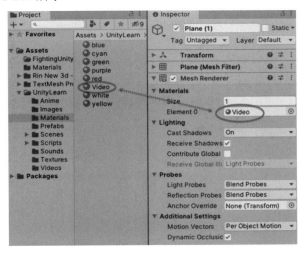

图 8-207

　　运行场景，能看到如图 8-208 所示的效果。这种做法的好处是多了 Aspect Ratio 宽高比属性可以选择，即使平面的宽高比和视频不一致，也能保证视频以正确的比例进行播放。

　　用同样的方法在方块上播放的效果如图 8-209 所示。

图 8-208

图 8-209

3. 在摄像机上播放

单击菜单 GameObject→Video→Video Player（游戏对象→视频→视频播放器），新建一个视频播放器游戏对象，如图 8-210 所示。

设置视频源。设置 Render Mode 为 Camera Far Plane（摄像机远平面）。将 Main Camera 摄像机游戏对象拖曳到 Camera 摄像机属性中为其赋值。在场景中添加一个模型做参考，如图 8-211 所示。

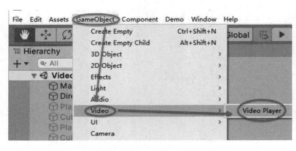
图 8-210

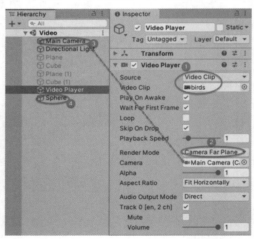
图 8-211

运行场景，能看到在模型背后有视频播放，如图 8-212 所示。

图 8-212

修改 Render Mode 选项为 Camera Near Plane（摄像机近平面），然后设置 Alpha 透明度为 0.5，能看到此时变为视频在模型前面播放，如图 8-213 所示。

图 8-213

这里摄像机的平面指的是摄像机的 Clipping Planes（剪裁平面）。一般情况下可以简单认为是屏幕最后面或者屏幕最前面，也可以通过设置使这两个平面和模型交汇，如图 8-214 所示。

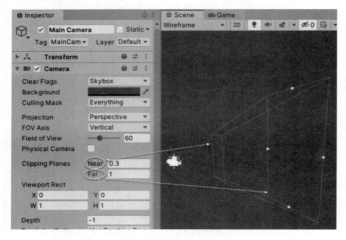

图 8-214

4．在 UGUI 上播放

在 UGUI 上播放需要用到渲染器纹理。单击菜单 GameObject→UI→Raw Image（游戏对象→UI →原始图像），添加一个 Raw Image（原始图像）游戏对象，如图 8-215 所示。

设置原始图像的大小，并添加一个视频播放器组件。原视图像的高宽比例要和渲染器纹理的比例一致，这里沿用之前的渲染器纹理，所以比例是 1:1，如图 8-216 所示。

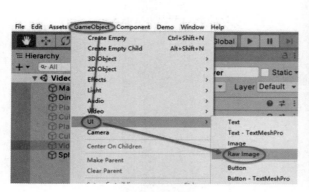

图 8-215

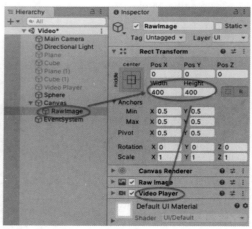

图 8-216

将之前添加的渲染器纹理拖曳到 Raw Image 游戏对象的 Texture（纹理）属性为其赋值。设置 Render Mode 为 Render Texture。将渲染器纹理拖曳到 Video Player 游戏对象的 Target Texture 属性为其赋值，如图 8-217 所示。

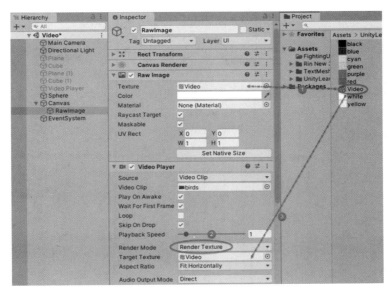

图 8-217

运行效果如图 8-218 所示。

图 8-218

8.6.4　视频播放的程序控制

视频播放的程序控制需要先引用 UnityEngine.Video 类。在 VideoPlayer 类下面有常用的对视频的操作方法，例如 Play、Stop、Pause 等方法可以对音频是否播放进行操作。修改 clip 或者 url 属性可以设置播放内容。略有不同的是，修改播放音量使用的是 SetDirectAudioVolume 方法，例如

SetDirectAudioVolume(0,0.5)就是将索引为 0 的音轨的音量修改为 50%。

新建脚本，内容如下：

```
using UnityEngine;
using UnityEngine.Video;
public class VideoSample : MonoBehaviour
{
    public VideoPlayer videoPlayer;
    void Update()
    {
        if (Input.GetKeyUp(KeyCode.Space))
        {
            videoPlayer.Play();
        }
        if (Input.GetKeyUp(KeyCode.P))
        {
            videoPlayer.Pause();
        }
        if (Input.GetKeyUp(KeyCode.S))
        {
            videoPlayer.Stop();
        }
    }
}
```

将脚本拖曳到空的游戏对象上，并将视频播放的游戏对象拖曳到 Video Player 属性中赋值，如图 8-219 所示。

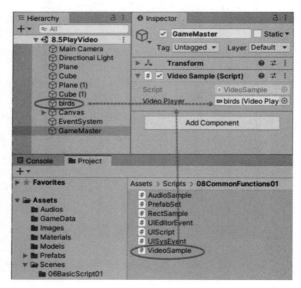

图 8-219

运行以后，按键盘上的空格键播放音频，按键盘上的 P 键暂停，按键盘上的 S 键停止播放。

8.7　提示总结和小练习

Unity UI 程序开发的时候需要引用 UnityEngine.UI 类。

自动布局经常用在物品栏、装备栏中。在图片上添加系统响应中的拖曳事件，就能实现拖曳图标装备物品的功能。

滑动条去掉拖曳部分后，就可以用作进度条。

中文文本显示在一些移动设备上，如果没有设置字体会乱码，所以需要发布到移动设备时，最好添加中文字体。

文本显示的时候，大小不要刚刚好，留点余量或者设置成大小自适应，当分辨率变化的时候，有时候文本显示的时候，大小变小会导致内容无法显示。

播放视频的时候，如果视频是通过 URL 地址播放的，要确定视频格式在对应设备下是否能播放。播放 URL 地址的视频是将整个视频下载到设备以后再播放，视频过大时，会有一个等待下载的过程。

Unity UI 简单总结如图 8-220 所示。

图 8-220

Unity 常用功能基础相关视频链接：https://space.bilibili.com/17442179/favlist?fid=1215556779。

小练习

制作一个简单的视频播放器，播放一个事先导入的指定的视频，分辨率为 1280×720。播放器可以暂停、停止和播放。单击声音按钮用弹出框的方式可以修改播放视频时的音量大小。

播放时参考图 8-221。声音控制参考图 8-222。

图 8-221   图 8-222

第9章

Unity 常用基础功能（下）

9.1　输入

Unity 的输入主要在 Input 类中实现，输入不止包括键盘、鼠标和触屏的输入，还包括设备姿态、加速度、罗盘、陀螺仪等。Unity 的输入通常放在 Update 方法中进行处理，当按下按键或者单击鼠标的时候，进行对应的逻辑控制。而陀螺仪（GPS 等）通常需要配合对应的地图 SDK 才能使用。

9.1.1　键盘按键输入

键盘按键的主要方法有 3 个，如表 9-1 所示。

表9-1　键盘按键方法说明

方 法 名	说　明
GetKey	按住某个按键，按住不放会一直返回
GetKeyDown	按下某个按键，按住只会在第一帧返回
GetKeyUp	释放某个按键

按键按一次通常使用 GetKeyUp 或者 GetKeyDown，当需要确认某个按键被一直按住的时候，才使用 GetKey。

在设定具体按键的时候，可以用字符串，如 a 表示键盘上的 A 按键，也可以 KeyCode 来设置。推荐读者使用 KeyCode，不容易出错。

例如，新建脚本如下：

```
public class InputController : MonoBehaviour
{
    void Update()
    {
        if (Input.GetKey(KeyCode.A))
        {
```

```
        Debug.Log("A");
      }
    }
  }
```

新建场景和游戏对象，将脚本添加到游戏对象上，如图 9-1 所示。

运行场景，此时按键盘上的 A 按键就能在控制台看到对应信息，如图 9-2 所示。

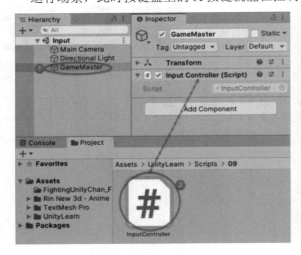

图 9-1

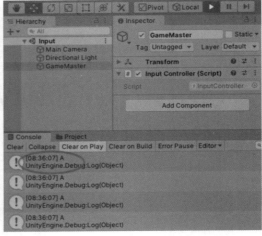

图 9-2

常用 KeyCode 如表 9-2 所示。

表9-2　常用KeyCode对应键盘说明

KeyCode	对应键盘
Escape	ESC 键
Space	空格键
Return	回车键
Tab	Tab 键
Keypad...	小键盘的键
... Arrow	方向键

这种方法不仅可以用于检测键盘按键，还可以用于检测鼠标按键（KeyCode.Mouse0）或者游戏手柄按键（KeyCode.Joystick1Button0）。

9.1.2　鼠标输入

鼠标输入包括 3 个内容，即鼠标按键、鼠标位置和滚轮滚动。

1. 鼠标按键

鼠标按键除了可以用上面的 Input.GetKey（GetKeyDown、GetKeyUp）方法外，还可以用 Input.GetMouseButton（GetMouseButtonDown、GetMouseButtonUp）方法。输入值是整数，0 代表鼠标左键，1 代表鼠标右键，2 代表鼠标中键。如果鼠标还有其他按键，则以此类推。

修改上一小节的脚本内容如下：

```
void Update()
{
    ...
    if (Input.GetMouseButton(0))
    {
        Debug.Log("mouse left down");
    }
}
```

按下鼠标左键，则会在控制台看到对应信息，如图 9-3 所示。

2. 鼠标位置

鼠标位置通过 Input.mousePosition 方法获取，返回的是一个 Z 轴为 0 的三维数，单位是像素。屏幕或窗口的左下角坐标为(0.0, 0.0,0.0)，屏幕或窗口的右上角坐标为(Screen.width, Screen.height,0.0)。

修改上一小节的脚本内容如下：

```
void Update()
{
    ...
    Debug.Log(Input.mousePosition);
}
```

运行以后，能在控制台看到鼠标的位置信息，如图 9-4 所示。

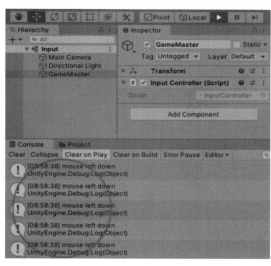
图 9-3

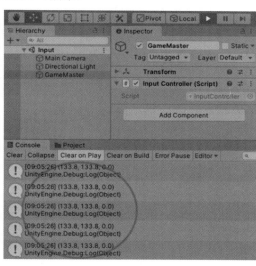
图 9-4

3. 滚轮滚动

鼠标滚动用 Input.mouseScrollDelta 方法获取，返回的是一个 X 轴为 0 的二位数。Y 轴为正表示向上滚动，Y 轴为负表示向下滚动。

修改上一小节的脚本内容如下：

```
void Update()
```

```
{
    ...
    Debug.Log(Input.mouseScrollDelta);
}
```

运行以后，当鼠标滚轮滚动时，能在控制台看到对应信息，如图 9-5 所示。

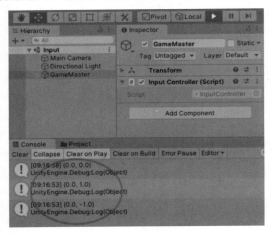

图 9-5

9.1.3　触屏输入

触屏输入不止有位置和点击，主要的是多了多点支持。通常先通过 Input.touchCount 属性来判断是否有点击，然后通过 Input.GetTouch 获得具体的触控（Touch），通过具体的触控来获取位置和状态等信息。

1. 获取触屏点击状态

触屏点击状态通过 Touch.phase 枚举属性获取，有如表 9-3 所示的状态。

表9-3　Touch.phase枚举说明

状　态	说　明
Began	手指触摸了屏幕
Moved	手指在屏幕上进行了移动
Stationary	手指正在触摸屏幕，但尚未移动
Ended	从屏幕上抬起了手指，这是最后一个触摸阶段
Canceled	系统取消了对触摸的跟踪

修改上一小节的脚本内容，即当有触屏输入的时候，获取第一个触控的状态。

```
void Update()
{
    ...
    if (Input.touchCount > 0)
    {
        Debug.Log(Input.GetTouch(0).phase);
    }
}
```

}

运行场景以后，能在控制台看到对应信息，如图 9-6 所示。

2. 获取触屏点击位置

触屏点击位置通过 Touch.position 属性获取，返回值为一个二维数，屏幕或窗口的左下角坐标为(0, 0)，屏幕或窗口的右上角坐标为(Screen.width, Screen.height)。

修改上一小节的脚本内容如下，当有触屏输入的时候，获取第一个触控的位置。

```
void Update()
{
    ...
    if (Input.touchCount > 0)
    {
        Debug.Log(Input.GetTouch(0).position);
    }
}
```

运行场景以后，能在控制台看到对应信息，如图 9-7 所示。

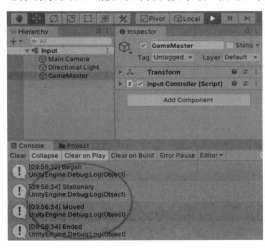

图 9-6

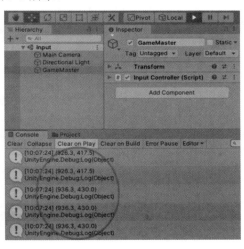

图 9-7

Unity 支持用鼠标输入模拟单个点的触屏输入，即单点触屏输入可以用鼠标输入的 Input.GetMouseButton(0)模拟触屏点击，Input.mousePosition 模拟点击位置，但是官方建议在触屏下仍然使用 Touch 类进行相关的判断操作。

触屏输入通常会涉及多点控制，例如拖曳、旋转、缩放等。通常建议使用插件，而不是自己编写代码来实现，例如 LeanTouch，可以方便地实现拖曳、旋转、缩放等触屏操作。

9.1.4　输入管理器

前面介绍的键盘鼠标输入的获取方法多是在界面操作中使用的，在游戏中通常使用的是输入管理器（Input Manager）。输入管理器的优点是容易配置，而且可以一次性设置兼容多种设备。

单击 Unity 的菜单 Edit→Project Settings...（编辑→项目设置...），在打开的 Project Settings 窗口中选择 Input Manager 选项，就能打开设置窗口，如图 9-8 所示。

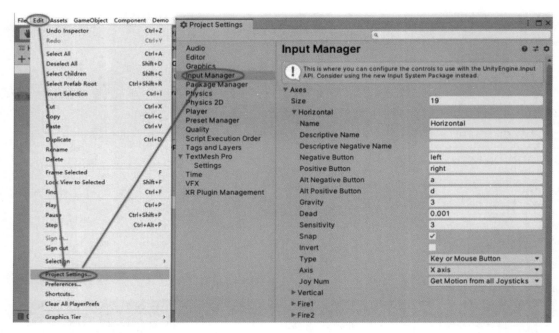

图 9-8

具体属性说明如表 9-4 所示。

表9-4　输入管理器设置属性说明

属 性	说 明
Descriptive Name, Descriptive Negative Name	已弃用，不起作用
Negative Button, Positive Button	用于分别沿负向和正向推动轴的控件
Alt Negative Button, Alt Positive Button	用于分别沿负向和正向推动轴的备用控件
Gravity	不存在输入时，轴下降到中性点的速度（以单位/秒表示）
Dead	在运行时，所有模拟设备在该范围内的输入将被视为 null
Sensitivity	轴向目标值移动的速度（以单位/秒表示），仅用于数字设备
Snap	如果启用此属性，按下对应反方向的按钮时，轴值将重置为零
Type	用于控制此轴的输入类型。从以下值中选择： ● 键或鼠标按钮（Key or Mouse Button） ● 鼠标移动（Mouse Movement） ● 游戏杆轴（Joystick Axis）
Axis	用于控制此轴的连接设备的轴
JoyNum	用于控制此轴的连接游戏杆。可以选择特定游戏杆，或查询所有游戏杆的输入

常用的有 Horizontal 和 Vertical，在键盘上按方向键或者 A、S、D、W 键，用以控制角色在场景中的移动，如图 9-9 所示。用这种方法得到的输入有一个逐渐变快和逐渐停下来的过程，操作起来真实感更强。通过修改 Gravity 和 Sensitivity 属性可以改变这个过程的速度。

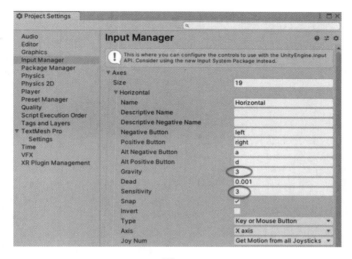

图 9-9

这里面还有 Mouse X 和 Mouse Y，当鼠标有移动的时候会有对应输入，常用于在第一人称视角的射击游戏中调整视角方向，如图 9-10 所示。

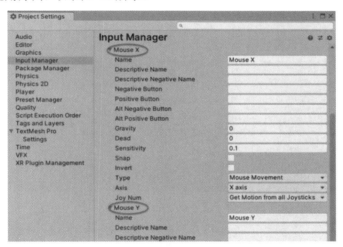

图 9-10

1. 使用已有的虚拟按键输入

使用方法是在 Input.GetAxis 方法中传入 Name 属性。

修改之前的脚本，内容如下：

```
public class InputController : MonoBehaviour
{
    public Transform ball;
    void Update()
    {
        ball.Translate(new Vector3(Input.GetAxis("Horizontal"),
Input.GetAxis("Vertical"),0 ) * 10 * Time.deltaTime);
    }
}
```

在场景中添加一个球体，并将其拖曳赋值到 Ball 属性，如图 9-11 所示。

运行以后，就可以用方向键来控制球体在屏幕中进行上下左右的移动，如图 9-12 所示。

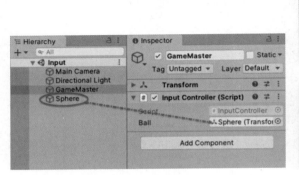

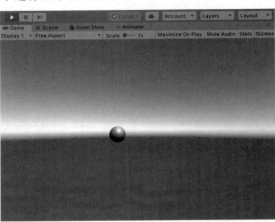

图 9-11

图 9-12

2. 添加新的虚拟按键输入

打开虚拟按钮输入设置，修改 Size，添加一个新的虚拟按键，再修改 Name 为 Slider，再修改 Positive Button 为 l，注意这里只能输入小写字母，再修改 Gravity 和 Sensitivity，如图 9-13 所示。

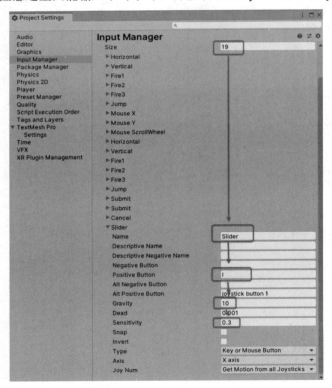

图 9-13

修改脚本内容如下：

```
public class InputController : MonoBehaviour
{
    public Slider slider;
    public Transform ball;
    void Update()
    {
        slider.value = Input.GetAxis("Slider");
        ball.Translate(new Vector3(Input.GetAxis("Horizontal"),
Input.GetAxis("Vertical"),0 ) * 10 * Time.deltaTime);
    }
}
```

在场景中添加一个滚动条，并将滚动条设置为 Slider 属性的值，如图 9-14 所示。

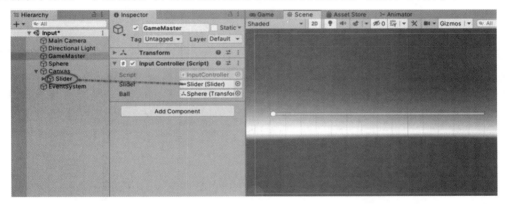

图 9-14

运行以后，按键盘上的 L 键就能看见滚动条从左往右滚动。松开 L 键，滚动条恢复原状。修改虚拟按键 Slider 的 Gravity 和 Sensitivity 属性，可以影响滚动条滚动和恢复的速度，如图 9-15 所示。

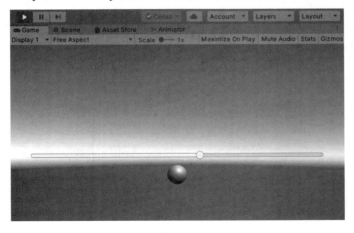

图 9-15

上面是将输入管理器的虚拟输入当作方向控制，如果类似跳跃或使用技能的话，则可以使用 Input.GetButtonDown 方法。

修改脚本内容如下：

```
public class InputController : MonoBehaviour
{
    void Update()
    {
        if(Input.GetButtonDown("Slider")){
            Debug.Log("slider");
        }
    }
}
```

运行以后，按键盘上的 L 键就能在控制台看到输入内容，如图 9-16 所示。

9.1.5 单击物体

单击物体在 Unity 中也是很常见的操作。单击的目的有时是选中物体便于操作，例如游戏中的拾取物品、单击敌人发动攻击，有时是移动，单击地面上的点让玩家移动过去。

单击物体有 4 种实现方式，但是统一的要求都是被单击的物体必须包括一个 Collider 组件。

新建一个场景，在场景中添加一个方块并设置到合适的位置，新建一个脚本并将脚本添加到方块游戏对象上成为其组件，如图 9-17 所示。

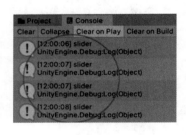

图 9-16

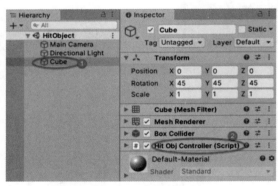

图 9-17

1. MonoBehaviour 事件

MonoBehaviour 类下有多个事件可以用于单击物体或者相关的操作，具体如表 9-5 所示。

表9-5　MonoBehaviour类单击操作相关事件说明

事　件	说　明
OnMouseDown	当用户在 Collider 上按下鼠标按钮时，将调用 OnMouseDown
OnMouseDrag	当用户单击 Collider 仍然按住鼠标时，将调用 OnMouseDrag
OnMouseEnter	当鼠标进入 Collider 时调用
OnMouseExit	当鼠标不再处于 Collider 上方时调用
OnMouseOver	当鼠标悬停在 Collider 上时，每帧调用一次
OnMouseUp	当用户松开鼠标按钮时，将调用 OnMouseUp
OnMouseUpAsButton	松开鼠标时，仅当鼠标在按下时在 Collider 上才调用 OnMouseUpAsButton

修改脚本内容如下：

```csharp
public class HitObjController : MonoBehaviour
{
    private void OnMouseDown()
    {
        Debug.Log("OnMouseDown");
    }
    private void OnMouseDrag()
    {
        Debug.Log("OnMouseDrag");
    }
    private void OnMouseEnter()
    {
        Debug.Log("OnMouseEnter");
    }
    private void OnMouseExit()
    {
        Debug.Log("OnMouseExit");
    }
    private void OnMouseOver()
    {
        Debug.Log("OnMouseOver");
    }
    private void OnMouseUp()
    {
        Debug.Log("OnMouseUp");
    }
    private void OnMouseUpAsButton()
    {
        Debug.Log("OnMouseUpAsButton");
    }
}
```

运行脚本，单击一次方块以后，能看到控制台输入内容如图 9-18 所示。

图 9-18

这种方法脚本必须添加到被操作的游戏对象上，用 GameObject 即可对当前对象进行操作。如果是判断是否选中，可以使用 OnMouseDown 或者 OnMouseUpAsButton 事件。

OnMouseUp 和 OnMouseUpAsButton 事件的区别是：当鼠标在方块上按下并释放的时候，两个事件都会触发；当鼠标在方块上按下，移动到方块外再释放的时候，只有 OnMouseUp 事件会触发。

这种方法不推荐在触屏上使用。触屏单个点击的效果并不会触发 OnMouseDown、OnMouseUp 等事件，而且多个触点点击的时候，不会触发上面的任何一个事件。

2. 编辑器设置事件系统响应

编辑器事件系统响应的做法和 Unity UI 中的做法类似。

（1）脚本添加响应方法

修改脚本内容如下，添加一个公开的方法用于响应事件。

```
public class HitObjController : MonoBehaviour
{
    public void OnClicked()
    {
        Debug.Log("clicked");
    }
}
```

（2）设置响应方法

为方块添加一个 Event Trigger（事件触发器）组件，如图 9-19 所示。

在 Event Trigger 组件上单击 Add New Event Type→PointerClick（添加新事件类型→PointerClick），添加一个单击事件，如图 9-20 所示。

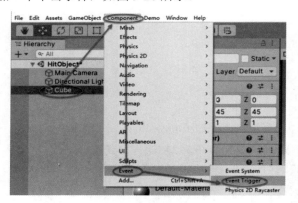

图 9-19

图 9-20

在单击事件标签中，单击"+"添加一个事件响应。将包含脚本的游戏对象拖曳到标签中，并设置响应事件的方法是脚本中的 OnClicked 方法，即刚才写的方法，如图 9-21 所示。

（3）添加事件系统游戏对象

单击菜单 GameObject→UI→Event System（游戏对象→UI→事件系统），在场景中添加一个事件系统（Event System）游戏对象，如图 9-22 所示。如果已经有了，就不用添加了。

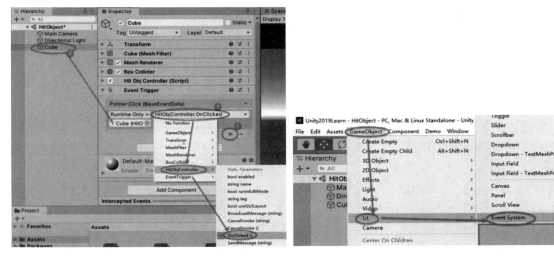

图 9-21   图 9-22

（4）添加射线组件

选中摄像机，单击菜单 Component→Event→Physics Raycaster（组件→事件→物理光线投射器），添加射线组件，如图 9-23 所示。

此时运行场景，单击方块就能在控制台上看到对应内容，如图 9-24 所示。

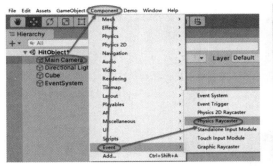

图 9-23   图 9-24

这种方法脚本可以在场景中任意位置，不需要一定是被单击对象的组件，在触屏下点击的时候也能正确触发。这种方法如果要操作被单击的方块，在方法中添加一个 GameObject 类型的参数，并设置为当前方块即可。

3. 脚本监听事件系统响应

这种类型的响应方法和编辑器事件系统响应的方法本质上是一样的，区别仅仅是在编辑器设置还是在脚本设置。

我们来看一下这种响应类型。首先确保有 EventSystem 游戏对象，确保摄像机有 Physics Raycaster 组件，确保脚本在被单击的方块上，删除原有的 Event Trigger 组件，如图 9-25 所示。

修改脚本内容如下，继承 IPointerClickHandler 接口并实现对应的方法。

```
using UnityEngine.EventSystems;
```

```
public class HitObjController : MonoBehaviour, IPointerClickHandler
{
    public void OnPointerClick(PointerEventData eventData)
    {
        Debug.Log("OnPointerClick");
    }
}
```

此时运行场景，单击方块就能在控制台看到对应内容，如图 9-26 所示。

图 9-25

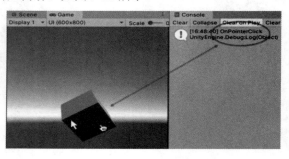

图 9-26

这种方法和编辑器事件系统响应的方法的区别是脚本必须在被单击的游戏对象上成为其组件。

4. 射线检测

射线检测是用得最多的一种方法，原因是适用范围广。首先，支持多点触摸情况下的操作；其次，能返回触控点的坐标。当需要实现单击移动的时候，就需要用到这个坐标。

射线检测的原理是这样的，单击屏幕以后，通过 Camera.ScreenPointToRay 方法将屏幕上的点映射到对应的摄像机，然后从摄像机发射出一条射线。通过 Physics.Raycast 方法检测射线是否照射到游戏对象，并且返回一个 RaycastHit 类型的对象。RaycastHit 对象包含射线照射到的游戏对象的点的坐标，如图 9-27 所示。

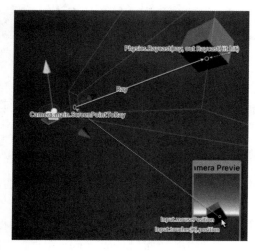

图 9-27

当场景中有多个摄像机的时候，需要注意射线是从哪个摄像机发出的。

（1）鼠标单击物体

修改脚本内容如下，在鼠标左键按下的时候发出射线。

```
public class HitObjController : MonoBehaviour
{
    void Update()
    {
        if (Input.GetMouseButtonDown(0))
        {
            Ray ray = Camera.main.ScreenPointToRay(Input.mousePosition);
            if (Physics.Raycast(ray, out RaycastHit hit))
            {
                Debug.Log("GetMouseButtonDown");
            }
        }
    }
}
```

此时运行场景，单击方块就能在控制台看到对应内容，如图 9-28 所示。

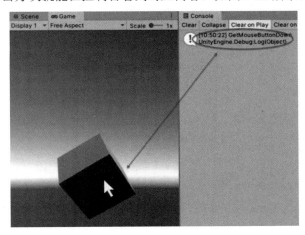

图 9-28

（2）触屏点击物体

修改脚本内容如下，在触屏第一个触点按下的时候发出射线。

```
public class HitObjController : MonoBehaviour
{
    void Update()
    {
        if (Input.touchCount > 0)
        {
            if (Input.touches[0].phase == TouchPhase.Began)
            {
                Ray ray =
Camera.main.ScreenPointToRay(Input.touches[0].position);
                if (Physics.Raycast(ray, out RaycastHit hit))
                {
                    Debug.Log("Touch[0] began");
                }
```

```
            }
        }
    }
}
```

此时运行场景，点击方块就能在控制台看到对应内容，如图 9-29 所示。

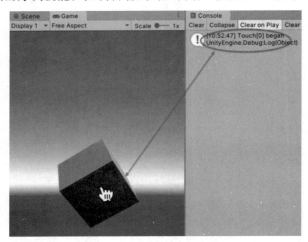

图 9-29

（3）获取单击处的坐标

将输出内容修改为 hit.point：

```
if (Physics.Raycast(ray, out RaycastHit hit))
{
    Debug.Log(hit.point);
}
```

此时运行，单击方块不同的位置，能看到返回了不同的坐标，如图 9-30 所示。

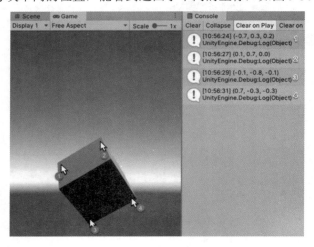

图 9-30

该方法场景中的脚本可以在任意位置。

5. 简单总结

4 种方法的特点简单总结如表 9-6 所示。

表9-6　4种方法的特点总结

方　　法	脚本必须在被单击物体上	需要其他组件支持	多触点能否触发	返回单击坐标
MonoBehaviour 事件	是	否	否	否
编辑器设置事件系统响应	否	是	否	否
脚本监听事件系统响应	是	是	否	否
射线检测	否	否	是	是

最推荐使用的方法是射线检测，适用范围广。其次是 MonoBehaviour 事件方法，相对简单。事件系统响应的两种方法不推荐，一方面是需要设置多个地方，容易出错；另一方面是事件系统响应主要是 UGUI 的一部分，后面 Unity 有可能放弃当前的这个 UGUI，而改用其他的方式。

9.1.6　UI 击穿

当一个场景中启用了鼠标单击输入（或者触屏输入）和 UI 的交互游戏对象的时候，当单击 UI 的时候会同时触发二者的事件，称为 UI 击穿。

1. UI 击穿的例子

新建一个脚本，内容如下：

```
public class HitController : MonoBehaviour
{
    public void Hit()
    {
        Debug.Log("button be hit");
    }

    void Update()
    {
        if (Input. GetMouseButtonUp (0))
        {
            Debug.Log("mouse hit");
        }
    }
}
```

在场景中添加一个按钮，把脚本拖曳到场景中，并将按钮的单击事件设置为该脚本的 Hit 方法，如图 9-31 所示。

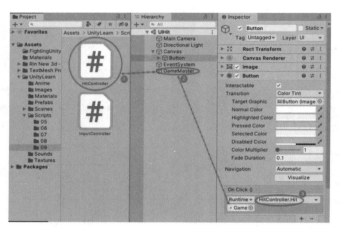

图 9-31

此时运行，当单击按钮的时候，即可触发 UI 的单击事件，向控制台输出 button be hit，又触发了鼠标的单击事件，向控制台输出了 mouse hit，这就是典型的 UI 击穿，如图 9-32 所示。

2. 解决方法

此时，只需要修改下面的鼠标单击判断：

```
if (Input.GetMouseButtonUp(0))
{
    Debug.Log("mouse hit");
}
```

添加判断内容即可：

```
if (Input.GetMouseButtonUp(0)
&& !EventSystem.current.IsPointerOverGameObject())
{
    Debug.Log("mouse hit");
}
```

此时再单击按钮则不会触发鼠标单击，如图 9-33 所示。

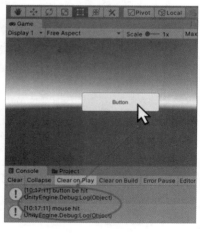

图 9-32

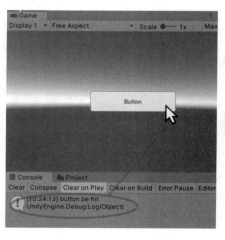

图 9-33

需要注意的是，如果是触屏输入的判断，需要将 fingerId 作为参数传入。示例如下：

```
if (Input.touchCount == 1)
{
    if (Input.touches[0].phase == TouchPhase.Began
&& !EventSystem.current.IsPointerOverGameObject(Input.touches[0].fingerId))
    {
        Ray ray = Camera.main.ScreenPointToRay(Input.touches[0].position);
    }
}
```

输入相关内容总结如图 9-34 所示。

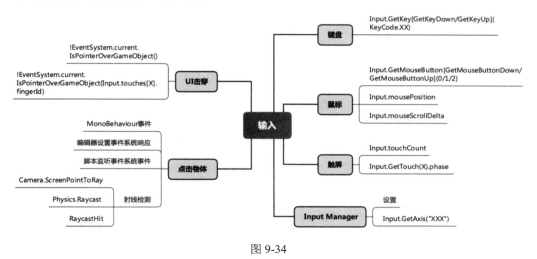

图 9-34

9.2　物理系统

物理系统在 Unity 中不仅能够让游戏对象像真实世界一样发生掉落、碰撞等物理现象，而且经常用于检测游戏对象靠近、接触等效果。

9.2.1　刚体组件

刚体（Rigidbody）是实现游戏对象的物理行为的主要组件。添加刚体组件以后，游戏对象会受到力的影响。如果还添加了一个或多个碰撞器（Collider）组件，则游戏对象会因发生碰撞而移动。

由于刚体组件会接管附加到的游戏对象的运动，因此不建议通过脚本更改变换属性（如位置和旋转）来移动游戏对象。相反，应该施加力来推动游戏对象并让物理引擎计算结果。

选中游戏对象，单击菜单 Component→Physics→Rigidbody（组件→物理→刚体）即可添加刚体组件，如图 9-35 所示。

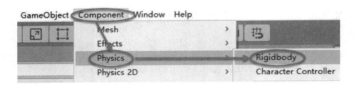

图 9-35

1. 质量和重力

Mass（质量）：单位是千克，默认值是 1。

Use Gravity（使用重力）：默认选中，表示受到重力的影响。取消以后，游戏对象不受重力影响，但是依旧受物理影响。如图 9-36 所示。

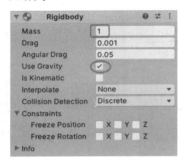

图 9-36

Unity 项目默认使用地球重力，单击菜单 Edit→Project Settings...（编辑→项目设置...）打开 Project Settings（项目设置）窗口，选中 Physics（物理）标签，修改其中的 Gravity（重力）选项，即可修改当前项目的重力的大小和方向，如图 9-37 所示。

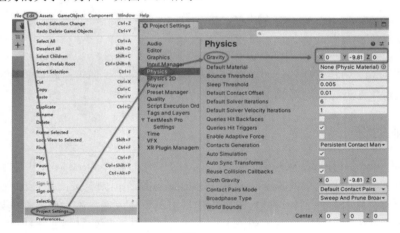

图 9-37

在场景中添加方块，并为方块添加上刚体组件，其中最左边的方块取消重力影响。在下面再添加 3 个方块，最左边的方块不添加刚体组件，最右边的方块将 Mass（质量）设置为 10，下面的方块都取消 Use Gravity（使用重力）选项，如图 9-38 所示。

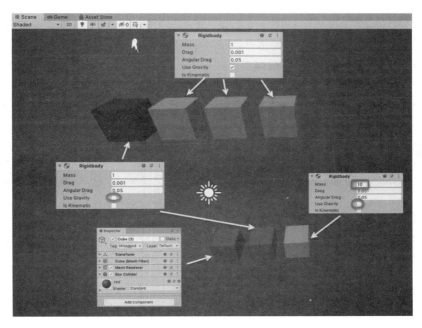

图 9-38

运行场景，可以看到上面一排取消了 Use Gravity 属性的方块不会自动往下落。

当下落的方块碰到下面的方块的时候，如果方块没有刚体组件，则不受物理影响，不会移动。如果添加了刚体组件，虽然取消了 Use Gravity 属性，不受重力影响，但是依旧受物理影响，受到向下的力会往下落。此时，受到的力虽然一致，但是质量大的游戏对象移动速度就会慢于质量小的游戏对象，如图 9-39 所示。

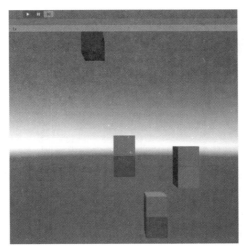

图 9-39

2. 阻力和冻结

- Drag（阻力）：属性用于设置游戏对象的空气阻力，默认值为 0，即真空状态。当值设置为 0.001 时，是实心金属块的空气阻力效果；设置为 10 时，是羽毛的空气阻力效果。

- Angular Drag（角阻力）：转动的阻力，默认值为 0.05，这个值影响当游戏对象发生旋转以后，多长时间会停下来，如图 9-40 所示。
- Freeze Position（冻结位置）：利用 Freeze Rotation（冻结旋转）属性可以实现游戏对象在某个方向移动或者某个轴线上的旋转，如图 9-41 所示。

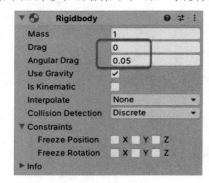
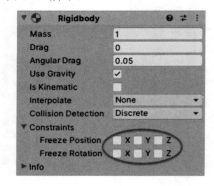

图 9-40　　　　　　　　　　　　图 9-41

3. 其他属性

- Is Kinematic：默认未选中。当需要使用脚本修改 Transform 属性来控制游戏对象，而不是通过添加力的方式控制游戏对象的时候，需要选中该属性。
- Interpolate（插值）：当游戏对象会发生高速移动或者旋转的时候，为了保证显示效果而提供的插值选项。
- Collision Detection（碰撞检测）：处理物体碰撞的选项。当游戏对象因为快速移动，本应发生碰撞却发生了穿透的时候，修改该选项。

4. 刚体程序控制

刚体程序控制其实就是给刚体施加各种力。

（1）AddForce 方法

AddForce 方法会根据矢量为刚体添加一个持续的力。需要注意的是，物理计算应该在 FixedUpdate 中进行计算。

```
void FixedUpdate()
{
    rigidbody.AddForce(transform.forward * thrust);
}
```

（2）ForceMode 参数

AddForce 方法有一个 ForceMode 类型的参数，可以设置施加力的方式。

- Force：向刚体添加连续力，受其质量影响。
- Acceleration：向刚体添加连续加速度，忽略其质量。
- Impulse：向刚体添加瞬时力冲击，考虑其质量。
- VelocityChange：向此刚体添加瞬时速度变化，忽略其质量。

（3）AddRelativeForce 方法

AddForce 方法添加的矢量是以 Unity 世界坐标作为参照，而 AddRelativeForce 方法则是以游戏对象自身坐标作为参照，其他和 AddForce 方法一样。

新建脚本，内容如下：

```
public class RidForce : MonoBehaviour
{
    public float thrust = 1;
    public Rigidbody[] rigidbodies;

    void FixedUpdate()
    {
        rigidbodies[0].AddForce(Vector3.right * thrust, ForceMode.Force);
        rigidbodies[1].AddForce(Vector3.right * thrust,
ForceMode.Acceleration);
        rigidbodies[2].AddForce(Vector3.right * thrust, ForceMode.Impulse);
        rigidbodies[3].AddForce(Vector3.right * thrust,
ForceMode.VelocityChange);
        rigidbodies[4].AddRelativeForce(Vector3.down * thrust,
ForceMode.Force);
    }
}
```

在场景中添加 5 个方块并添加刚体组件，设置质量为 5，不受重力影响，并将方块设置为脚本的属性，如图 9-42 所示。

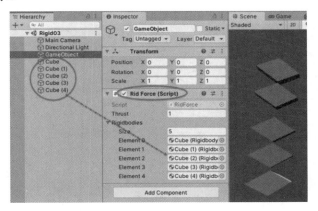

图 9-42

运行场景，看到的效果如图 9-43 所示。

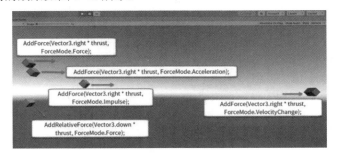

图 9-43

（4）AddExplosionForce

该方法用于实现一个类似爆炸的效果，需要设置爆炸的威力（explosionForce）、爆炸的中心位置（explosionPosition）、影响半径（explosionRadius）以及掀起效果（upwardsModifier）。

新建脚本，内容如下：

```
public class RidEx : MonoBehaviour
{
    public float radius = 5.0F;
    public float power = 10.0F;
    void Start()
    {
        Vector3 explosionPos = transform.position;
        //获取爆炸半径内的碰撞体
        Collider[] colliders = Physics.OverlapSphere(explosionPos, radius);
        foreach (Collider hit in colliders)
        {
            Rigidbody rb = hit.GetComponent<Rigidbody>();

            if (rb != null)
                rb.AddExplosionForce(power, explosionPos, radius, 0.0F);
        }
    }
}
```

新建一堆小方块，添加刚体组件，设置质量为 0.1。新建一个球体，去掉其碰撞器（Collider）组件，将脚本拖曳到其上成为组件。将球体放到方块堆中间，如图 9-44 所示。

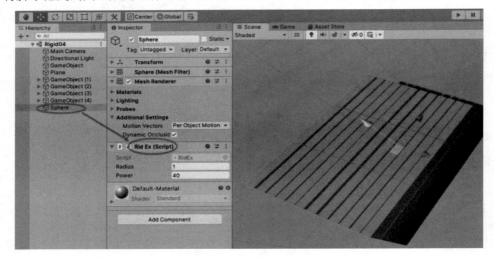

图 9-44

运行场景，就能看到爆炸效果。

当 upwardsModifier 参数为 0 时，效果类似于普通的爆炸，如图 9-45 所示。

当 upwardsModifier 参数为 5 时，效果类似于水中爆炸，如图 9-46 所示。

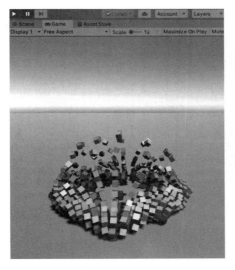 

图 9-45　　　　　　　　　　　　　　图 9-46

（5）其他方法

此外，Rigidbody 类下还有 AddTorque 和 AddRelativeTorque，可用于给刚体添加扭矩使其旋转，使用方法与 AddForce 和 AddRelativeForce 方法类似。

另外，AddForceAtPosition 方法可以添加向量扭矩力，类似于在台球游戏中击打球中心和球边缘出现不同的效果。

9.2.2　碰撞器组件

碰撞器（Collider）组件不是一个组件，而是一组组件，包括盒状碰撞器（Box Collider）、球体碰撞器（Sphere Collider）、胶囊碰撞器（Capsule Collider）、网格碰撞器（Mesh Collider）、车轮碰撞器（Wheel Collider）和地形碰撞器（Terrain Collider）。

选中游戏对象，单击菜单 Component→Physics→XXX Collider（组件→物理→XXX 碰撞器）即可添加碰撞器组件，如图 9-47 所示。

Unity 在添加简单的 3D 游戏对象（如 Cube、Sphere）的时候，默认会添加上碰撞器组件，如图 9-48 所示。

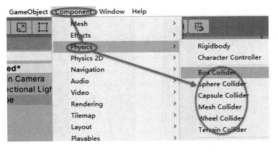 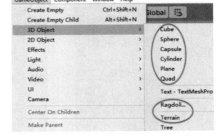

图 9-47　　　　　　　　　　　　　　图 9-48

碰撞器可以通过单击 Edit Collider（编辑碰撞器）按钮以后在 Scene（场景）视图中修改碰撞器

的大小，也可以直接通过 Center（中心）和 Size（大小）属性进行修改，如图 9-49 所示。

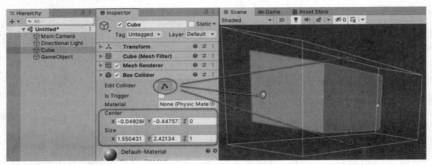

图 9-49

1. 碰撞器、复合碰撞器和网络碰撞器

（1）碰撞器

碰撞器组件可定义用于物理碰撞的游戏对象的形状。碰撞器是不可见的，其形状不需要与游戏对象的网格完全相同。网格的粗略近似方法通常更有效，在游戏运行过程中难以察觉。例如，简单的游戏中，人物用的只是一个胶囊碰撞器组件，如图 9-50 所示。

（2）复合碰撞器

复合碰撞器可以模拟游戏对象的形状，同时保持较低的处理器开销。为了获得更多灵活性，可以在子游戏对象上添加额外的碰撞器。例如，可以相对于父游戏对象的本地轴来旋转盒体。在创建像这样的复合碰撞器时，层级视图中的根游戏对象上应该只使用一个刚体组件。

Unity 提供的布偶（Ragdoll）就是一个复合碰撞器，如图 9-51 所示。

（3）网格碰撞器

然而，在某些情况下，即使复合碰撞器也不够准确，可以使用网格碰撞器精确匹配游戏对象网格的形状，如图 9-52 所示。这些碰撞器比原始类型具有更高的处理器开销，因此请谨慎使用以保持良好的性能。此外，网格碰撞器无法与另一个网格碰撞器碰撞（当它们进行接触时，不会发生任何事情）。

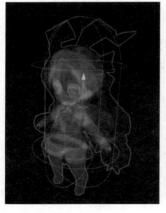 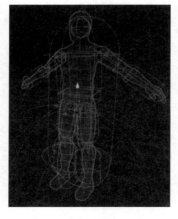 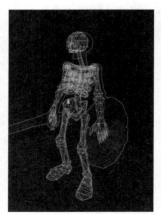

图 9-50 　　　　　图 9-51 　　　　　图 9-52

2. 静态碰撞器、刚体碰撞器和运动刚体碰撞器

（1）静态碰撞器

静态碰撞器是具有碰撞器而没有刚体的游戏对象，例如 Unity 添加的方块盒子、球体等。静态碰撞器在大多数情况下用于表示始终停留在同一个地方而永远不会四处移动的关卡几何体，如地面、墙壁等。靠近的刚体对象会与静态碰撞器发生碰撞，但不会移动静态碰撞器。

（2）刚体碰撞器

刚体碰撞器是附加了碰撞器和刚体的游戏对象。刚体碰撞器完全由物理引擎模拟，并可响应通过脚本施加的碰撞和力。刚体碰撞器可与其他对象（包括静态碰撞器）碰撞，是使用物理组件的游戏中最常用的碰撞器配置。

（3）运动刚体碰撞器

运动刚体碰撞器是在刚体碰撞器中选中刚体组件的 Is Kinematic 属性，通过使用脚本修改游戏对象的 Transform 属性来实现移动。例如，Unity 提供的布偶使用的就是运动刚体碰撞器。通常情况下，使用脚本修改 Transform 属性实现角色的行走移动，但是发生爆炸、撞击效果的时候，角色会以真实的效果被击飞。

3. 碰撞事件

当两个不可穿透的碰撞器接触时会触发碰撞事件，包括发生碰撞（OnCollisionEnter）、持续接触（OnCollisionStay）和碰撞结束（OnCollisionExit）。

能触发碰撞事件的两个游戏对象其中一个必须是刚体碰撞器，另一个可以是刚体碰撞器、静态碰撞器或者运动刚体碰撞器。发生碰撞的两个游戏对象都能获取到碰撞的事件。

新建脚本如下：

```
public class PysicEvent : MonoBehaviour
{
    private void OnCollisionEnter(Collision collision)
    {
        Debug.Log("collision enter:" + gameObject.name);
    }
    private void OnCollisionStay(Collision collision)
    {
        Debug.Log("collision stay:" + gameObject.name);
    }
    private void OnCollisionExit(Collision collision)
    {
        Debug.Log("collision exit:" + gameObject.name);
    }
}
```

在场景中添加一个方块斜坡，为斜坡添加上面的脚本，如图 9-53 所示。

添加一个球，添加脚本和刚体组件，如图 9-54 所示。

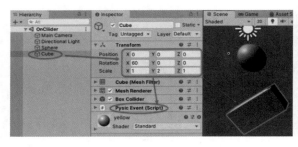 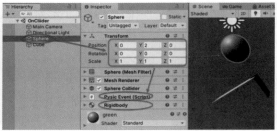

图 9-53　　　　　　　　　　　　　　　　　图 9-54

运行场景后，球体会自动下落，并从斜坡上滚落。期间可以看到，两个游戏对象上的 OnCollisionEnter 事件和 OnCollisionExit 事件各被触发一次，而 OnCollisionStay 事件触发多次，如图 9-55 所示。

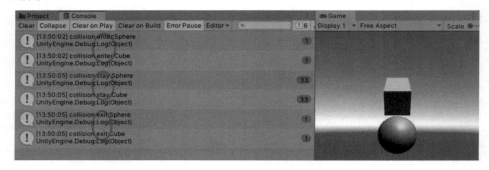

图 9-55

4. 触发事件

当两个碰撞器中任意一个选中了 Is Trigger（是触发器）属性时，则两个碰撞器不再会发生碰撞，而是发生穿透，并且穿透的过程中会引发 Trigger（触发）事件。除了当两个游戏对象都是静态碰撞器的情况（即至少有一个有刚体组件）外，其他情况下都能触发 Trigger 事件。

修改前面的脚本，添加下面的内容：

```
private void OnTriggerEnter(Collider other)
{
    Debug.Log("trigger enter:" + gameObject.name);
}
private void OnTriggerStay(Collider other)
{
    Debug.Log("trigger stay:" + gameObject.name);
}
private void OnTriggerExit(Collider other)
{
    Debug.Log("trigger exit:" + gameObject.name);
}
```

在球体的 Sphere Collider 组件中选中 Is Trigger 属性，如图 9-56 所示。

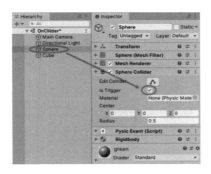

图 9-56

此时运行，球体会穿透斜面掉落下去，而且不再触发碰撞事件，而是对应地触发 Trigger 事件，如图 9-57 所示。Trigger 事件经常用来进行范围判断，例如是否靠近某个物体或者 NPC。

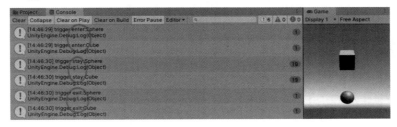

图 9-57

9.2.3　关节和物理材质

1. 关节

关节（Joint）组件也是一组组件，可以将刚体连接到另一个刚体或空间中的固定点。当其中的刚体受到力的作用的时候，会因为关节的限制做出特定的反应或者运动。当受到的力或者扭矩超过某个限度的时候，可以破坏关节。

关节组件通过选中游戏对象以后，单击菜单 Component→Physics→XXX Joint（组件→物理→XXX 关节）即可添加，如图 9-58 所示。

关节组件所在游戏对象和要连接的游戏对象双方都需要有刚体组件，如图 9-59 所示。

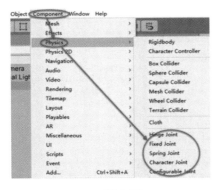

图 9-58

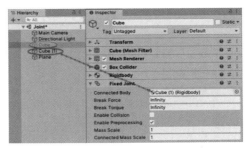

图 9-59

Unity 提供了多个关节组件：

- Fixed Joint（固定关节）组件：模拟两个物体被固定（粘、钉等）在一起的效果，可用于实现类似黏土炸弹、钉子等的效果。
- Spring Joint（弹簧关节）组件：模拟弹簧的效果。
- Hinge Joint（铰链关节）组件：模拟铰链的效果，可用于实现旋转门、钟摆等的效果。
- Character Joint（角色关节）组件：模拟类似手腕、手肘关节的效果，主要用在 Unity 的布偶系统中实现角色的移动和受到攻击的表现。
- Configurable Joint（可配置关节）组件：包含其他所有关节的功能，能实现类似其他所有关节的效果，当然配置也超级复杂，如图 9-60 所示。

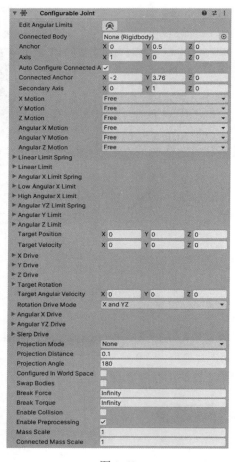

图 9-60

2. 物理材质资源

物理材质（Physic Material）用于模拟物体的弹力和阻力，例如在台球游戏中模拟球被弹开和慢慢停下的效果。

物理材质是资源，选中目录以后，单击菜单 Assets→Create→Physic Material（资源→创建→物理材质）即可添加，如图 9-61 所示。

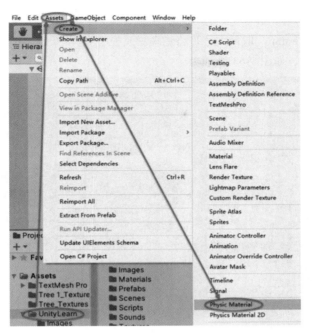

图 9-61

选中添加的物理材质以后，可以设置其阻力和弹力，如图 9-62 所示，属性说明如表 9-7 所示。

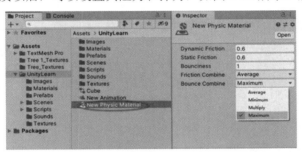

图 9-62

表9-7　物理材质属性说明

属　性	说　明
Dynamic Friction	移动阻力，取值范围为 0~1，值越大停下来的越快
Static Friction	静态阻力，取值范围为 0~1，值越大越难被推动
Bounciness	表面弹力，取值范围为 0~1，值为 0 时不会反弹，值为 1 时会一直弹下去
Friction Combine	两个游戏对象接触时，阻力的计算方式包括：Average，对两个摩擦值求平均值；Minimum，使用两个值中的最小值；Maximum，使用两个值中的最大值；Multiply，两个摩擦值相乘
Bounce Combine	两个游戏对象接触时，弹力的计算方式包括：Average，对两个摩擦值求平均值；Minimum，使用两个值中的最小值；Maximum，使用两个值中的最大值；Multiply，两个摩擦值相乘

在场景中添加两个方块，并给方块添加刚体组件。设置物理材质的 Bounciness 表面弹力为 1，Bounce Combine 为 Maximum，取最大值。将物理材质拖曳到其中一个方块的 Box Collider 组件的 Material 属性中为其赋值，如图 9-63 所示。

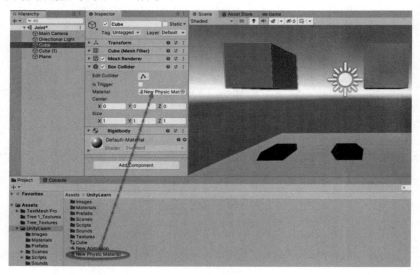

图 9-63

此时运行场景，其中一个方块落到平面上就会停止，另一个会一直弹下去，如图 9-64 所示。

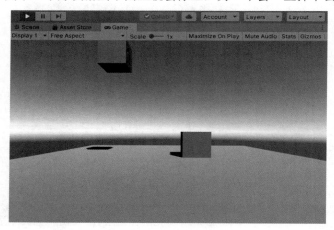

图 9-64

9.2.4 其他

1. 角色控制器

角色控制器（Character Controller）是经常用于游戏的一个控制器，选中游戏对象以后，单击菜单 Component→Physics→Character Controller（角色控制器）即可添加，如图 9-65 所示。角色控制器本身提供了一个胶囊碰撞器，还提供了多个常用的属性，如图 9-66 所示，属性说明如表 9-8 所示。

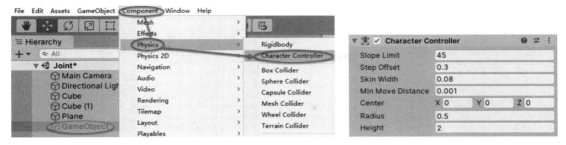

图 9-65　　　　　　　　　　　　　　　　　　　　　　图 9-66

表9-8　角色控制器属性说明

属　性	说　明
Slope Limit（斜度限制）	角色能爬上的斜坡的角度（以度为单位）
Step Offset（每步偏移量）	角色能爬上的台阶的高度
Skin width（蒙皮宽度）	两个碰撞器可以穿透彼此且穿透深度最大为皮肤宽度（Skin Width）。较大的皮肤宽度可减少抖动，较小的皮肤宽度可能导致角色卡住。合理设置是将此值设为半径的 10%
Min Move Distance（最小移动距离）	如果角色试图移动到指示值以下，根本移动不了。此设置可以用来减少抖动。在大多数情况下，此值应保留为 0

小游戏用角色控制器来设定玩家和 NPC 的碰撞器即可，如果需要更精细的处理，可以考虑使用布偶。在官方文档中给出了简单的角色控制器的使用例子脚本，可以简单地进行移动和跳跃，具体示例附在随书的下载资源中。

2. 恒力

恒力（Constant Force）组件可以给刚体添加一个固定的力，可以模拟类似火箭动力之类的效果。选中游戏对象以后，单击 Component→Physics→Constant Force（组件→物理→恒力）即可添加，如图 9-67 所示。

默认情况下，添加一个 Y 轴值为 9.8 的力就可以让刚体悬浮在空中，如图 9-68 所示。

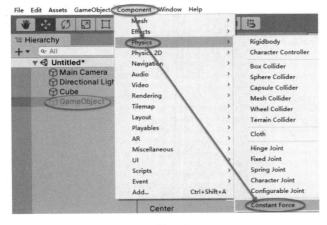

图 9-67

图 9-68

物理系统简单总结如图 9-69 所示。

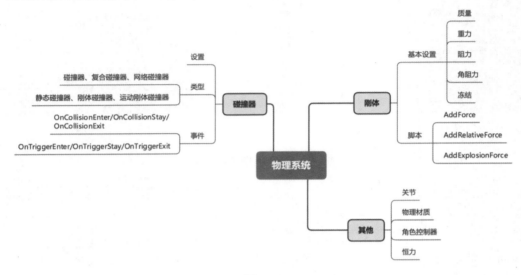

图 9-69

9.3 动画

动画系统结构如图 9-70 所示。

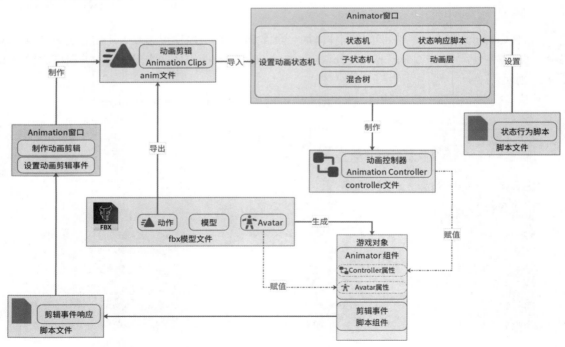

图 9-70

Unity 的动画系统很强大，也很复杂。通过模型文件导出动画剪辑（Animation Clips），或者利用动画（Animation）窗口制作动画剪辑（Animation Clips）。在动画器（Animator）窗口中，导入动画剪辑，制作动画状态机。在场景中添加了模型以后，利用动画器组件，设置好控制器（Controller）属性和 Avatar 属性之后，就能利用脚本通过 Animator 类来控制模型动画。

9.3.1　动画剪辑

1. 外部导入动画剪辑

（1）导入模型文件

外部动画通常和模型在同一个文件中。首先导入带有动画的模型文件，如图 9-71 所示。

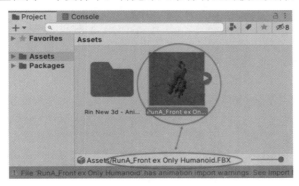

图 9-71

导入以后，单击模型文件中的动作内容，这时候可以在 Inspector（检查器）窗口查看动画。单击底部的横条往上拖动，再单击播放按钮即可查看动画，如图 9-72 所示。

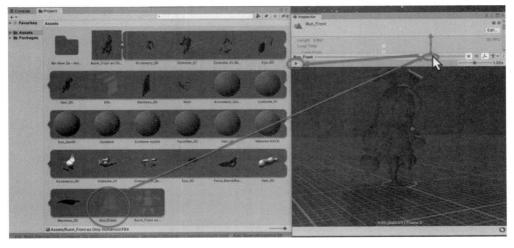

图 9-72

（2）动画基本设置

选中模型文件，单击 Rig 标签，设置动画类型（Animation Type）。动画类型主要选择人形（Humanoid，2 手 2 脚 1 头）或者其他类型（Generic，泛型）。None 是没有动画，Legacy 是 3.X

以前版本的，基本不用了。

Avatar 定义（Avatar Definition）可以选择从当前模型建立（Create from this model），还是从其他模型建立（Copy from Other Avatar）。

完成以后，单击 Apply（应用）按钮，如图 9-73 所示。

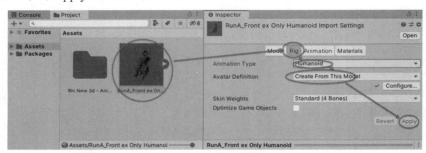

图 9-73

单击 Animation 标签，必须选中 Import Animation（导入动画）选项，设置 Anim.Compression（动画、压缩）选项，推荐使用 Optimal（最佳）由 Unity 自己决定压缩方式，如图 9-74 所示。

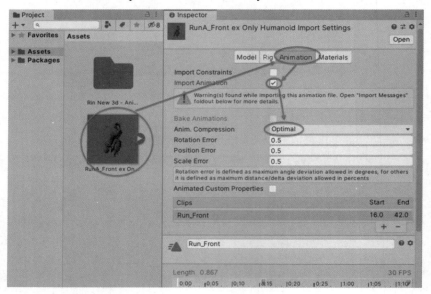

图 9-74

（3）设置动画剪辑

在 Animation 标签下方可以设置具体的动画剪辑。通常会有一个默认的动画剪辑，可以通过"+"和"-"添加或者删除动画剪辑。在列表下方可以修改选中的动画剪辑的名称。

在一个文件中，有时候在单个时间轴上包含多个动画，可以通过时间轴下方的 Start（起始）和 End（结束）设置选中动画剪辑在时间轴上的起始时间和终止时间，如图 9-75 所示。

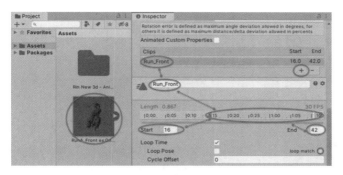

图 9-75

所有设置完成以后，单击 Animation 标签底部的 Apply（应用）按钮保存设置，如图 9-76 所示。

图 9-76

（4）导出动画剪辑

选中文件中的动画内容，在键盘上按 Ctrl+D 组合键，这样会在文件所在路径中复制出对应的动画剪辑，如图 9-77 所示。

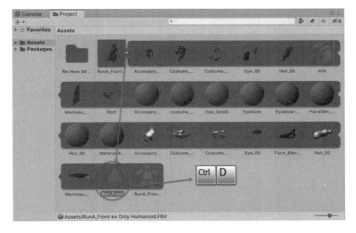

图 9-77

此时，选中导出的动画剪辑，可以在 Inspector（检查器）窗口查看具体的动画内容，如图 9-78 所示。这个时候，删除原有的 fbx 文件不影响导出的动画剪辑。

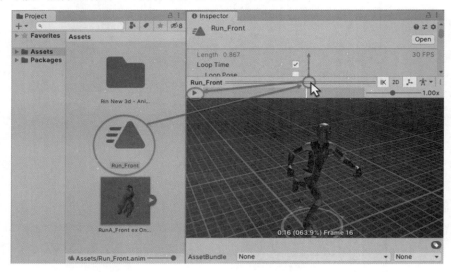

图 9-78

2. 人形动画重定向

符合标准的人形动画剪辑可以很容易地用在另一个人形的模型上，这个就是人形动画重定向。如果模型的各个部位命名比较规范，通常不需要进行 Avatar 设置。

（1）Avatar 设置

导入的模型文件在 Rig 标签中设置为 Humanoid 之后，可以在下方设置 Avatar 的具体内容，如图 9-79 所示。

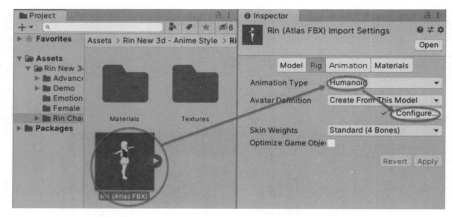

图 9-79

有的模型文件本身具有 Avatar 设置，也可以直接设置，如图 9-80 所示。

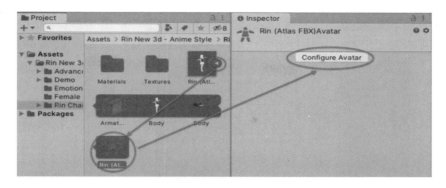

图 9-80

在 Avatar 设置界面，可以具体设置模型如何对应到人形的各个部位，如图 9-81 所示。

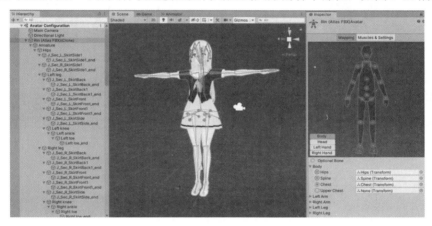

图 9-81

（2）添加到动画控制器

将上一节导出的动画剪辑添加到一个新的动画器控制器（Animator Controller）中，如图 9-82 所示。

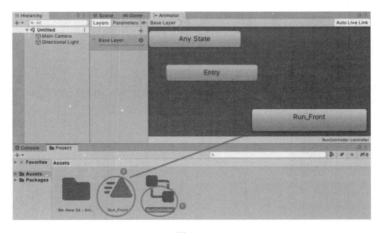

图 9-82

在场景中添加一个新的模型，将模型的 Controller 选项设置为新添加的动画器控制器，新的模型就可以使用从其他模型导入的动画剪辑了，如图 9-83 所示。

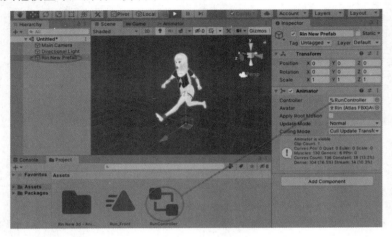

图 9-83

3. 动画剪辑的其他设置

在 Inspector（检查器）窗口还可以对动画剪辑进行更多的设置，如图 9-84 所示。

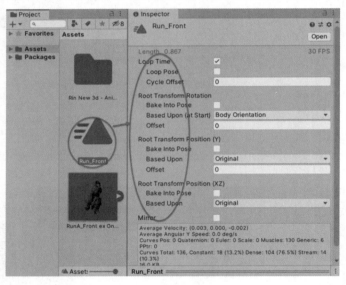

图 9-84

- Loop Time（循环时间）：该选项选中后动画会循环播放，多用于走路、跑步等动作。
- Root Transform Rotation（根变换旋转）：用于设置动画的旋转，Original（原始）选项是保持动画中的旋转，由动画来控制方向。Body Orientation（身体方向）可以简单理解为由程序来控制动画的方向。
- Root Transform Position (Y)（根变换位置（Y））：用于设置动画的上下偏移，例如走路、跑步的时候，模型的高度是在变化的。这个时候，Original（原始）保持动画原有设置，

Center of Mass（质心）保持质心与根变换位置对齐，Feet（英尺，官方又翻译错了）保持双脚与根变换位置对齐。

- Root Transform Position (XZ)（根变换位置（XZ））：用于设置动画的水平偏移，例如左右滑步的时候，模型位置是否离开原有位置。Original 保持动画原有设置，Center of Mass 保持与根变换位置对齐。

如果在使用中发现控制的模型方向和位置奇怪地发生了变化，就先来这里看看设置是否正确。

9.3.2 使用动画窗口制作动画剪辑

Unity 提供了动画（Animation）窗口用于制作动画剪辑，使用者可以根据自己的需求制作动画。

单击菜单 Window→Animation→Animation（窗口→动画→动画）即可打开 Animation 窗口，如图 9-85 所示。

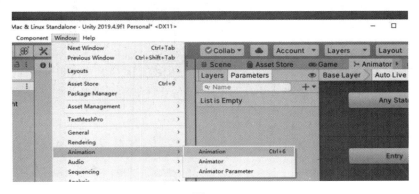

图 9-85

Animation 窗口内容如图 9-86 所示。

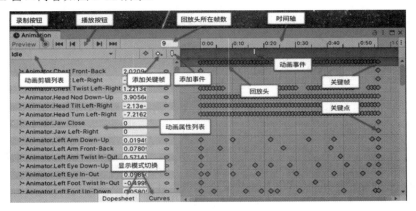

图 9-86

1. 新建动画剪辑

将要制作动画的游戏对象拖曳到场景中，可以是模型，也可以是 UI。选中要制作动画的游戏对象，单击 Animation 窗口中的 Create（创建）按钮，如图 9-87 所示。

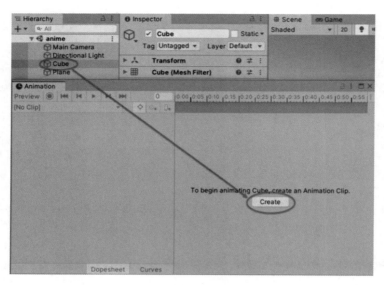

图 9-87

在弹出的窗口中设置保存路径和动画剪辑的名称，单击"保存"按钮即可，如图 9-88 所示。完成以后能在指定位置看到生成了动画剪辑的.anim 文件和动画控制器的文件，如图 9-89 所示。

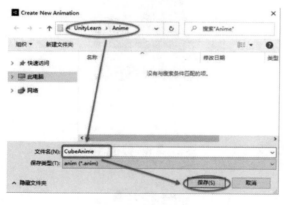

图 9-88

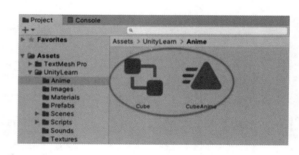

图 9-89

同时，会为选中的游戏对象添加 Animator（动画器）组件，并设置对应的动画控制器，如图 9-90 所示。

在 Animation 窗口中，可以继续为已有动画剪辑的游戏对象创建新的动画剪辑，单击动画剪辑名称旁的箭头，在下拉列表中单击 Create New Clip...（创建新剪辑），然后和之前一样，在弹出的窗口中选择保存路径保存即可，如图 9-91 所示。

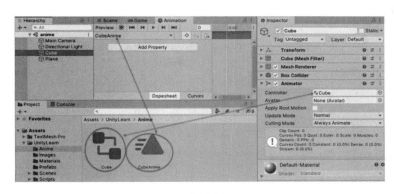

图 9-90

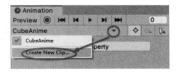

图 9-91

2. 通过录制模式制作动画剪辑

在 Animation（动画）窗口中单击录制按钮，即可进入录制模式。进入录制模式以后，时间轴会显示为红色，如图 9-92 所示。

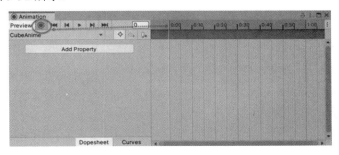

图 9-92

此时，对场景中的游戏对象进行修改，就会在回放头（白线）所在时间轴的位置创建关键帧，修改的游戏对象属性背景也会变成红色，如图 9-93 所示。

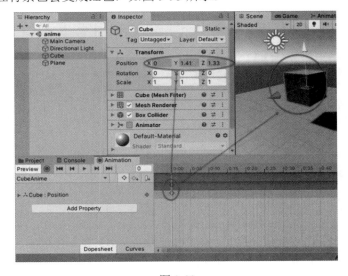

图 9-93

在起始处修改游戏对象位置，使其处于原点，如图 9-94 所示。

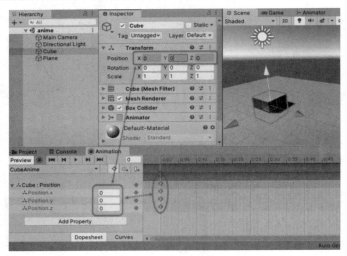

图 9-94

鼠标左键在时间轴单击并拖曳回放头到下一个时间轴处，如图 9-95 所示。

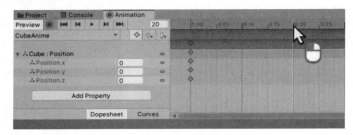

图 9-95

再次修改游戏对象，录制新的关键帧，如图 9-96 所示。

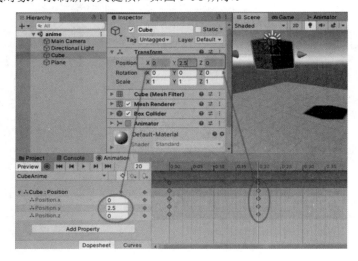

图 9-96

　　录制完所有关键帧以后，再次单击录制按钮退出录制模式即可。然后可以单击播放按钮查看录制内容，如图 9-97 所示。

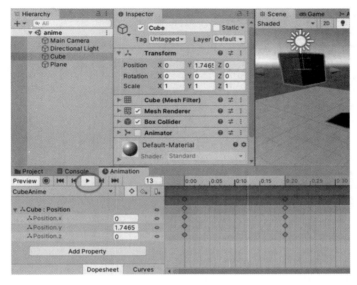

图 9-97

3. 手动创建关键帧制作动画剪辑

手动创建关键帧有两种方法，在场景编辑和在动画窗口编辑。

（1）在场景编辑

　　在 Animation 窗口中，鼠标左键在时间轴单击并拖曳回放头到下一个时间轴处。在 Inspector（检查器）窗口中修改游戏对象属性，或者在 Scene（场景）视图中修改游戏对象，此时被修改的属性背景会变成红色。在游戏对象对应组件上右击，在弹出的菜单中选择 Add Key（添加密钥）即可添加关键帧，如图 9-98 所示。

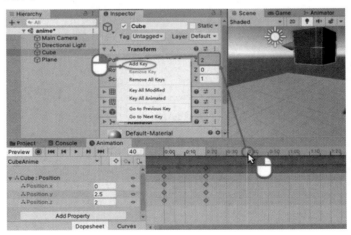

图 9-98

添加完以后，属性背景会变回蓝色，并且自动在 Animation 窗口中创建关键帧，如图 9-99 所示。

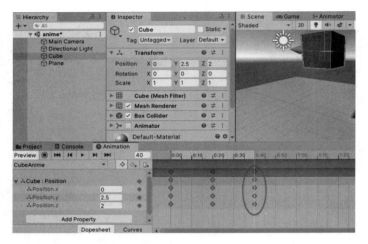

图 9-99

（2）在 Animation 窗口编辑

在 Animation 窗口中，鼠标左键在时间轴单击并拖曳回放头到下一个时间轴处。在窗口坐标的属性中修改属性值，此时会自动创建对应的关节帧，如图 9-100 所示。

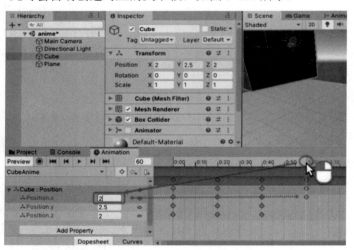

图 9-100

如果需要修改的属性没在列表中，可以通过单击 Add Property（添加属性）按钮，在弹出的菜单中选择添加，如图 9-101 所示。

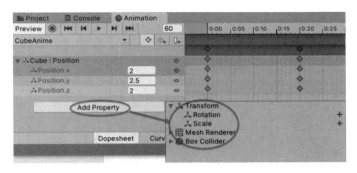

图 9-101

4. 关键帧删除

在时间轴下方单击选择最上面的关键点，选中以后，关键点会变成蓝色。然后右击，在弹出的菜单中选择 Delete Key（删除关键帧）即可删除关键帧，如图 9-102 所示。

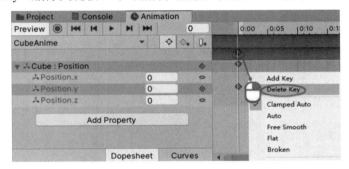

图 9-102

5. 关键点修改

时间轴下的关键点也可以修改，而且提供了多种修改方式。

（1）修改关键点的值

鼠标左键在时间轴单击并拖曳白线到关键点所在的时间轴处，这一步很重要，否则会创建新的关键帧。然后在左侧属性列表修改对应属性即可，如图 9-103 所示。

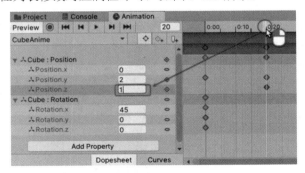

图 9-103

（2）修改关键点在时间轴的位置

单击选中关键点，然后拖曳关键点到新的时间轴位置处。拖曳以后会自动添加新的关键帧，如图 9-104 所示。

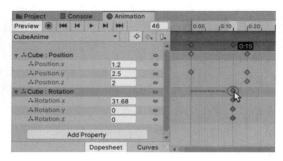

图 9-104

也可以用鼠标框选多个关键点，然后单击拖曳。拖曳以后会自动添加新的关键帧，如图 9-105 所示。

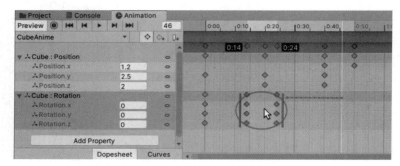

图 9-105

6. 曲线模式

单击窗口下方的 Curves（曲线）按钮，可以切换到曲线模式，如图 9-106 所示。在该模式下，除了可以直观地看到不同属性的值变化的大小外，还可以修改变化方式。

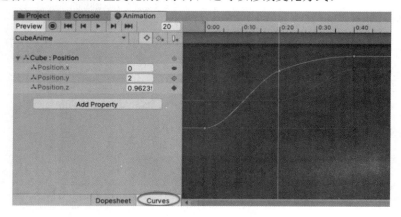

图 9-106

　　选中曲线上的关键点以后，会显示出两个拖曳点，拖动以后可以改变曲线的弧度，从而实现修改属性变化的速率和方式，如图 9-107 所示。

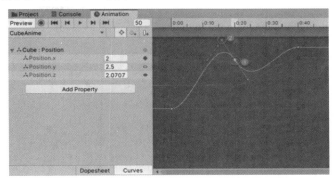

图 9-107

9.3.3　动画剪辑中的事件

动画剪辑中需要添加事件，实现类似脚步声之类的效果。

1. 添加事件

在 Animation（动画）窗口打开动画剪辑，单击添加事件按钮即可添加事件，如图 9-108 所示。

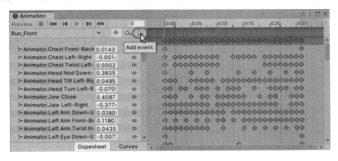

图 9-108

2. 设置事件

单击选中事件以后，鼠标左键按住可以将事件拖曳到具体的某一帧，如图 9-109 所示。

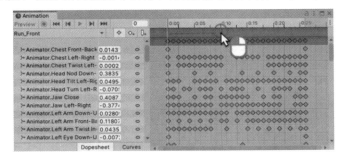

图 9-109

选中事件并右击，可以删除事件，如图 9-110 所示。

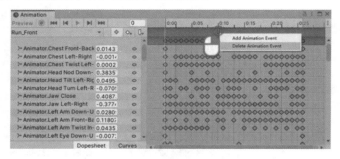

图 9-110

选中事件以后，在 Inspector（检查器）窗口可以看到事件对应的设置，如图 9-111 所示。Function 是响应事件的方法的名称，Function 下面的是传入参数的类型和具体的值。

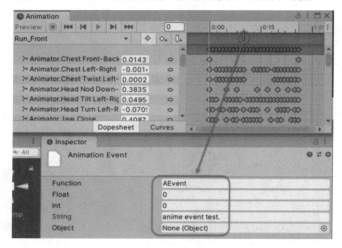

图 9-111

3. 添加设置事件响应方法

新建一个脚本，在脚本中按事件的名称添加方法：

```
public class AnimeEvent : MonoBehaviour
{
    public void AEvent(string str)
    {
        Debug.Log("anime event:->"+str);
    }
}
```

在场景中添加模型，设置模型的 Controller 是包含动画剪辑的动画控制器。将脚本拖曳到同一个游戏对象上，如图 9-112 所示。

此时运行，就能在控制台看到动画剪辑事件触发后的输出，如图 9-113 所示。

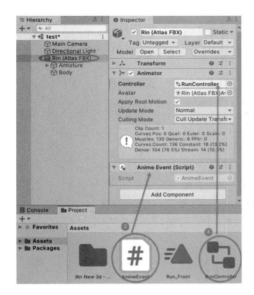

图 9-112

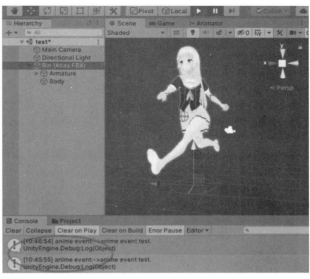

图 9-113

这里要注意，一旦动画剪辑设置了事件，就必须有对应的方法响应，否则会报错，如图 9-114 所示。

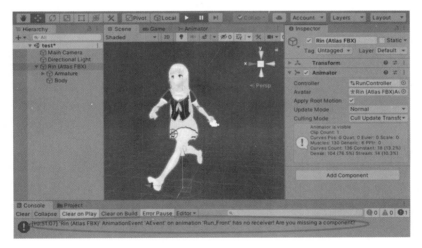

图 9-114

9.3.4 动画器控制器

动画器控制器（Animator Controller）是通过状态机的方式将动画剪辑进行整合，方便使用者在不同的动画之间进行切换和操作，并且很容易将不同的动画剪辑融合在一起进行使用。

1. 新建动画控制器

在 Project（项目）窗口中右击，在弹出的菜单中选择 Create→Animator Controller（创建→动画器控制器）即可新建一个动画控制器，如图 9-115 所示。

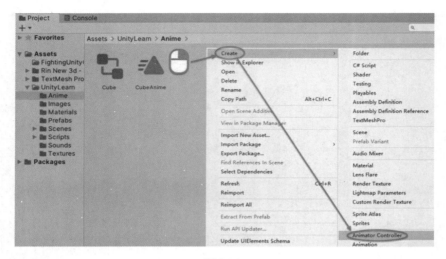

图 9-115

双击新建的动画控制器，或者选中以后单击菜单 Window→Animation→Animator（窗口→动画→动画器），就可以打开动画控制器的编辑视图，Animator（动画器）窗口如图 9-116 所示。

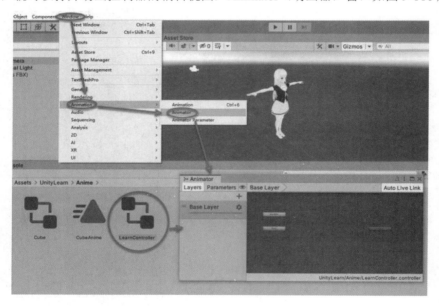

图 9-116

Animator 窗口内容包括状态、状态过渡、参数列表等。鼠标滚轮可以放大、缩小状态机显示，Alt+鼠标左键可以拖曳整个状态机，如图 9-117 所示。

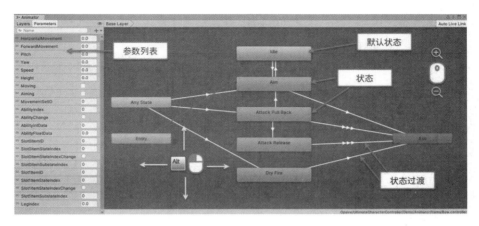

图 9-117

2. 添加状态

（1）添加状态

将 Project（项目）窗口中的动画剪辑拖曳到 Animator 窗口中即可添加状态，如图 9-118 所示。

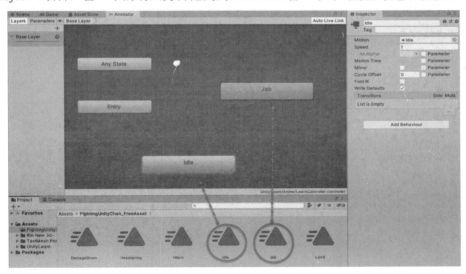

图 9-118

选中添加的状态，可以在 Inspector 窗口中查看并设置相关属性。

Speed（速度）属性是动画剪辑播放速度。Foot IK 属性是人形动画剪辑脚步反向动力学开关，选中以后，人物在崎岖不平的地方站立行走的时候，脚会自动配合地形进行变化。

（2）默认状态

从 Entry 状态通过状态过渡连接到的状态是默认状态，即起始的状态，会显示为棕色。

选中一个状态并右击，在弹出的菜单中选择 Set as Layer Default State（设置为图层默认状态）即可将当前状态修改为默认状态，如图 9-119 所示。

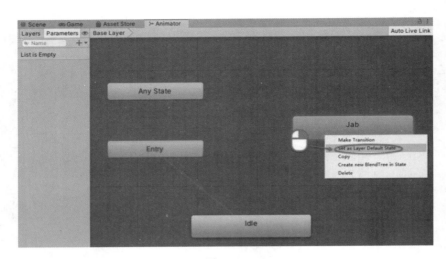

图 9-119

（3）任意状态

Any State（任意状态）是一个特殊的状态。此状态适用于想要进入特定状态的情况，例如玩家无论在进行走、跑、射击或其他动作的时候都可能进入死亡状态，这个时候就会用到 Any State 状态。另外，该状态只能作为起始状态。

（4）退出状态

当存在多个状态机或者子状态机的时候，需要从一个状态机切换到另一个状态的时候，就需要将当前状态机的状态切换到退出（Exit）。该状态不能作为起始状态。

3. 状态过渡

（1）添加状态过渡

选中一个状态并右击，在弹出的菜单中选择 Make Transition（创建过渡），添加一个状态过渡，如图 9-120 所示。

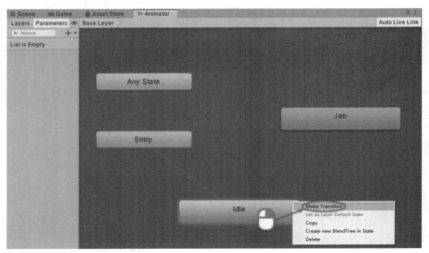

图 9-120

　　这个时候会有一条白色的线，将这条线拖曳到下一个状态就能添加一个状态过渡，如图 9-121 所示。

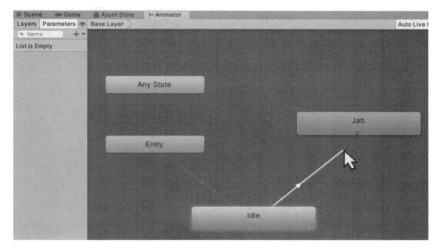

图 9-121

　　添加完成以后，选中原有的状态会在 Inspector 窗口显示当前状态连接的状态过渡，如图 9-122 所示。

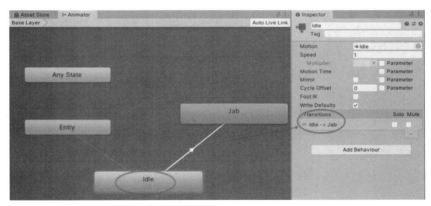

图 9-122

　　（2）状态过渡属性

　　在 Animator 窗口中选中过渡，就能在 Inspector 窗口中看到状态过渡的属性，如图 9-123 所示。

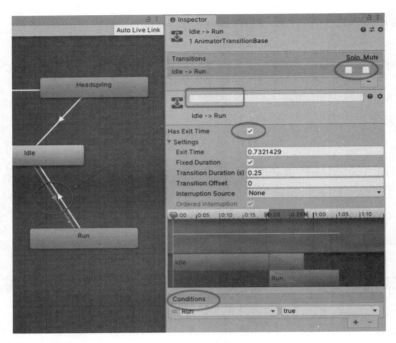

图 9-123

Solo 和 Mute：Mute 选项是禁用该过渡，Solo 选项是仅使用该过渡，同时选中，Mute 优先。在输入框中输入内容后，可以修改该过渡的名称。

Exit Time（退出时间）：动画完成的百分比，不是实际时间。

过渡是否生效是由 Has Exit Time（有退出时间）和 Conditions（条件）同时确定的。简单理解就是当满足 Conditions 设置的条件的时候，根据 Has Exit Time 来决定是立即进入下一个状态，还是等待当前状态动画剪辑播放到某个程度才进入下一个状态。类似于格斗游戏中，一些招数可以立即转到下一个招数，而另一些招数必须等动作完成到一定程度才能转到下一个招数。

Settings：用来调整如何过渡，是直接过渡还是存在一个渐变的过程。

4. 参数

参数包括 Float（浮点）、Int（整型）、Bool（布尔），还有 Trigger（触发类型）。触发类型是特殊的（Bool）布尔类型，其他类型的参数需要手动设置参数值，触发类型默认为 false，当设置为 true 以后，对应的状态一旦触发，触发类型的值会自动变为 false。触发类型一般会用于一次性的动作，而其他类型通常用在会持续的动作。

（1）添加参数

在 Animator 窗口左上角单击"+"，选择参数类型，即可添加参数，如图 9-124 所示。

添加完的参数会显示在参数列表中，双击参数即可修改参数的名称，如图 9-125 所示。

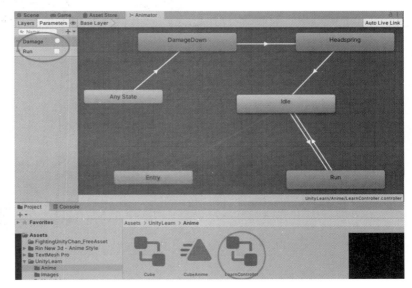

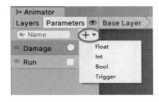

图 9-124　　　　　　　　　　　　　　　　　图 9-125

（2）设置过渡参数

选中状态过渡，单击 Conditions 属性下的"+"，即可添加一个条件，在条件中可以设置对应的参数名称和值，如图 9-126 所示。

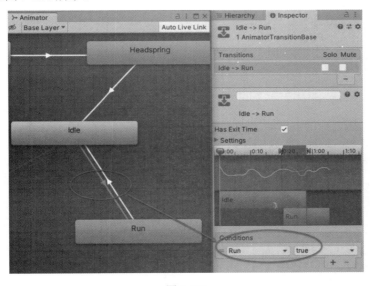

图 9-126

（3）脚本修改参数

在 Animator 类下的 SetFloat、SetInt、SetBool 和 SetTrigger 方法可以用于修改动画控制器的参数，从而实现控制动画状态。例如，新建动画控制器，状态包括 Idle、Run、DamageDown、Headspring，Idle 是默认状态。

过渡分别为 Idle→Run、Run→Idle、Any State→DamageDown、DamageDown→Headspring、

eadspring→Idle。

参数分别为 Damage（Trigger 类型）、Run（Bool 类型），如图 9-127 所示。

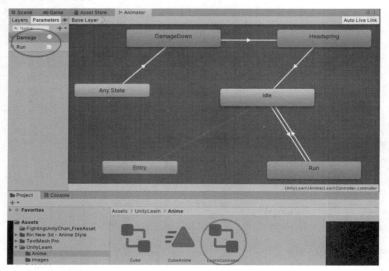

图 9-127

过渡 Idle→Run 的 Conditions 为 Run=true，如图 9-128 所示。

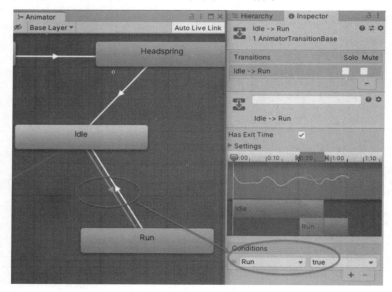

图 9-128

过渡 Run→Idle 的 Conditions 为 Run=false。

过渡 Any State→DamageDown 的 Conditions 为 Damage，取消勾选 Has Exit Time 选项。

此时运行场景，打开 Animator 窗口，选中模型，可以在 Animator 窗口看到当前状态，即蓝色进度条，如图 9-129 所示。

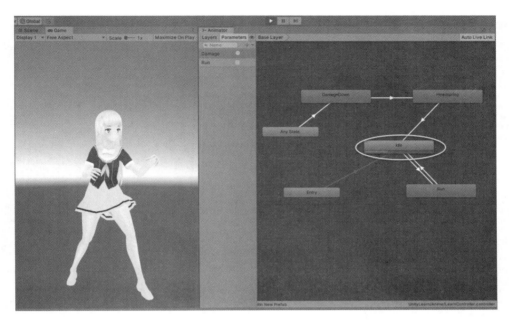

图 9-129

选中 Run 属性后的复选框，设置其值为 true，则进入跑步状态，如图 9-130 所示。

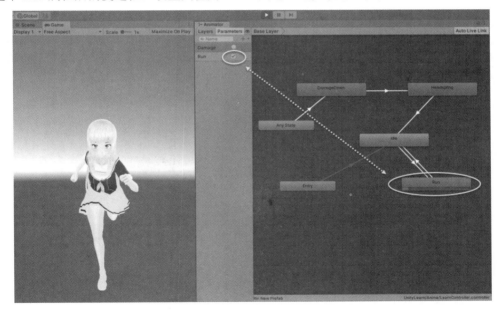

图 9-130

在任何姿势下，单击 Damage 属性都会进入击倒状态，并经过起身状态回到站立状态，如图 9-131 所示。

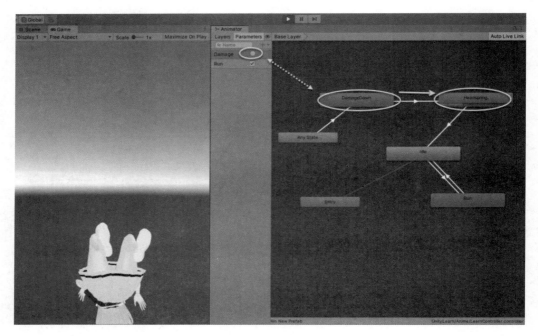

图 9-131

5. 子状态机

子状态机的目的是让整个状态机看起来更容易理解和修改，看起来更有序，并没有增加新的功能。在 Animator 窗口中右击，在弹出的菜单中选中 Create Sub-State Machine（创建子状态机）即可添加子状态机，如图 9-132 所示。

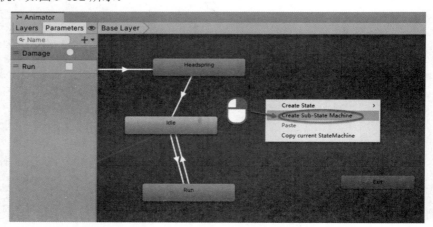

图 9-132

选中子状态机，可以在 Inspector 窗口修改其名称，如图 9-133 所示。

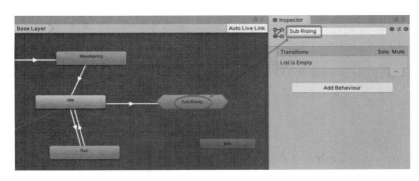

图 9-133

　　双击子状态机，就可以进入其设置。设置方法和状态机一样，唯一的区别是多了(Up) Base Layer（回到上一层）的状态出口。

　　单击窗口左上的状态机名称可以回到上一层的状态机，如图 9-134 所示。

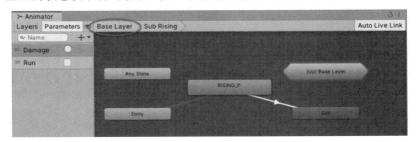

图 9-134

6. 动画层

　　动画层用来混合多个动作。例如射击游戏中，既可以站立射击，又可以在跑动或跳跃中射击，将射击的手部动作分离出来，分别和站立、跑动或跳跃动作混合即可。

　　例如，新建动画器控制器，添加一个默认的动作 Walk，如图 9-135 所示。Walk 是慢走的动作，如图 9-136 所示。

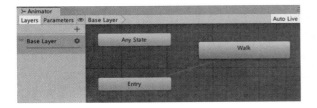
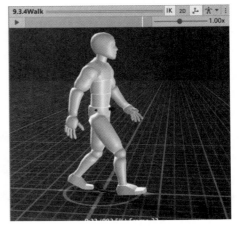

图 9-135　　　　　　　　　　　　　　　　　　　　图 9-136

单击"+"添加一个新的层，并添加默认动作 Dance，如图 9-137 所示。Dance 是原地跳舞的动作，如图 9-138 所示。

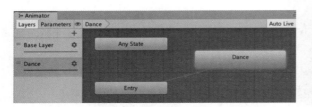

图 9-137

图 9-138

单击新添加的层名称右边的按钮，设置其 Weight（权重）为 0.6，如图 9-139 所示。这个时候运行场景，就会出现一个边走边跳舞的动作，如图 9-140 所示。

图 9-139

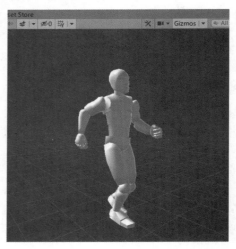

图 9-140

7. 混合树

混合树可以用一个变量来控制多个动画的切换，常用于 NPC 的站立、行走和跑动的切换。在 Unity 的导航中给出了速度，可以很方便地进行切换。

在 Animator 窗口中右击，在弹出的窗口中选择 Create State→From New Blend Tree（创建状态→从新混合树），即可添加一个混合树，如图 9-141 所示。

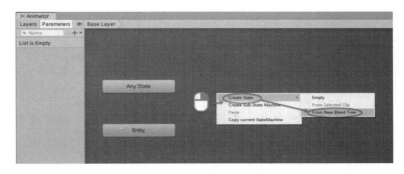

图 9-141

混合树和状态是一样的，双击以后进入混合树设置，如图 9-142 所示。

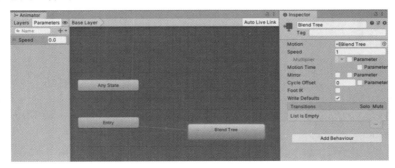

图 9-142

默认会添加一个浮点参数，双击可以修改参数名称。选中混合树的节点，在 Inspector 窗口单击 Motion 标签下的"+"添加动作，如图 9-143 所示。

图 9-143

将动画剪辑添加到 Motion 标签中，如图 9-144 所示。

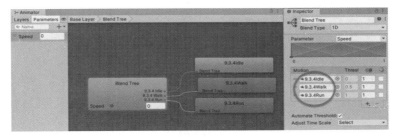

图 9-144

此时运行，通过改变 Speed 参数的值即可在不同动作间进行切换，如图 9-145 所示。在 Inspector

窗口还可以调整混合的模式和程度。

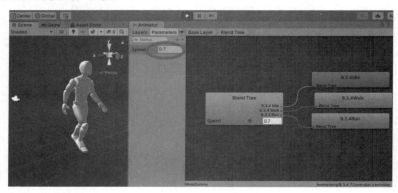

图 9-145

8. 状态行为

在动画控制器中，每个自定义的状态都可以添加脚本、获取状态的信息、响应状态的事件，用得最多的还是响应状态的事件，包括播放声音、检测地面等。

脚本需要继承 StateMachineBehaviour 类，默认可以响应 5 个事件，如表 9-9 所示。常用的是状态开始（OnStateEnter）和状态结束（OnStateExit）事件。

表9-9　StateMachineBehaviour类事件说明

事　件	说　明
OnStateEnter	当状态机评估此状态时，在第一个 Update 帧上进行调用
OnStateExit	当状态机评估此状态时，在最后一个 Update 帧上进行调用
OnStateIK	刚好在 MonoBehaviour.OnAnimatorIK 后调用
OnStateMove	刚好在 MonoBehaviour.OnAnimatorMove 后调用
OnStateUpdate	除第一帧和最后一帧外，在每个 Update 帧上进行调用

选中要添加脚本的状态，在 Inspector 窗口中单击 Add Behaviour（添加行为）按钮，可以选择已有的脚本或者添加新的脚本，如图 9-146 所示。

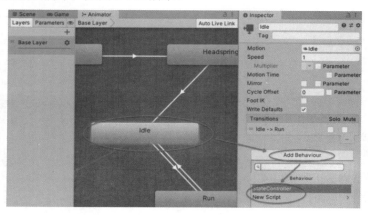

图 9-146

如果单击 New Script（新的脚本），会要求输入脚本名称，之后单击 Create And Add 按钮即可添加脚本，如图 9-147 所示。

这种方法添加的脚本默认会在 Assets 根目录下，如图 9-148 所示。

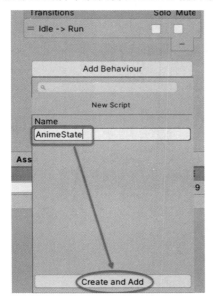

图 9-147   图 9-148

新添加的脚本包含所有的事件响应，但是都是被注释的状态，取消对应的注释即可使用。

例如，新建一个脚本，并修改内容如下：

```
public class StateController : StateMachineBehaviour
{
    override public void OnStateEnter(Animator animator, AnimatorStateInfo
stateInfo, int layerIndex)
    {
        Debug.Log("OnStateEnter=>" + stateInfo.IsName("Idle"));
    }

    override public void OnStateExit(Animator animator, AnimatorStateInfo
stateInfo, int layerIndex)
    {
        Debug.Log("OnStateExit=>");
    }

    override public void OnStateUpdate(Animator animator, AnimatorStateInfo
stateInfo, int layerIndex)
    {
        Debug.Log("OnStateUpdate=>" + stateInfo.shortNameHash);
    }

    override public void OnStateMove(Animator animator, AnimatorStateInfo
stateInfo, int layerIndex)
    {
        Debug.Log("OnStateMove=>" + Animator.StringToHash("Idle"));
    }

    override public void OnStateIK(Animator animator, AnimatorStateInfo
```

```
stateInfo, int layerIndex)
    {
        Debug.Log("OnStateIK=>");
    }
}
```

运行以后，效果如图 9-149 所示，能在控制台看到对应内容。

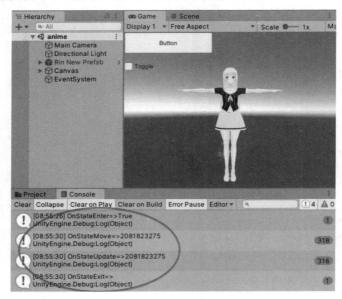

图 9-149

状态的名称不能直接获取，只能获取到对应名称的哈希值。可以通过对比哈希值或者用 IsName 方法判断当前是哪个状态，例如：

```
override public void OnStateExit(Animator animator, AnimatorStateInfo stateInfo,
int layerIndex)
{
    Debug.Log(stateInfo.IsName("RISING_P"));
}
```

9. 其他内容简单介绍

下面的内容不在这里详细说明，只做简单介绍。

（1）目标匹配

当角色必须以某种方式移动，使得手或脚在某个时间落在某个地方，比如开门的时候拉门把手，使用目标匹配（Target Matching）可以保证角色做出正确的动画。

（2）反向动力学

反向动力学（Inverse Kinematics）是根据结果反推动画，例如爬绳梯的时候，根据手脚的位置反推出需要的动画。

9.3.5　动画组件和动画的程序控制

动画器（Animator）组件的作用是将动画分配给场景中的游戏对象，动画器组件必须定义 Controller 属性，即必须引用动画器控制器，如果游戏对象是具有 Avatar 定义的人形角色，还要在此组件中分配 Avatar。

如果选中应用根运动（Apply Root Motion）选项，则由动画本身来决定游戏对象的位置、方向和旋转，若未选中，则由程序来决定，如图 9-150 所示。

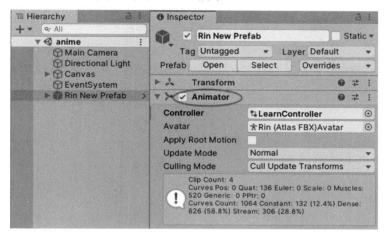

图 9-150

动画器组件同时也是动画编程中重要的对象，对动画的控制通常是通过该组件实现的。下面介绍一些常用的方法。

Play 方法可以指定播放状态机中的某个动画剪辑，需要指定动画剪辑在状态机中的名称和所在的动画层，例如：

```
void Start()
{
    animator = GetComponent<Animator>();
}

private void Update()
{
    if (Input.GetMouseButtonUp(0))
    {
        animator.Play("RISING_P", 0);
    }
}
```

Speed 方法用于设置动画的播放速度，默认为 1，即正常播放。当该值设置为 0 的时候动画暂停，也可以将该值设置为 0~1 之间的数以实现慢镜头播放，或者设置为大于 1 的数来实现倍速播放。

SetBool、SetTrigger、SetInteger 和 SetFloat 这 4 个方法用于设置状态机的参数，实现对状态机状态的控制。通常情况下并不推荐直接播放某个动画剪辑，更推荐通过修改状态机参数的方法实现动画播放，例如：

```
void Start()
{
```

```
        animator = GetComponent<Animator>();
    }

    private void Update()
    {
        if (Input.GetMouseButtonUp(0))
        {
            animator.SetTrigger("Jab");
        }
        if (Input.GetMouseButtonUp(1))
        {
            animator.SetBool("Run", true);
        }
    }
```

对于做 UI 之类变化较少的对象，多数是通过上面的 4 个方法直接修改状态机的参数，而如果是实现诸如玩家和 NPC 的时候，通常推荐将状态机的参数转换成脚本的属性，通过控制脚本的属性实现对动画状态的修改，例如：

```
    private Animator animator;
    public bool run;
    public bool rising;
    public int jab;
    public float speed;
    void Start()
    {
        animator = GetComponent<Animator>();
    }

    private void Update()
    {
        animator.SetBool("Run", run);
        animator.SetInteger("Jab", jab);
        animator.SetFloat("Speed", speed);
        if (rising)
        {
            animator.SetTrigger("Rising");
            rising = false;
        }
    }
```

通过这样的转换就能将状态机参数的控制变为脚本属性的控制，让程序更清晰。

9.4　导航寻路

导航寻路是游戏引擎一定会有的功能。实现玩家移动到地图上被单击的位置、NPC 靠近玩家或者玩家靠近 NPC 都需要用到导航寻路功能。Unity 自带的导航使用的是 "A*" 算法，提供了导航网络资源用于设定导航范围，导航代理组件实现游戏对象的导航寻路，导航网络外链组件实现连接导航网络，导航网络障碍物组件实现在导航网络中运动对象的避让。

为了说明导航寻路功能，我们新建一个场景，添加两块不相连的地面，并在地面上添加一些障碍物、台阶等。右边地面的障碍物是来回移动的。固定不动的地面和障碍物都在 Environment 游戏对象下，活动的障碍物在 Obstacle 游戏对象下，利用导航移动的游戏对象在 NPC 游戏对象下，是一个胶囊，如图 9-151 所示。

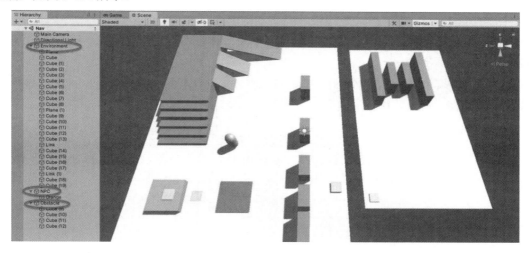

图 9-151

9.4.1 导航网格资源

导航网格是一个资源，用于描述导航代理能够到达的位置或者说获得范围。导航网格需要在导航之前就建立，即在编辑器进行烘焙（Bake），通常是静态的。当导航网格所在的游戏对象发生位置或者角度的变化时，需要重新烘焙。Unity 也提供了动态烘焙的方法，用于处理导航网格所在的游戏对象是动态生成或者变化的情况。

1. 打开窗口

单击菜单 Window→AI→Navigation（窗口→AI→导航）打开 Navigation（导航）窗口，如图 9-152 所示。

Navigation 窗口通常会和 Inspector 窗口在一起，有 Agents（代理）、Areas（区域）、Bake（烘焙）和 Object（对象）4 个标签，如图 9-153 所示。

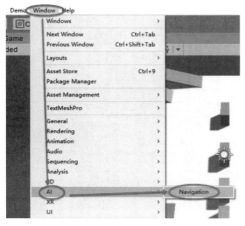

图 9-152

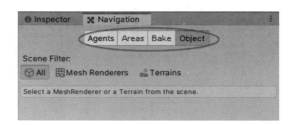

图 9-153

2. 设置区域

在 Hierarchy（层级）窗口中选中场景中的地面和障碍物（包括墙壁、台阶、高台等），在 Navigation 窗口的 Object（对象）标签下选中 Navigation Static，并且设置 Navigation Area 为 Walkable，即这些选中的区域都是希望能够到达的，如图 9-154 所示。

这里的区域是基于 Mesh Renderers 和 Terrains 的。游戏对象上如果没有这两个组件中的一个，就不会对最终的结果产生影响。

3. 烘焙区域

选中 Bake（烘焙）标签，设置烘焙代理的 Agent Radius（代理半径）、Agent Height（代理高度）、Max Slope（最大坡度）和 Step Height（步高）。然后单击 Bake 按钮即可，如图 9-155 所示。

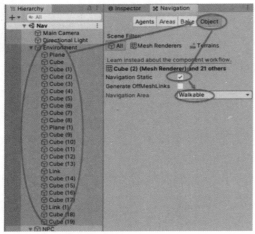

图 9-154

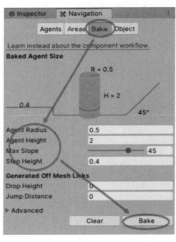

图 9-155

此时，静态的导航网格设置完成。如果导航网格中的游戏对象发生变化（包含添加、删除、位置移动或者角度移动等），就需要重复上面的步骤重新烘焙。

烘焙完成后，在 Scene（场景）窗口打开 Navigation（导航）选项卡，选中 Show NavMesh（显示 NavMesh）检查框，就能看到青色区域，用于显示能在哪些位置活动，如图 9-156 所示。

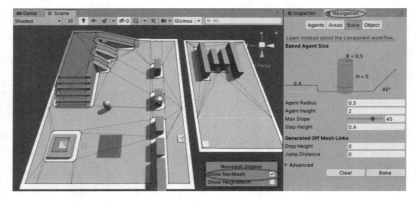

图 9-156

单击 Navigation 窗口的 Areas（区域）标签能看到颜色的含义，如图 9-157 所示。

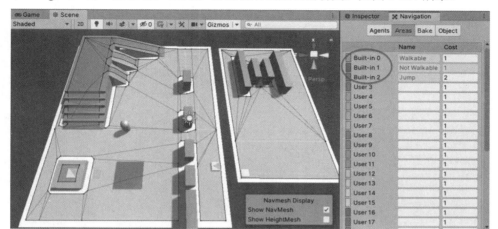

图 9-157

Navigation 窗口的 Agents（代理）标签中的代理在简单使用的情况下没有作用，在这里不做介绍。当场景中出现多种不同要求的对象，例如有高矮胖瘦不同的对象在场景中需要导航的时候，才会用到这里的导航代理。要处理这种情况，推荐使用官方的 NavMeshComponents 插件。

在 Scene 窗口中选中游戏对象，在 Navigation 窗口中可以将其设置为 Not Walkable，即不可活动经过的区域。烘焙以后会把选中游戏对象所在的区域空出来，如图 9-158 所示。

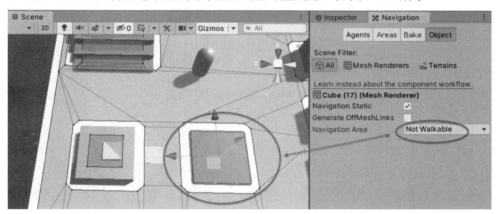

图 9-158

另外，烘焙以后，能够影响结果的游戏对象会被设置为 Navigation Static，如图 9-159 所示。烘焙的数据默认会在和场景同名的目录下，如图 9-160 所示。

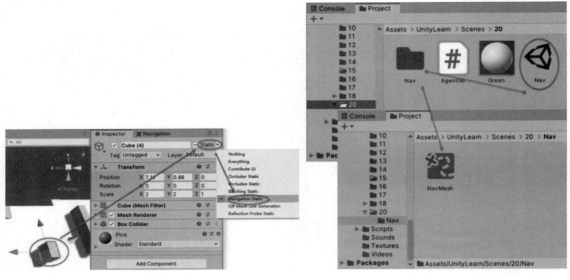

图 9-159   图 9-160

9.4.2 导航网络代理组件

导航网络代理组件挂在 NPC 或者玩家的游戏对象上，实现利用导航自动运动到某个位置的功能。

选中玩家或者 NPC 所在的游戏对象，单击菜单 Component→Navigation→Nav Mesh Agent（组件→导航→导航网络代理）即可添加导航网络代理组件，如图 9-161 所示。

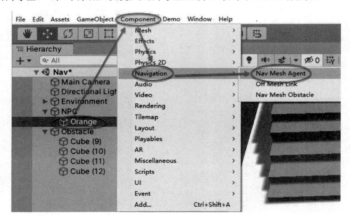

图 9-161

无论游戏对象模型是什么样的，导航代理都将其视为一个圆柱体，如图 9-162 所示。

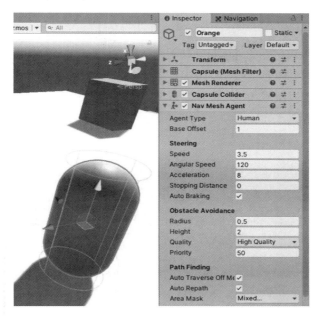

图 9-162

导航代理的主要属性如表 9-10 所示。

表9-10　导航代理属性说明

属　　性	说　　明
Radius（半径）	用于计算障碍物与其他代理之间的碰撞
Height（高度）	代理通过头顶障碍物时所需的高度间隙
Base Offset(基准偏移 X)	碰撞圆柱体相对于变换轴心点的偏移。默认圆柱体高度为 2，变换位于其形状中心处
Speed（速度）	最大移动速度（以世界单位/秒表示）
Angular Speed（角速度）	最大旋转速度（度/秒）
Acceleration（加速度）	最大加速度（米/平方秒）
Stopping Distance（停止距离）	当靠近目标位置的距离达到此值时，代理将停止。如果这个值很小，例如玩家接近 NPC，NPC 半径大于该值，玩家就会一直往 NPC 身上撞。当该值大于 NPC 的半径，就会显示玩家到 NPC 旁边停下
Auto Braking(自动刹车)	启用此属性后，代理在到达目标时将减速。对于巡逻等行为（这种情况下，代理应在多个点之间平滑移动）应禁用此属性
Quality（质量）	障碍躲避质量。如果拥有大量代理，可以通过降低障碍躲避质量来节省 CPU 时间。如果将躲避设置为无，则只会解析碰撞，而不会尝试主动躲避其他代理和障碍物
Priority（优先级）	执行避障时，此代理将忽略优先级较低的代理。该值应在 0~99 范围内，其中较低的数字表示较高的优先级

9.4.3　导航网络代理的程序控制

导航网络代理的使用通常要和代码配合才能起作用。获取 NavMeshAgent 组件后，对其进行操作即可。下面介绍一些常用的方法和属性。

1. SetDestination 方法

该方法可以让代理以设定好的速度自动移动到指定的点。最常见的用法是鼠标单击地图后移动过去。NavMeshAgent 下的 Move 方法是直接到达所在点，不是根据导航路径一路移动过去。

代码如下：

```
private NavMeshAgent agent;

void Start()
{
    agent = GetComponent<NavMeshAgent>();
}

void Update()
{
    if (Input.GetMouseButtonDown(0))
    {
        Ray ray = Camera.main.ScreenPointToRay(Input.mousePosition);
        if (Physics.Raycast(ray, out var hitInfo))
        {
            agent.SetDestination(hitInfo.point);
        }
    }
}
```

2. velocity 属性

该属性可以获得当前代理的速度矢量，根据这个可以判断代理的状态，并且可以利用这个和动画的混合树联动实现移动的时候播放跑步、走路的动画，停下的时候播放站立的动画。

```
animator.SetFloat("Speed", agent.velocity.sqrMagnitude);
```

3. CalculatePath 方法

该方法可以计算到目标点的路径，但是不进行移动。如果需要显示导航路径，可以用该方法获取路径。路径变量下的 corners 属性是路径上的点的数组。将该数组赋值给 Line Renderer（线）即可显示导航路径。

```
NavMeshPath path = new NavMeshPath();
agent.CalculatePath(hitInfo.point, path);
Debug.Log(path.corners);
```

9.4.4 分离网格链接组件

分离网格链接用于将不相接的导航网格连接在一起，用于从墙边爬到楼上，跳过一个很高的台阶等情况，如图 9-163 所示。

选中一个游戏对象，单击菜单 Component→Navigation→Off Mesh Link（组件→导航→分离网格链接）即可添加分离网格链接，如图 9-164 所示。

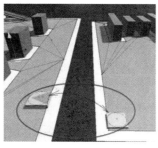

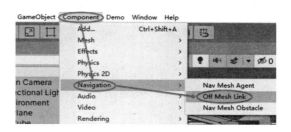

图 9-163　　　　　　　　　　　　　　　　　　　　图 9-164

在导航网络中添加两个游戏对象用于标识外链的两端，然后将其拖曳到 Off Mesh Link（导航网络外链）组件的 Start 和 End 属性中并为其赋值，如图 9-165 所示。

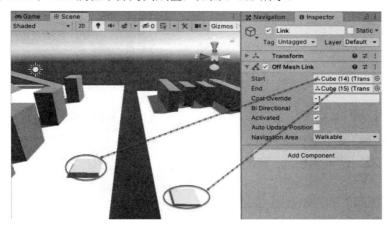

图 9-165

因为导航网络外链连接的是两个游戏对象的形状中心，所以不可以直接将两个地面相连。

导航网络外链主要属性如表 9-11 所示。

表9-11　导航网络外链属性说明

属　性	说　明
Start（起始）	设置网格外链接起始位置的对象
End（结束）	设置网格外链接结束位置的对象
Cost Override（成本覆盖）	路径成本，如果值为正，则在计算处理路径请求的路径成本时使用该值，否则使用默认成本（此游戏对象所属区域的成本）。简单理解就是爬墙比走楼梯距离短，但是更费力气。走楼梯费的力气单位是 1，爬墙费的力气就是 Cost Override 的值
Bi Directional（双向）	选中以后是双向路径，取消以后是单向路径
Activated（激活）	是否启用该链接
Auto Update Position（自动更新位置）	如果启用此属性，当端点移动时，网格外链接将重新连接到导航网络。如果禁用，即使移动了端点，链接也将保持在其起始位置
Navigation Area（导航区域）	描述链接的导航区域类型。该区域类型允许对相似区域类型应用常见的遍历成本，并防止某些角色根据代理的区域遮罩访问网格外链接

9.4.5 导航网格障碍物组件

导航网络障碍物组件用于地图上运动的障碍物，如来回的车辆或者可以移动的障碍物（如大的箱子、木桶等）。

选中对应的游戏对象，单击菜单 Component→Navigation→Nav Mesh Obstacle（组件→导航→导航网格障碍）即可添加，如图 9-166 所示。添加以后，如图 9-167 所示。

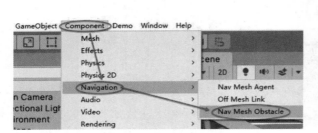

图 9-166   图 9-167

导航网络障碍物组件的属性如表 9-12 所示。

表9-12 导航网络障碍属性说明

属　性	说　明
Shape（形状）	障碍物几何体的形状，只能选择盒子或者胶囊体
Carve（切割）	勾选后，导航网格障碍物会在导航网格中创建一个区域，该区域是运动的不可通过的区域，如图 9-168 所示。官方建议不断移动的物体（如汽车或者玩家）不启用该选项，只对可移动的物体（如木桶、箱子等）启用该选项
Move Threshold（移动阈值）	当导航网格障碍物的移动距离超过 Move Threshold 设置的值时，Unity 会将其视为移动状态。使用此属性可设置该阈值距离来更新移动的区域
Time To Stationary（静止时间）	将障碍物视为静止状态所需等候的时间（以秒为单位）
Carve Only Stationary（仅在静止时切割）	启用此属性后，只有在静止状态时才会雕刻障碍物

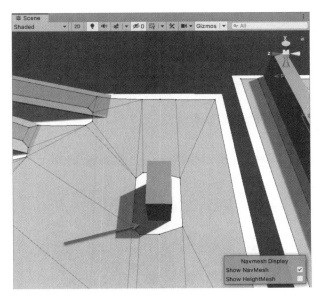

图 9-168

9.5　拖尾和线

Trail Renderer 在编辑器中翻译为"拖尾"，在线文档翻译为"轨迹"，Line Renderer 在编辑器和在线文档中都翻译为"线"。Trail Renderer（拖尾）可以将一个游戏对象运动的轨迹显示出来，Line Renderer（线）则可以显示空间中的指定路径。Trail Renderer 经常用于一些武器或移动特效，Line Renderer 常用于导航指示。Trail Renderer 和 Line Renderer 可以通过组件添加，也可以直接添加对应的游戏对象。

单击菜单 GameObject→Effects→Trail/Line（游戏对象→效果→拖尾/线）即可往场景中添加 Trail Renderer 或 Line Renderer 游戏对象，如图 9-169 所示。

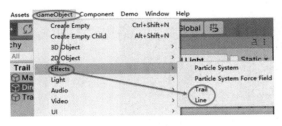

图 9-169

9.5.1　拖尾

Trail Renderer（拖尾）必须在游戏对象运动的时候才能产生。

新建脚本内容如下，即所在游戏对象围绕原点旋转。

```
public class TrailController : MonoBehaviour
```

```
{
    void Update()
    {
        transform.RotateAround(Vector3.zero, Vector3.up, 40 * Time.deltaTime);
    }
}
```

设置 Trail Renderer 轨迹游戏对象在原点旁边，并将脚本拖曳到轨迹游戏对象上成为其组件，如图 9-170 所示。

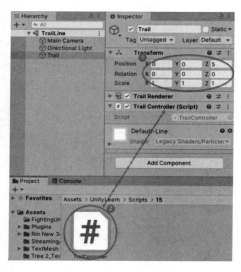

图 9-170

运行场景，能看到一个圆弧形的轨迹，如图 9-171 所示。

Trail Renderer 组件的主要属性如图 9-172 所示，很多属性和 Line Renderer（线）一致，会放在后面一起说明。

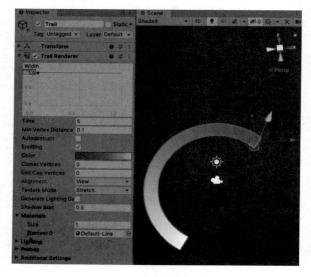

图 9-171

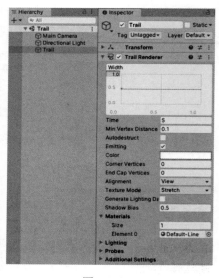

图 9-172

Time（时间）：定义轨迹中某个点的生命周期（以秒为单位）。在游戏对象运动速度不变的情况下，该值越大轨迹越长。

Min Vertex Distance（最小顶点距离）：轨迹中两点之间的最小距离（采用世界单位）。该值越小，轨迹越平滑；该值越大，轨迹棱角越大。

Min Vertex Distance 为 0.1 的效果如图 9-173 所示。

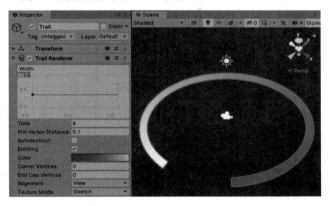

图 9-173

Min Vertex Distance 为 3 的效果如图 9-174 所示。

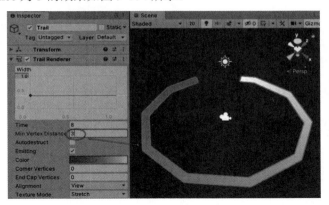

图 9-174

Autodestruct（自动销毁）：选中以后，当游戏对象静止之后，轨迹全部消失，则会自动销毁所在的游戏对象。

Emitting（正在发射）：启用此属性后，Unity 会在轨迹中添加新点；禁用此属性后，Unity 不会向轨迹中添加新点。使用此属性可暂停和恢复轨迹生成功能。

9.5.2　线

1. 通过 Positions 添加线段

Line Renderer（线）最重要的一个属性就是 Positions 属性，该属性是一个三位数的数组，用于定义线上的节点。

可以在 Inspector 窗口对其编辑实现添加线段，如图 9-175 所示。这种方法可以添加线上的节点并准确地设置各个节点的位置，只是不是很直观。如果在脚本中，则可以通过 SetPositions 方法设置这个数组，或者通过 GetPositions 方法获取数组。

2. 通过 Edit Points in Scene View 设置线

单击 Line Renderer 上的 Edit Points in Scene View 按钮，这时在 Scene 视图中，线段上的点会变成黄色小球，单击小球以后，可以用鼠标拖曳小球。通过修改线段上的点在空间的位置实现对线段的修改。这种方法不能添加或删除线上的点，只能修改点的位置，如图 9-176 所示。

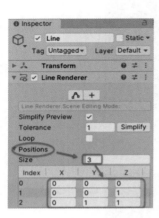
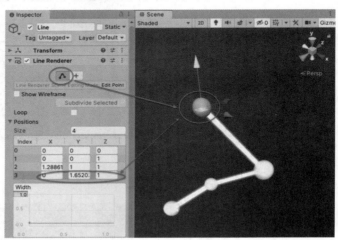

图 9-175　　　　　　　　　　　　　图 9-176

3. 通过 Create Points in Scene View 设置线

单击 Line Renderer 上的 Create Points in Scene View 按钮，这时在 Scene 视图中单击，就可以在单击处生成新的点，如图 9-177 所示。

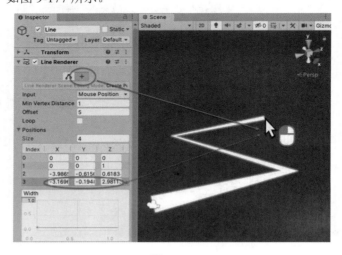

图 9-177

4. 常用属性

- Line Renderer：设置如图 9-178 所示。
- Simplify（简化）：可以减少 Line Renderer 的 Positions 数组中的元素数量，实现简化线的目的。选中 Simplify Preview（简化预览）选项可以看到简化的结果，单击 Simplify（简化）按钮则可以得到简化的结果，如图 9-179 所示。

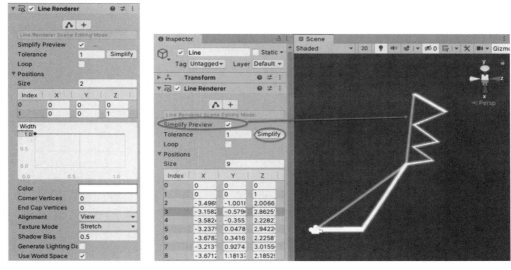

图 9-178　　　　　　　　　　　　　　　　　图 9-179

- Loop（循环）：启用此属性可连接线的第一个和最后一个位置并形成一个闭环，如图 9-180 所示。

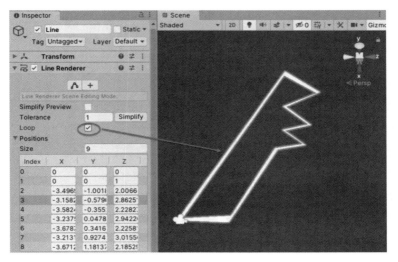

图 9-180

- Use World Space（使用世界空间）：如果启用此属性，这些点被视为世界空间坐标；如果禁用此属性，这些点位于此组件附加到的游戏对象的变换组件本地。

9.5.3 宽度设置

拖尾和线的宽度可以是一个固定值，也可以是一个可变的值。宽度最大为 1（米）。水平方向是生命周期，0 表示开始，1 表示结束。垂直方向是轨迹或者线的宽度。宽度设置默认如图 9-181 所示。

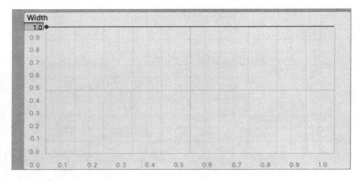

图 9-181

右键单击线段空白处可以添加密钥（Key，官方就是把这里的 Key 翻译成密钥）。左键单击密钥以后可以上下左右拖曳改变密钥的位置，如图 9-182 所示。

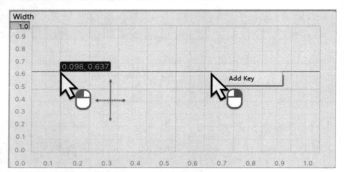

图 9-182

右键单击密钥可以对密钥进行更多的编辑，包括删除。左键单击密钥旁边的点进行拖曳可以修改曲线的弧度，如图 9-183 所示。

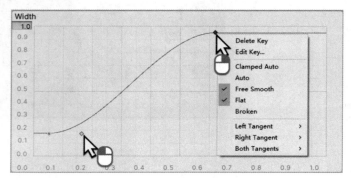

图 9-183

通过多个密钥可以让线段在不同阶段粗细不同，并且可以有不同的过渡方式，如图 9-184 所示。

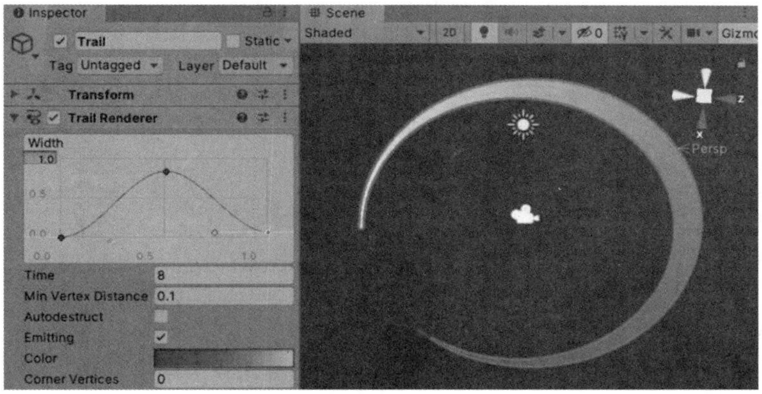

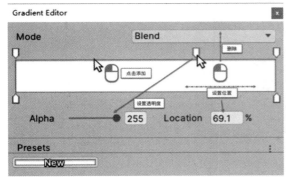

图 9-184

9.5.4 颜色设置

这里同样，轨迹或线段的颜色可以是单一的颜色，也可以是多个颜色的组合。如图 9-185 所示，上面的小标签用于设置透明度，下面的小标签用于设置颜色。在水平方向，最左边是开始，最右边是结束。单击上面的空白处可以添加小标签。单击选中小标签后，可以设置透明度，也可以左右拖曳设置位置，上下拖曳实现删除。

如图 9-186 所示，单击上面的空白处可以添加小标签。单击选中下面的小标签后，可以设置颜色，也可以左右拖曳设置位置，上下拖曳实现删除。

另外，还可以单击下方的按钮保存当前的配色方案。

图 9-185

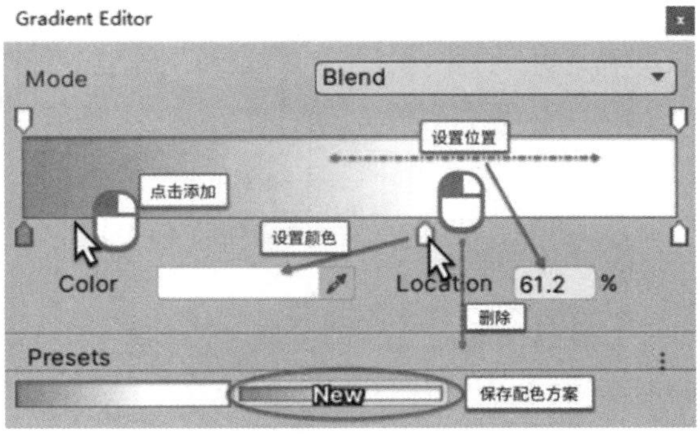

图 9-186

颜色过渡模式有两种，混合（Blend）渐变模式和已修复（Fixed）直接变换模式，如图 9-187 所示。

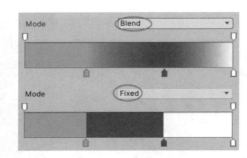

图 9-187

9.5.5 材质设置

设置 Trail Renderer（拖尾）和 Line Renderer（线）的材质都需要特殊的着色器。在没有能力自己写着色器的时候，建议用官方提供的标准粒子着色器。

首先，需要透明背景的 PNG 图片，最好是正方形的，如图 9-188 所示。

图 9-188

将图片导入 Unity 以后，在场景中新建一个临时的平面，将图片拖曳到平面上，自动生成一个材质，如图 9-189 所示。

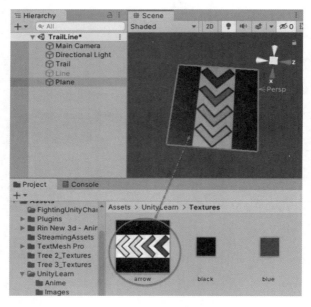

图 9-189

在对应的 Materials 目录下找到刚生成的材质，选中以后，修改 Shader 属性为 Legacy Shaders/Particles/Alpha Blended，如图 9-190 所示。Particles 下的其他选项也可以，效果略有不同。

修改渲染器的 Materials 属性，并设置 Texture Mode（纹理模式），如图 9-191 所示。

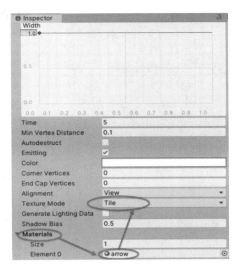

图 9-190　　　　　　　　　　　　　　　　　　图 9-191

这里把 Trail Renderer（拖尾）的材质替换成了箭头，Line Renderer（线）的材质替换成了脚印，运行效果如图 9-192 所示。

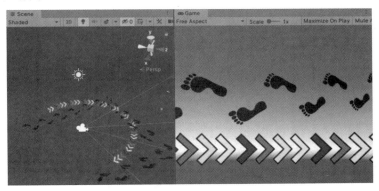

图 9-192

9.5.6　其他共有属性

- Alignment（对齐）：设置轨迹或线面向的方向。View（视图）表示面向摄像机，即无论摄像机在什么位置，线段显示的宽度都是宽度设置的大小。TransformZ（变换 Z）表示朝向其变换组件的 Z 轴，即 X 轴长度为轨迹或线长，Y 轴为高，Z 轴为接近 0 的一个薄片。
- Corner Vertices（角顶点）：此属性指示在绘制线中的角时使用多少个额外顶点。增大此值会让转角变成圆角。
- End Cap Vertices（末端顶点）：此属性指示使用多少个额外顶点在线上创建端盖。增大此值会让两端变成圆弧。

9.6 光照组件和粒子组件

本节将对光照组件和粒子组件进行简单的介绍，读者能够进行简单的调整即可。

9.6.1 光照组件

光源是场景中必不可少的内容，否则整个场景会变成漆黑一片。在新建的场景中，除了默认有一个摄像机游戏对象外，还会有一个光照（Light）游戏对象，如图 9-193 所示。

单击菜单 GameObject→Light（游戏对象→灯光）选择具体光照游戏对象即可添加对应内容，如图 9-194 所示。

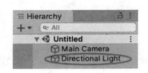

图 9-193

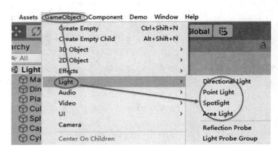

图 9-194

这些光照游戏对象最主要的是光照组件，如图 9-195 所示。

图 9-195

光照游戏对象常用属性如表 9-13 所示。

表9-13　光照组件属性说明

属　性	说　明
Type（类型）	当前的光源类型。可选值为 Directional（定向光）、Point（点光源）、Spot（聚光灯）和 Area（区域光）
Color（颜色）	光源发光的颜色，会影响到最终模型呈现出来的颜色
Mode（模式）	指定光源模式。可选模式为 Realtime（实时）、Mixed（混合）和 Baked（已烘焙）
Intensity（强度）	设置光源的亮度。定向光的默认值为 0.5。点光源、聚光灯或区域光的默认值为 1
Shadow Type（阴影类型）	决定此光源投射生硬阴影、柔和阴影，还是根本不投射阴影。生硬阴影（Hard Shadows）会产生锐边的阴影。与柔和阴影（Soft Shadows）相比，生硬阴影不是特别逼真，但涉及的处理工作较少，并且在许多使用场合中是可接受的。此外，柔和阴影往往还会减少阴影贴图中的"块状"锯齿效果
Culling Mask（剔除遮罩）	使用此属性可选择性排除对象组，使其不受光源影响。更多信息请参阅官方文档

对于初学者，能够简单地使用上面 3 种光源，调整其亮度范围即可。面光源需要烘焙，使用起来比较麻烦，不推荐初学者使用。

9.6.2　粒子系统组件

粒子系统（Particle System）是游戏开发中常用的一个内容，用于实现篝火、爆炸、烟雾、法阵、魔法攻击等各种特效。对于初学者，如果需要使用上述特效，建议通过 Unity 商城下载别人做好的特效进行适当的调整后使用。

单击菜单 GameObject→Effects→Particle System（游戏对象→效果→粒子系统）即可向场景中添加一个带有粒子组件的游戏对象，如图 9-196 所示。

粒子系统的功能很多，也很复杂，除了有一个 Particle System 的组件外，还包括 22 种用于各种设置的子组件，如图 9-197 所示。在这里只对 Particle System 组件进行简单介绍。

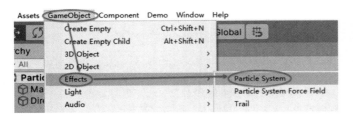

图 9-196

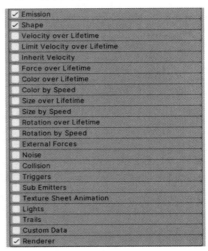

图 9-197

添加了带有粒子组件的游戏对象后，能在 Scene 视图看到粒子系统预览的效果，如图 9-198 所示。

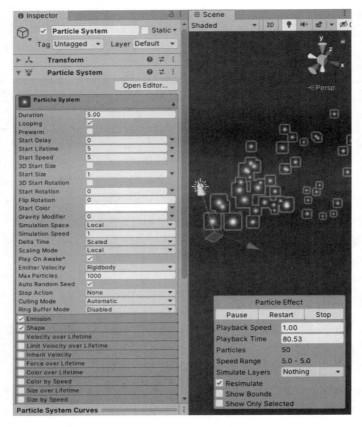

图 9-198

粒子系统组件常用属性如表 9-14 所示。

表9-14　粒子系统组件常用属性说明

属　　性	说　　明
Duration（持续时间）	系统运行的时间长度，如果处于循环中，则是一个周期的时间长度
Looping（循环播放）	如果启用此属性，系统将在其持续时间结束时再次启动并继续重复该循环
Start Delay（启动延迟）	启用此属性后，系统开始发射前将延迟一段时间（以秒为单位）
Start Lifetime（起始生命周期）	粒子的初始生命周期，计时完成后粒子会消亡
Start Speed（起始速度）	每个粒子在适当方向的初始速度
Start Size（起始大小）	每个粒子的初始大小
Start Color（起始颜色）	每个粒子的初始颜色
Simulation Space（模拟空间）	当粒子系统组件所在的游戏对象发生变化的时候，决定已经发射出去的粒子如何变化。选择为 Local（局部）的时候，以自身作为参照，即发射出去的粒子会跟随粒子系统所在的游戏对象一起变化；选择为 World（世界）的时候，则以世界作为参照，已经发射出去的粒子的变化不受粒子系统所在的游戏对象变化的影响；选择为 Custom（自定义）的时候，则以自定义的游戏对象作为参照进行变化

（续表）

属　　性	说　　明
Simulation Speed（模拟速度）	调整整个粒子系统更新的速度
Play on Awake（唤醒时播放）	如果启用此属性，则粒子系统会在创建对象时自动启动
Auto Random Seed（自动随机种子）	如果启用此属性，则每次播放时粒子系统看起来都会不同。设置为 false 时，每次播放时系统都完全相同
Random Seed（随机种子）	禁用自动随机种子时，此值用于创建唯一的可重复效果

9.7　提示总结和小练习

Unity 制作一些类似数字孪生的项目的时候，很多效果既可以用动画又可以用脚本，例如一个 UI 从屏幕上方移动到屏幕中显示。脚本实现的好处是项目相对清晰，毕竟脚本中能写注释；缺点是有些过程写起来很复杂，调整起来也很麻烦。动画实现的好处是可以相对容易地解决一些复杂的变化过程；缺点是会产生很多动画文件，不小心就会搞乱项目，而且没有详细说明文档的话，换人接手的难度比脚本重新实现要大。

Unity 官方提供了第三人和第一人视角的示例 Starter Assets - Third Person Character Controller 和 Starter Assets - First Person Character Controller，在 Unity 的资源商城可以下载，如图 9-199 所示。在做相关的人物移动控制时可以参考。但是，这个示例使用了 Input System 输入，相关介绍内容比较少。

图 9-199

小练习

制作一个 3D 的打砖块游戏示例。按下空格键开始游戏，如图 9-200 所示。

键盘左右键控制下方的反弹块左右移动，如图 9-201 所示。

图 9-200

图 9-201

第10章

Unity 开发简单框架及常用技巧

刚开始进行 Unity 程序开发的时候，会不知道如何下手，本章将介绍 Unity 开发的简单框架和一些常用技巧。在之后的简单游戏示例中会用到这些内容，主要包括多个 Manager 的简单框架、ScriptObject 的使用技巧以及有限状态机的简单实现。

10.1 多个 Manager 的简单框架

Unity 的脚本作为组件可以挂载在场景中的任意一个游戏对象上，通过编辑器赋值或者 GameObjec 类的 Find、FindWithTag、FindObjectOfType 以及 Transform 类的 Find 等方法获取想要控制的游戏对象，并通过 GetComponent 方法获取游戏对象上的组件，从而对游戏对象及其组件进行控制。这个时候脚本放在什么地方、如何进行关联能够更简单、逻辑更清晰就成为一个问题。

10.1.1 演化过程

这里简单地说明 Unity 程序开发如何从最简单的情况发展到多个 Manager 的简单框架。

1. 最简单的情况

最简单的情况是指场景中只有少量的脚本并且脚本及其控制对象相互间没有任何关联，相互独立。例如写一个简单的方块旋转或者移动的演示来测试 Unity 的安装是否成功。

这个时候，脚本通常挂载在被控制的游戏对象上以方便查找，通常脚本只控制其本身所在的游戏对象或者其子游戏对象，不去控制父级或更上层的游戏对象。简单理解就是把被控制的游戏对象做成预制件以后，能够在其他场景使用而不会出错。

2. Empty GameObject

当场景中的脚本数量较多，不便于查找，或者脚本及控制的游戏对象之间有简单的交互，比如有多级联动的下拉菜单的时候，就在场景中新建一个空的游戏对象，即 Empty GameObject，在该游戏对象上挂载对应的脚本，通过编辑器赋值或者脚本的方法获取要控制的多个游戏对象并进行控制。

3. GameManager

当程序更复杂的时候，会发现有些脚本还是需要挂载在被控制的游戏对象上，比如需要进行碰撞检测、需要侦听动画事件的时候，在很多游戏中玩家和敌人都有这样的需求。相当于前面两种情形的组合，即在被控制的游戏对象上挂载脚本，但是通过一个 Empty GameObject 上的脚本来处理脚本之间的一些交互。这个时候，Empty GameObject 的游戏对象通常会被命名为 GameManager，脚本也被命名为 GameManager。

这里，其他的脚本通常只和 GameManager 脚本产生关联，这样可以避免其他脚本之间相互关联太多而导致逻辑混乱及代码耦合过高。

4. 单实例 GameManager

在 GameManager 的应用中，会发现很多脚本需要获取 GameManager 脚本，这个时候为了使用方便，引入了全局对象，可以快速引用其属性或方法。因为 GameManager 上通常还包括一些需要在不同场景中使用的信息，所以还会给 GameManager 添加上场景切换不被删除。为了避免场景来回切换的时候，场景中有多个 GameManager 以及保证数据的唯一，使用了单实例，以保证所在场景中只有一个 GameManager。

5. 多个 Manager

之后小项目靠一个 Manager 就可以处理所有的交换，当情况复杂以后，就需要把 GameManager 变成多个分担不同职责的 Manager，这样就成为多个 Manager 的简单框架了。

10.1.2　多个 Manager 框架的说明

这个框架主要由两部分组成，即 Manager 和 Controller。通过继承范型单实例让所有 Manager 都成为单实例的游戏对象。通常把不直接控制游戏对象的功能划分到 Manager，例如统管整个过程的 GameManager、负责场景切换的 SceneManager（因为和 Unity 本身的命名冲突，可能会被命名为 SceneController）、负责保存数据的 SaveManager，声音播放也推荐分配到 AudioManager。

直接控制游戏对象的玩家、敌人等，则划分到 Controller，如 PlayerController、EnemyController 等。

界面的 UI 可以理解为特殊的 Controller，也可以单独理解为一个内容。

除了碰撞检查、攻击的时候 Controller 相互交互外，其他时候 Controller 相互不产生直接关联，都是通过 GameManager 中转的。Controller 可以直接调用获取 Manager 的方法和属性，但是 Manager 不去调用 Controller，当 Manager 想要控制 Controller 的时候，通常通过事件及其响应来实现。

为了方便控制，会把 Player 和 Enemy 注册到 GameManager 中，方便获取和控制。

我们以下一章开头介绍的"狗狗打怪"游戏为例，其主要游戏对象的功能和关系如图 10-1 所示。

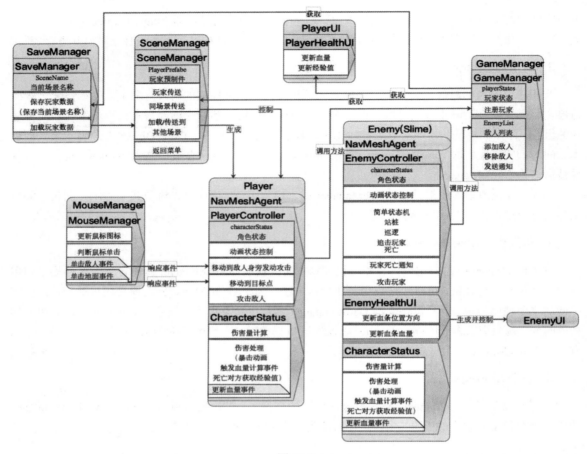

图 10-1

10.2 ScriptableObject 的使用

ScriptableObject 可以将自定义的数据保存为资源，以便在场景中使用。通常可以用这种方式来保存角色状态、游戏中的各种物品、对话甚至是任务。

通常不推荐直接使用 ScriptableObject，即 PlayerController 不直接读取操作对应状态的资源，中间还要通过一个 MonoBehaviour 脚本过渡一下。通过这样的过渡，当需要将 ScriptableObject 的数据换成数据库或者其他方式的时候更容易替换。另外，通过中间的过渡也能让 ScriptableObject 的数据使用得更方便一些。

当需要保存的时候，将内存中的 ScriptableObject 用 JSON 转换成字符串，再通过 PlayerPrefs.SetString 方法就可以将数据简单地保存在设备上。

图 10-2 所示是后面"狗狗打怪"游戏中 ScriptableObject 使用的说明。玩家和敌人使用了相同类型的基础数据，相互攻击的计算方法也是同一个。

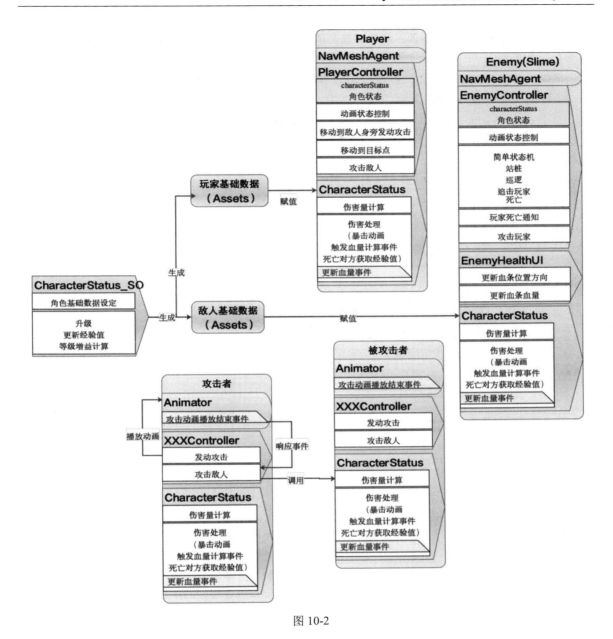

图 10-2

10.3　AI 的简单实现

　　AI 的实现有多种,常用的是有限状态机和行为树,这两种方法本质上差别不大。把简单的有限状态机的代码旋转 90° 以后,获得的就是一个类似的行为树。相对而言,有限状态机的思路更直观。

　　在实际使用中,更推荐使用可视化插件来做有限状态机(例如 PlayerMaker)或者行为树,当然 Unity 商城中也有直接的 AI 插件。Unity 的 Bolt 也可以实现有限状态机,而且是免费的。使用可视化的有限状态机或者行为树插件，能够在运行的时候查看具体的状态或者步骤，无论是开发还是调试都方便了很多。

最简单的状态机是通过枚举来定义状态，再在 Update 方法中对状态进行判断并做出响应的处理。下面的代码是最简单的有限状态机的结构。

```
public enum States { GUARD, PATROL, CHASE, DEAD }

public class FSM : MonoBehaviour
{
    private States states;

    void Update()
    {
        SwitchStates()
    }

    private void SwitchStates()
    {
        switch (states)
        {
            case States.CHASE:
                //TODO
                break;
            case States.DEAD:
                //TODO
                break;
            case States.GUARD:
                //TODO
                break;
            case States.PATROL:
                //TODO
                break;
        }
    }
}
```

第11章

狗狗打怪项目结构和设置

本书接下来的章节会通过一个简单的动作游戏带领读者熟悉 Unity 程序开发的一些方法和技巧。游戏内容是玩家控制一个主角击杀村落周围的怪物，因为主角是一只狗狗，所以游戏叫"狗狗打怪"。通过这个简单的游戏熟悉以下内容：简单的 Managers 框架的搭建和使用，玩家和敌人攻击的实现，ScriptableObject 的使用技巧，如何通过有限状态机实现简单的 AI，如何利用 JSON 存取数据，如何实现玩家等级提升、状态显示以及场景传送。虽然介绍的是动作游戏，但是整个思路和框架在其他类型的游戏或者其他类型的 Unity 程序开发中都可以借鉴。

11.1 项目总体结构

整个项目实现单击移动玩家，可以选中史莱姆并对其进行攻击。史莱姆会巡逻，也会攻击靠近的玩家。场景有开始菜单，并且能够保存读取进度，能在场景中进行传输。

场景由多个 Manager 组成：SaveManager 负责保存读取的游戏内容；SceneManager 负责场景跳转和传输；MouseManager 负责处理鼠标及单击；GameManager 主要用于中转；PlayerController 实现玩家的控制，包括移动、攻击，并且注册到 GameManager；EnemyController 负责怪物的控制，实现了简单的状态机。玩家和怪物攻击的逻辑是一致的，发动攻击的时候，开始播放攻击动画，动画播放到特定帧即认为攻击完成，然后由被攻击方进行伤害计算。

项目总体结构如图 11-1 所示。

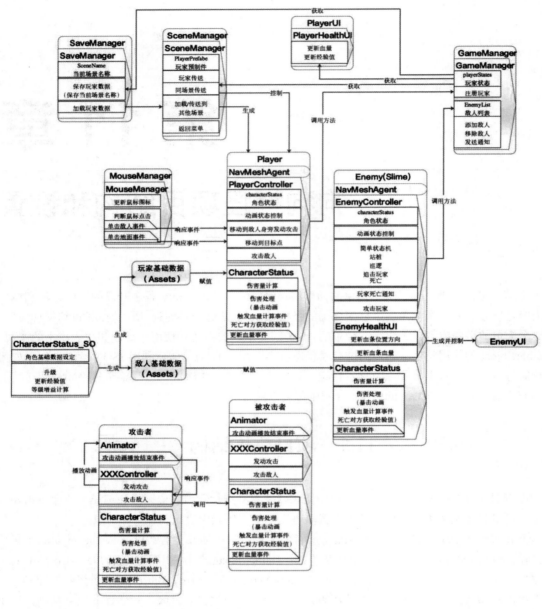

图 11-1

11.2 项目基本设置

1. 新建项目

在 Unity Hub 中新建项目,设置项目名称和项目路径,如图 11-2 所示。

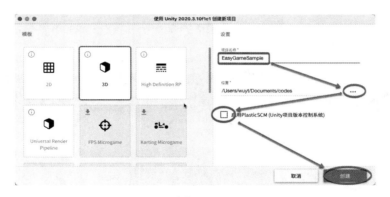

图 11-2

这里没有使用 Unity 自带的版本控制，PlasticSCM 的中文资料较少，遇到问题处理起来比较麻烦。这里使用 Git 进行版本控制，用 Source Tree 来管理和提交，把代码托管到码云（https://gitee.com）。读者也可以根据自己的情况使用 GitHub 或者其他的代码托管方式。

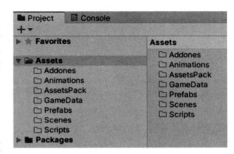

图 11-3

2. 新建目录

删除项目中默认的目录，重新新建目录。项目目录及文件名命名清晰有利于后期添加内容和修改，如图 11-3 所示，目录内容如表 11-1 所示。

表11-1　目录内容说明

目录名称	内　容
Addones	仅在编辑器状态下生效的插件，如一些地形制作插件
Animations	动画动作目录
Animator	动画控制器目录
AssetsPack	项目中的第三方插件
GameData	游戏基础数据
Prefabs	预制件目录
Scenes	场景目录
Scripts	脚本目录

3. 导入商城资源

使用到的资源列表如表 11-2 所示。

表11-2　导入资源说明

资源名称	用　途
Dog Knight PBR Polyart	玩家模型及动画
RPG Monster Duo PBR Polyart	怪物模型及动画
Pixel Cursors	鼠标指针图片
RPG Poly Pack – Lite	主要场景
Low Poly Dungeons Lite	另一个场景

打开网页，登录 Unity 商城，找到对应资源，单击 Add to My Assets 按钮添加到我的资源（Add to My Assets）中，如图 11-4 所示。

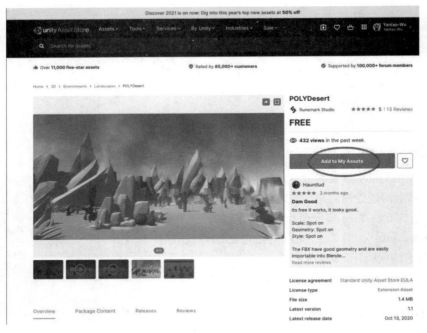

图 11-4

单击菜单 Window→Package Manager 打开资源包窗口，选择 Packages:My Assets，找到对应的资源，单击 Download 按钮导入资源，如图 11-5 所示。

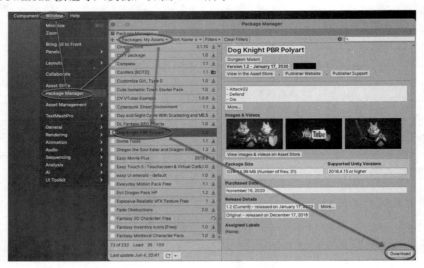

图 11-5

将导入的资源拖曳到 AssetsPack 目录下统一管理，如图 11-6 所示。

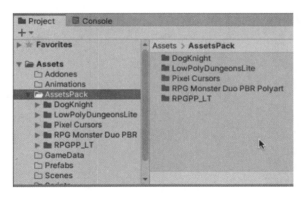

图 11-6

4. 导入官方资源

这里还用到了官方提供的 Cinemachine，这是一个控制 Camera 的资源，利用这个资源可以简单地实现各种游戏场景中场景的 Camera 视角。

在资源包窗口中选中 Unity Registy，找到 Cinemachine，单击 Install 按钮即可，如图 11-7 所示。

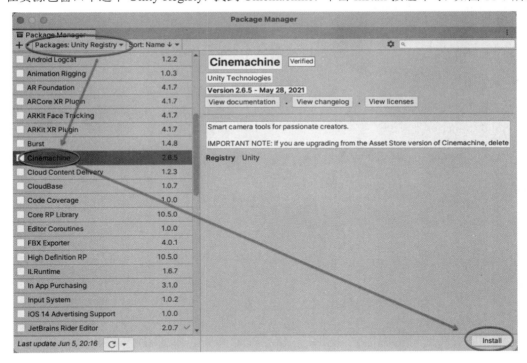

图 11-7

5. 导入其他内容

新建目录 UIImages 用于放置 UI 图片。找一个正方形的白色图片，在 UI 血量显示的时候使用，分辨率为 32×32 即可。导入后，设置图片资源的属性为 Sprite(2DandUI)，如图 11-8 所示。

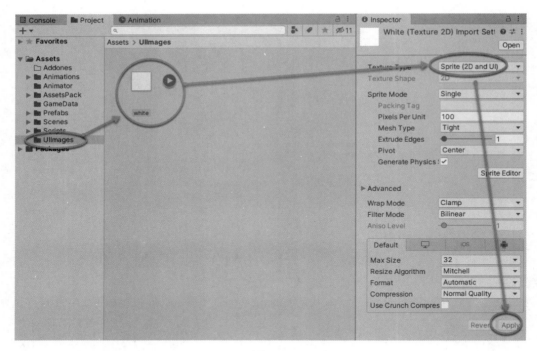

图 11-8

6. 添加场景

在 Scenes 目录下新建场景，命名为 Menu，作为一开始的菜单场景。修改场景的 Clear Flags，设置为 Solid Color，并选择一个喜欢的颜色作为背景，如图 11-9 所示。

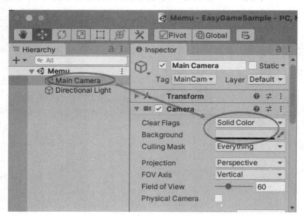

图 11-9

打开 AssetsPack→RPGPP_LT→Scene 目录下的 rpgpp_lt_scene_1.0 场景，如图 11-10 所示。

单击菜单 File→Save As…，将其另存到 Scenes 目录下，命名为 Village，作为玩家主要活动的演示场景，如图 11-11 所示。

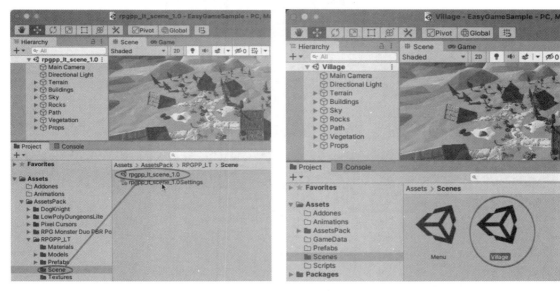

图 11-10　　　　　　　　　　　　　　　　图 11-11

单击菜单 Window→Rendering→Lighting 打开光源设置窗口，如图 11-12 所示。

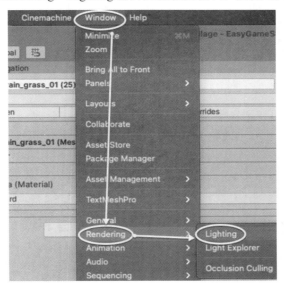

图 11-12

取消勾选 Realtime Global Illumination（Deprecated）和 Baked Global Illumination 复选框会让场景效果变差，但是开发和运行更流畅。

取消勾选 Auto Generate 复选框，则不会自动生成光照贴图。单击 Generate Lighting 手动生成光照贴图，这样做能让性能低的机器开发时更流畅，如图 11-13 所示。

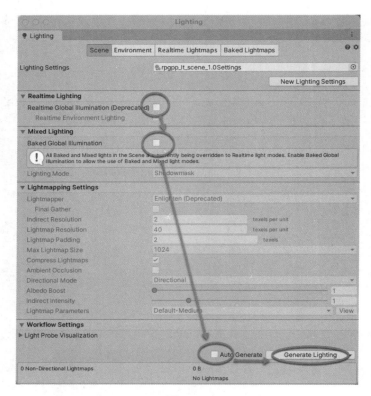

图 11-13

打开 AssetsPack→LowPolyDungeonsLite→Scenes 目录下的 LowPolyDungeonsLite_Demo 场景，如图 11-14 所示。

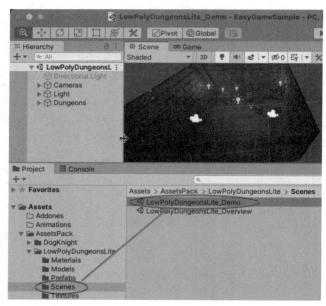

图 11-14

单击菜单 File→Save As…，将其另存到 Scenes 目录下，命名为 Room，作为演示在不同场景中传送的场景，如图 11-15 所示。

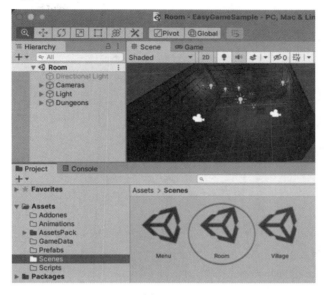

图 11-15

这个场景可以根据情况设置是否手动生成光照贴图。

这里的资源都支持 URP，即通用渲染管线。URP 虽然在效果和性能上优于原有的内置管线，但是现在支持 URP 的资源仍然不多，而且还常会出错，所以在这里没有采用。

7．添加范型单实例脚本

因为用到多个 Manager，所以这里添加一个范型单实例脚本，以避免在每个 Manager 中重复写同样内容，之后的 Manager 都将继承该脚本。

脚本内容如下：

```
using UnityEngine;
namespace Ayaka
{
    public class Singleton<T> : MonoBehaviour where T : Singleton<T>
    {
        private static T instance;
        public static T Instance
        {
            get { return instance; }
        }
        protected virtual void Awake()
        {
            //保证场景中只有一个实例
            if (instance != null)
            {
                Destroy(gameObject);
            }
            else
```

```
        {
            instance = (T)this;
        }
        DontDestroyOnLoad(gameObject);
    }
    public static bool IsInitialized
    {
        get { return instance != null; }
    }
    protected virtual void OnDestroy()
    {
        if (instance == this)
        {
            instance = null;
        }
    }
}
}
```

　　每个项目最好有独自的命名空间，避免和其他同名的内容冲突，特别是 SceneManager 本身和 Unity 的是冲突的，至于命名空间是什么，可以根据自己的喜好决定。

　　一个阶段完成后，记得把代码提交到代码管理库中。

第 12 章

指针切换及玩家移动攻击

本章将首先完成鼠标指针指向不同内容时,图标发生变化。然后实现单击地面或者敌人,玩家进行移动。最后实现玩家动画的匹配。

12.1 鼠标指针切换

鼠标指针切换的方法很简单,从鼠标所在位置发出射线,对碰撞到的碰撞器(Collider)的 Tag 进行判断,根据不同的 Tag 显示不同的图标。在 Village 场景中虽然已经搭建好了环境,但是对应的模型并没有添加 Collider 组件,也没有设置 Tag,因此需要设置。另外,因为还需要单击地面和敌人,所以把碰撞检测信息作为一个属性,以便后面使用。鼠标指针控制和单击都不是具体的游戏对象操作,所以都放在 MouseManager 中处理。

12.1.1 场景设置

1. 添加 Tag 标签

(1)在场景中新建空的游戏对象,位置、角度、缩放都设置为默认值,命名为--Environment--,并将除了 Camera 以外的游戏对象拖曳到其下,成为其子游戏对象,让场景的层级视图看起来更清晰,如图 12-1 所示。

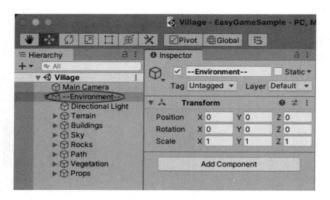

图 12-1

（2）单击任意一个游戏对象的 Tag 标签旁的下拉列表，选中 Add Tag…添加标签，如图 12-2 所示。

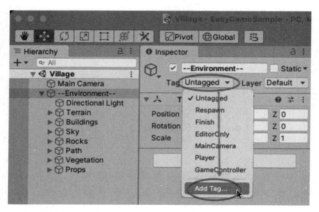

图 12-2

（3）在 Inspector 窗口中单击 Tags 下的"+"，然后填写标签名称，并单击 Save 按钮保存。这 里添加 3 个标签，即 Ground、Enemy、Portal，它们分别表示地面、敌人和传送点，如图 12-3 所示。 表示玩家的 Player 默认有了，不用添加。

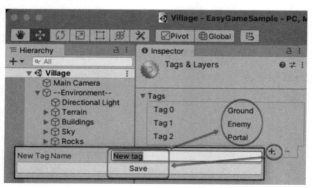

图 12-3

添加完成以后，就能在 Tag 标签的下拉列表中看到对应的内容，如图 12-4 所示。

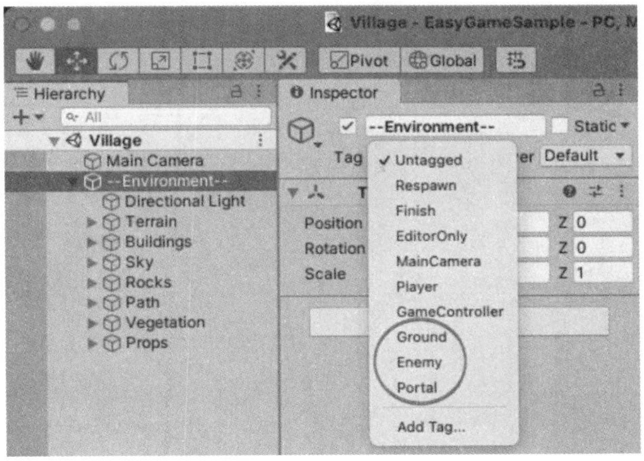

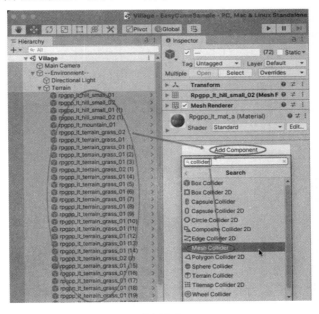

图 12-4

2. 添加碰撞器并设置标签

（1）设置地面相关

① 选中 Terrain 游戏对象下的所有子对象，在 Inspector 窗口单击 Add Componet，输入"collider"，选中 Mesh Collider 为其添加碰撞器，如图 12-5 所示。

图 12-5

② 然后单击 Tag 旁的下拉菜单，选中 Ground，设置其标签，如图 12-6 所示。

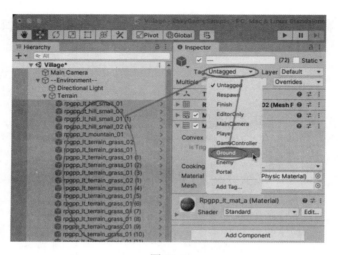

图 12-6

③ 用同样的方法设置 Rocks、Path/Terrain_path 和 Paht/Wood_path 下的所有子游戏对象，如图 12-7 所示。

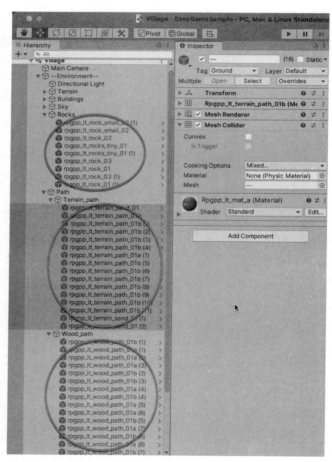

图 12-7

这里，树木花草和地上的一些东西不需要单击，因此不需要添加碰撞器。房屋可以根据情况设置。如果房屋设置了，则可以被单击，玩家会移动到房屋旁边，但是需要处理距离，避免玩家不停移动。如果不设置，单击房屋不会有反应，这么处理相对简单。

（2）添加设置传送点

① 新建一个空的游戏对象，设置位置、角度、缩放为默认值，并命名为"--Portal--"。在其下添加一个方块，并放置到场景中，如图 12-8 所示。

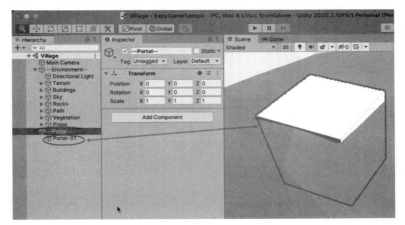

图 12-8

② 因为方块本身有碰撞器，所以修改其 Tag 为 Portal 即可，如图 12-9 所示。

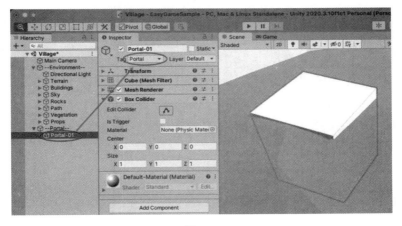

图 12-9

（3）添加设置模拟敌人

① 新建一个空的游戏对象，设置位置、角度、缩放为默认值，并命名为"--Enemy--"，再添加一个球体，放置在地面上，如图 12-10 所示。

这里不要将球体设置为--Enemy--游戏对象的子对象，只是在 Hierarchy 层级视图的位置在其下方。

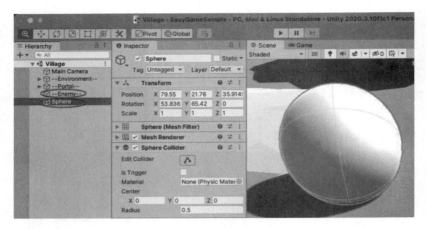

图 12-10

② 因为球体本身有碰撞器，所以修改其 Tag 为 Enemy 即可，如图 12-11 所示。

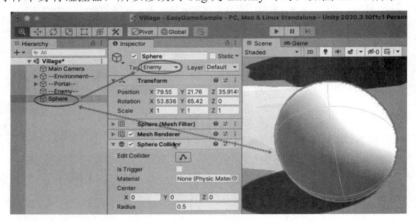

图 12-11

12.1.2 添加并设置 MouseManager 脚本

1. 添加脚本

（1）新建一个空的游戏对象，设置位置、角度、缩放为默认值，并命名为 "--Manager--"。

（2）在其下方（不是子游戏对象）新建一个空的游戏对象，设置位置、角度、缩放为默认值，并命名为 MouseManager。

（3）在 Scripts 目录下新建目录，命名为 Manager，并在其下新建脚本，命名为 MouseManager。

（4）将脚本拖曳到 MouseManager 游戏对象下成为其组件，如图 12-12 所示。

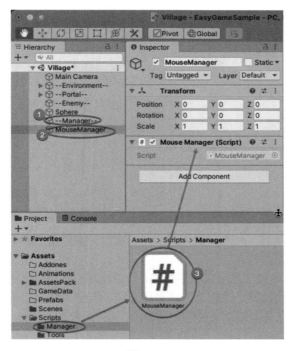

图 12-12

2. 编写脚本内容

脚本逻辑很简单，在 Update 方法中，即每帧都从鼠标位置发出射线，对射线碰撞到的碰撞器判断其标签，根据标签不同，切换鼠标指针。

Cursor.SetCursor 第二个参数是图片的中心，图片大小是 32×32。

```
using UnityEngine;
namespace Ayaka
{
    public class MouseManager : Singleton<MouseManager>
    {
        public Texture2D target, portal, attack;
        RaycastHit hitInfo;
        void Update()
        {
            SetCursorTexture();
        }
        void SetCursorTexture()
        {
            Ray ray = Camera.main.ScreenPointToRay(Input.mousePosition);
            if (Physics.Raycast(ray, out hitInfo))
            {
                //切换鼠标图标
                switch (hitInfo.collider.gameObject.tag)
                {
                    case "Ground":
                        Cursor.SetCursor(target, new Vector2(16, 16),
CursorMode.Auto);
                        break;
                    case "Enemy":
                        Cursor.SetCursor(attack, new Vector2(16, 16),
```

```
CursorMode.Auto);
                                        break;
                            case "Portal":
                                Cursor.SetCursor(portal, new Vector2(16, 16),
CursorMode.Auto);
                                        break;
                        }
                    }
                }
            }
        }
```

3. 设置脚本并测试

（1）设置图片资源

鼠标指针的图片需要设置类型。选中 AssetsPack→Pixel Cursors→Cursors 目录下的所有图片资源，在 Inspector 窗口中设置其 Texture Type 为 Cursor，即鼠标指针，然后单击 Apply 按钮即可，如图 12-13 所示。

这里图片大小都是 32×32，也可以顺便把 Max Size 设置为 32，这样可以减少运行内存。图片的长和宽都是 2 的 n 次方的时候，图片可以被有效压缩，而且适合的大小设置能减少运行内容。虽然这里没什么效果，但是在场景中有大的贴图或者 UI 图片的时候，这里的设置就很重要。

（2）设置脚本

将喜欢的图片设置到脚本的对应属性中，可以拖曳，也可以单击选择，如图 12-14 所示。

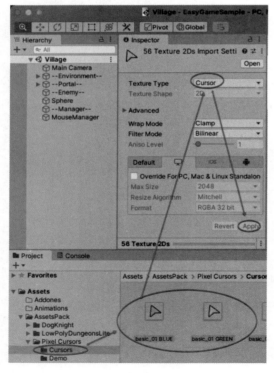

图 12-13

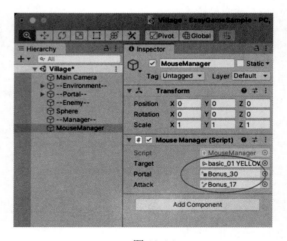

图 12-14

（3）运行测试

在 Unity 编辑器中把视角调整到适合的位置，选中 Main Camera 游戏对象，单击菜单 GameObject →Align With View，将摄像机移动到当前视角以便于测试。这个方法也可以用于将其他游戏对象设置到某个位置附近以方便调整，如图 12-15 所示。

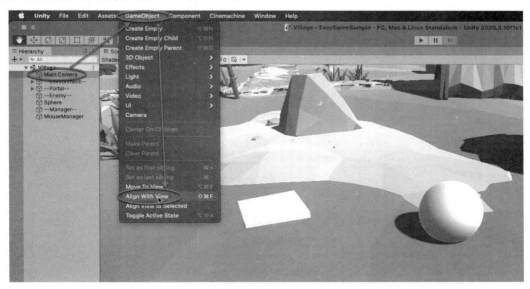

图 12-15

单击 Play 按钮，这时鼠标指向不同的地方会变成不同的图标，如图 12-16 所示。

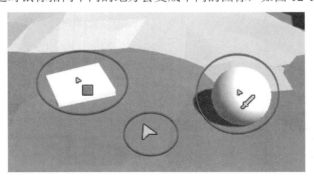

图 12-16

12.2　玩家单击移动

鼠标单击地面玩家移动到对应位置是很多游戏中都会有的操作。首先需要对地面进行导航设置，烘焙对应区域。然后设置玩家的导航代理，当鼠标单击地面的时候，利用 Unity 的导航功能就能实现自动寻路并移动到对应位置。

鼠标单击的信息通过事件订阅的方式让玩家知道并执行对应内容，如图 12-17 所示。

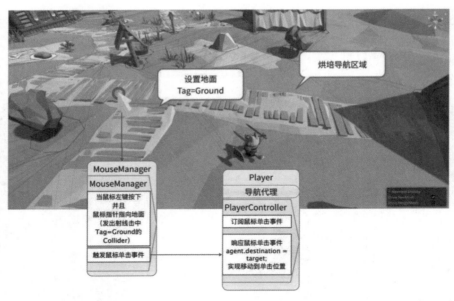

图 12-17

12.2.1 导航区域烘焙

使用导航之前需要对导航区域进行烘焙。和烘焙相关的游戏对象发生改变，无论是位置、角度或者大小发生改变，都需要重新烘焙。Unity 也支持动态烘焙，在这个项目中没有必要进行动态烘焙，毕竟烘焙很消耗资源。

1. 设置导航类型

① 单击菜单 Window→AI→Navigation 打开导航窗口，如图 12-18 所示。

② 单击 Object 标签，选中 Terrain 下的所有游戏对象，设置其 Navigation Area 为 Walkable，即可导航到区域，如图 12-19 所示。

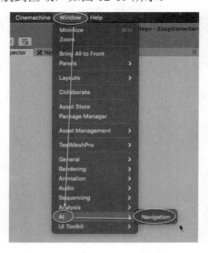

图 12-18

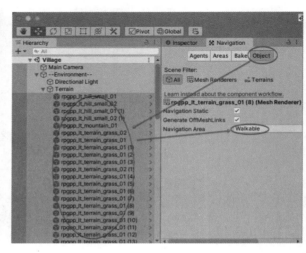

图 12-19

③ 选中 Buildings 游戏对象下的所有游戏对象，设置其为 Not Walkable，即不可到达的导航区域，如图 12-20 所示。

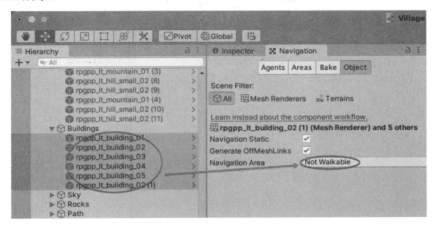

图 12-20

④ 选中 Grass 游戏对象下的所有游戏对象，取消勾选 Navigation Static 选项，即设置为与导航无关的内容，如图 12-21 所示。

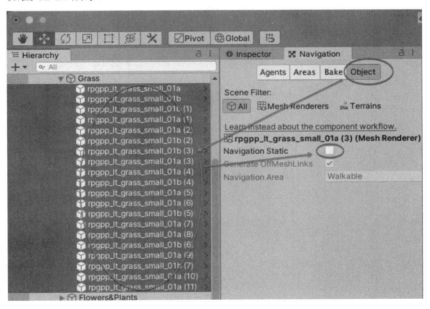

图 12-21

⑤ 将场景环境中包含 Mesh Renderer 的游戏对象都根据需要设置为可导航到达、不可导航到达或者与导航无关的内容，设置如表 12-1 所示。

表12-1　游戏对象导航设置

游戏对象下的所有子游戏对象	设置类型	大致内容
Terrain	Walkable	地面、山脉
Rocks	Walkable	地上的石头
Path/Terrain_path	Walkable	另一种地面
Path/Wood_path	Walkable	地上的木条
Vegetation/Trees	Not Walkable	树木
Vegetation/Grass	与导航无关	地上的草
Vegetation/Flowers&Plants	与导航无关	地上的花
Vegetation/Bushes	Not Walkable	树木
Props	Not Walkable	地上的东西
--Portal--	Walkable	传送点

2. 烘焙导航区域

单击 Bake 标签，设置 Agent Radius 为 0.2，Agent height 为 1.3，即差不多和玩家大小一致。单击 Bake 按钮烘焙导航区域，如图 12-22 所示。

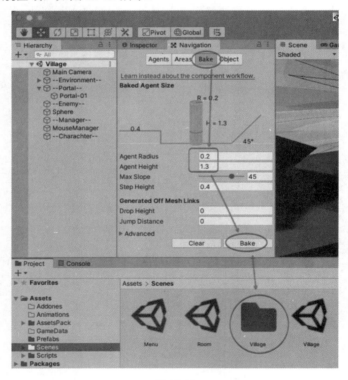

图 12-22

3. 细节调整

导航烘焙完成以后，只要打开 Navigation 窗口，即可在 Scene 视图中看到导航烘焙的区域。默认有淡蓝色覆盖的区域是可以导航到达的地方，没有的是无法导航到达的地方。有不太满意的地方，可以单击选中具体的游戏对象，重新设置其导航类型，再次烘焙直到满意为止。例如图 12-23 中，地上的袋子可以设置为 Walkable，地上的钉耙可以设置为与导航无关。

图 12-23

12.2.2　玩家游戏对象设置

在这里，玩家和敌人除了处理逻辑不一样外，其他都一样，包括的组件也是一样的。游戏对象所包含的组件及其功能如图 12-24 所示。这里会把除了状态和伤害计算的脚本放到后面外，其他的都先添加上。

1. 添加模型

在场景中新建空的游戏对象，位置、角度、缩放都设置为默认值，命名为"--Charachter--"。

将 AssetsPack→DogKnight→Prefab 目录下的模型（哪个都可以，区别只是精细程度）拖曳到场景中，放在--Charachter--游戏对象下方，如图 12-25 所示。

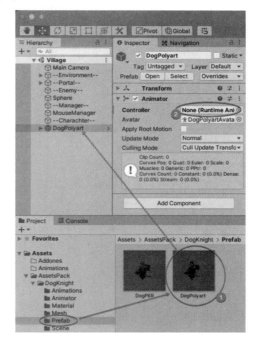

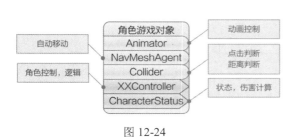

图 12-24　　　　　　　　　　　图 12-25

2. 添加设置碰撞器

单击 Add Component，添加一个 Capsule Collider（胶囊碰撞器），设置胶囊碰撞器的大小刚好套住模型身体即可，如图 12-26 所示。

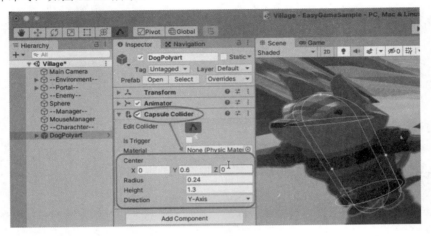

图 12-26

3. 添加导航代理

单击 Add Component，添加一个 Nav Mesh Agent（导航代理），如图 12-27 所示。

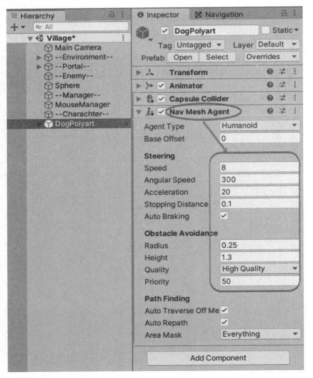

图 12-27

具体值如表 12-2 所示。

表12-2　导航代理设置说明

属　　性	值	说　　明
Speed	8	移动速度
Angular Speed	300	转向速度
Acceleration	20	加速度
Stopping Distance	0.1	停止距离
Radius	0.25	半径（和模型匹配）
Height	1.3	高度（和模型匹配）

4. 添加脚本

在 Scripts 目录下新建目录并命名为 PlayerController，将其拖曳到模型所在游戏对象上成为其组件，如图 12-28 所示。

5. 设置标签和层

修改游戏对象的 Tag（标签）为 Player，这是敌人判断哪个是玩家的标识。设置 Layer（层）为 Ignore Raycast，这样玩家就不会遮挡射线的判断，如图 12-29 所示。

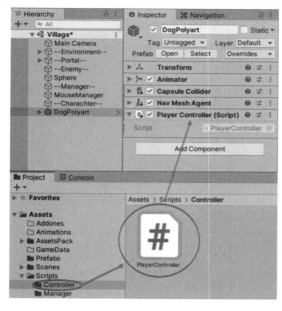

图 12-28

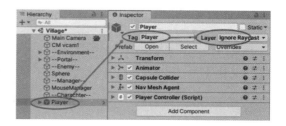

图 12-29

6. 生成预制件

在 Prefabs 目录下新建目录并命名为 Characters，修改游戏对象名称为 Player，将其拖曳到目录中生成预制件，如图 12-30 所示。

生成预制件的过程中会提示是生成原生预制件还是生成预制件变体，选择 Original Prefab 生成原生预制件而不是预制件变体，如图 12-31 所示。

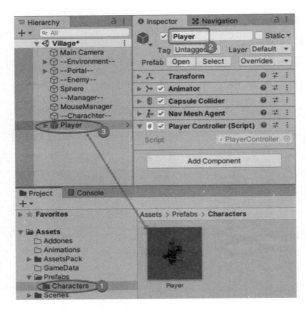

图 12-30   图 12-31

12.2.3 使用 MouseManager 修改脚本

这里需要添加两个事件，使用的是 C#的事件，需要添加 System 的引用。用鼠标左键单击，并且鼠标所在位置有 Collider 的时候，根据被射线击中的游戏对象的 Tag 标签决定触发哪个事件。

OnMouseClicked.Invoke(hitInfo.point);语句是当事件被订阅（侦听）的时候，触发该事件并传入对应参数。

```
using UnityEngine;
using System;
namespace Ayaka
{
    public class MouseManager : Singleton<MouseManager>
    {
        …
        public event Action<Vector3> OnMouseClicked;
        public event Action<GameObject> OnEnemyClicked;
        void Update()
        {
            SetCursorTexture();
            MouseControl();
        }
        …
        void MouseControl(){
            //如果鼠标左键单击地面，则触发鼠标单击事件
            if (Input.GetMouseButtonDown(0) && hitInfo.collider != null)
            {
                switch (hitInfo.collider.gameObject.tag)
                {
                    case "Ground":
                        OnMouseClicked?.Invoke(hitInfo.point);
```

```
                    break;
                case "Enemy":
                    OnEnemyClicked?.Invoke(hitInfo.collider.gameObject);
                    break;
                case "Portal":
                    OnMouseClicked?.Invoke(hitInfo.point);
                    break;
                }
            }
        }
    }
}
```

12.2.4　使用 PlayerController 编辑脚本

这里用到了导航，需要引用 UnityEngin.AI。在 OnEnable 事件中添加对 MouseManager 的事件的订阅（侦听），在 OnDisable 事件中取消订阅（侦听）。设置导航代理的 destination 属性，即可让导航代理所在的游戏对象自动寻路运动到目标点附近。

```
using UnityEngine;
using UnityEngine.AI;
namespace Ayaka
{
    public class PlayerController : MonoBehaviour
    {
        NavMeshAgent agent;
        void Awake()
        {
            agent = GetComponent<NavMeshAgent>();
        }
        void OnEnable()
        {
            MouseManager.Instance.OnMouseClicked += MoveToTarget;
            MouseManager.Instance.OnEnemyClicked += EventAttack;
        }
        void OnDisable()
        {
            MouseManager.Instance.OnMouseClicked -= MoveToTarget;
            MouseManager.Instance.OnEnemyClicked -= EventAttack;
        }
        void MoveToTarget(Vector3 target)
        {
            agent.destination = target;
        }
        void EventAttack(GameObject target)
        {
            agent.destination = target.transform.position;
        }
    }
}
```

12.2.5 运行测试

设置 Main Camera 到合适的位置，从高处俯瞰场景，然后单击快捷栏上的运行按钮。

运行场景的时候会出现提示 NullReferenceException，这是 Unity 程序开发最常见的错误，使用了未赋值或者未初始化的对象。单击错误提示后，详细提示在 PlayerController 脚本的第 17 行，如图 12-32 所示。

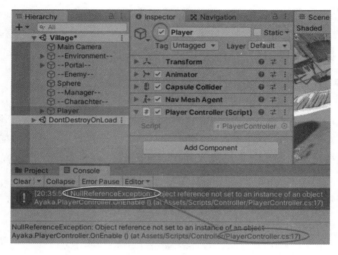

图 12-32

双击错误提示，可以打开对应代码。错误来自下面的代码：

```
{
    MouseManager.Instance.OnMouseClicked += MoveToTarget;
    …
}
```

这行代码只有一个对象，即 MouseManager.Instance，所以应该是 MouseManager 这个游戏对象没初始化。可以用 Debug.Log 方法打印对应对象看看判断是否正确。

```
{
    Debug.Log(MouseManager.Instace);
    MouseManager.Instance.OnMouseClicked += MoveToTarget;
    …
}
```

再次运行就能看到结果，果然 MouseManager 为空，如图 12-33 所示。

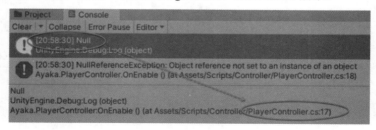

图 12-33

这里报错是因为 Unity 处理游戏对象的顺序是程序不可以直接定义的。但是因为玩家、怪物、物品都是场景中最后生成的，所以这个问题不影响最终的结果，只是影响当前测试。解决办法很简单，取消 Player 游戏对象的激活，场景运行起来以后再手动单击一下就可以了，如图 12-34 所示。

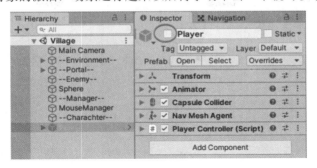

图 12-34

等游戏从菜单进入的时候，就不会有这个错误了。

再次运行场景，启用玩家以后，单击屏幕，玩家就会移动到对应位置。这里把游戏的目标分辨率设置为 1920×1080，在 Game 窗口中选中对应分辨率，这样就能更准确地知道实际运行时能看到的范围，如图 12-35 所示。

图 12-35

12.3　玩家动画制作和移动匹配

12.3.1　选取动作

1. 查看动画动作

这里玩家的动作是单独文件，在 AssetsPack→DogKnight→Animations 目录下单击其中一个动作，在 Inspector 窗口中拖曳横条调整预览区域大小，单击预览区域右上方的小人图标可以选取对应的模型，单击预览区域左上方的播放按钮可以播放动作，如图 12-36 所示。

图 12-36

2. 复制动作

在 Animations 目录下新建目录并命名为 Player，用于放置玩家动作。选择合适的动作，选中以后，单击菜单 Edit→Duplicate 复制一个动作出来，然后拖曳到 Animations→Player 目录中并重新命名，如图 12-37 所示。

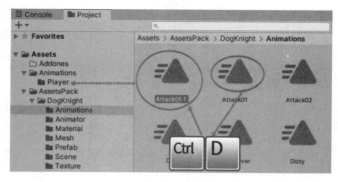

图 12-37

这里选取了两种攻击、死亡、行走和跑步的共 6 个动作，如图 12-38 所示。

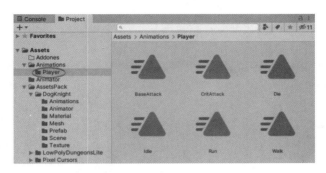

图 12-38

12.3.2　添加动作控制器

选中 Animator 目录，单击菜单 Assets→Create→Animator Controller 添加一个动作控制器并命名为 Player，双击动作控制器能打开 Animator 窗口，如图 12-39 所示。

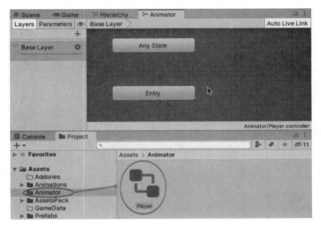

图 12-39

12.3.3　添加移动用的混合树

（1）在 Animator 窗口中右击，选择 Create State→From New Blend Tree，添加一个混合树，如图 12-40 所示。

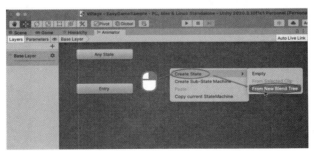

图 12-40

（2）因为是控制器中的第一个状态，会自动设置为默认状态。双击混合树进入编辑模式，如图 12-41 所示。

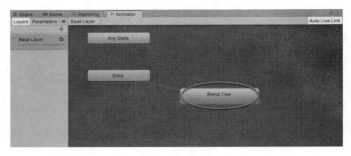

图 12-41

选中 Blend Tree，在 Inspector 窗口中单击"+"，选中菜单中的 Add Motion Field 添加动作字段。将站立、行走和跑步的动作依次拖曳到 Motion 中为其赋值，顺序不要错。单击 Parameters 变量标签，修改原有变量名称为 Speed，并且设置 Inspector 窗口中对应变量为 Speed。这样，就能用一个 Speed 变量控制模型在站立、行走和跑步 3 个动作间切换，如图 12-42 所示。

单击 Base Layer 标签可以回到状态机编辑。

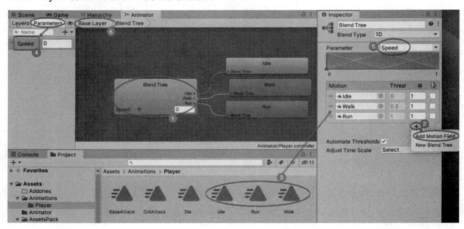

图 12-42

12.3.4　添加攻击和死亡状态

1. 添加状态之间的连接

将其他动作拖入 Animator 窗口，选中一个状态并右击，选中 Make Transition，这时会出现连接线，将其连接到其他状态即可，如图 12-43 所示。

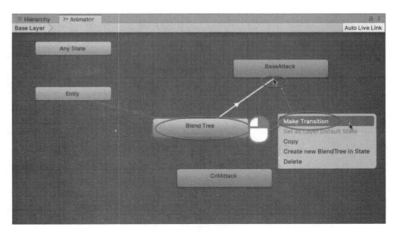

图 12-43

最终连接如图 12-44 所示，Blend Tree 是默认状态，可以切换到普通攻击和暴击攻击并返回，任意状态都能切换到死亡。

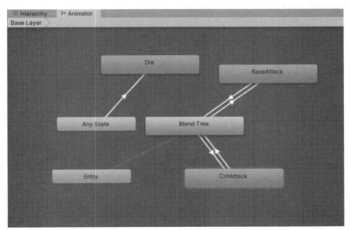

图 12-44

2．添加参数

单击 Parameters 标签，单击 "+" 选择参数类型即可添加参数，如图 12-45 所示。

图 12-45

参数说明如表 12-3 所示。

表12-3　动画参数说明

名　称	类　型	说　明
Attack	Trigger	释放攻击
Crit	Bool	判断是不是暴击
Death	Bool	死亡

3. 设置过渡

选中一个过渡，在 Inspector 窗口中设置，Has Exit Time 决定是否立即切换，一般状态到攻击通常是立即切换，不能选中；攻击必须执行完成才能切换，必须选中。后面的选项主要是动作混合，简单处理就都不混合动作。这里 Fixed Duration 都取消，后面两项都设置为 0。Can Transition To 选项取消，否则动画会卡住。最后单击底部的"+"设置状态切换的参数，如图 12-46 所示。

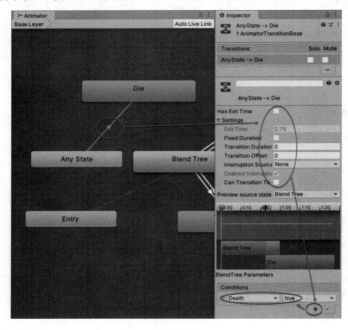

图 12-46

过渡参数设置如表 12-4 所示。

表12-4　过渡参数设置

过　渡	是否立即切换	切换参数
Any State->Die	Has Exit Time=false	Death=true
Blend Tree->CritAttack	Has Exit Time=false	Attack Crit=true
CritAttack -> Blend Tree	Has Exit Time=ture Exit Time=1	
Blend Tree->BaseAttack	Has Exit Time=false	Attack Crit=false
BaseAttack -> Blend Tree	Has Exit Time=ture Exit Time=1	

动作控制器设置完成以后，打开玩家的预制件，将动作控制器拖到 Controller 属性中为其赋值，

如图 12-47 所示。

12.3.5　修改 PlayerController 脚本

在脚本中添加动画控制器的属性，导航代理的 velocity 属性是当前运动的向量，用 sqrMagnitude 获取到的向量长度是当前的移动速度，赋值给动作的 Speed 变量即可。

```
public class PlayerController : MonoBehaviour
{
    NavMeshAgent agent;
    Animator anim;
    void Awake()
    {
        agent = GetComponent<NavMeshAgent>();
        anim=GetComponent<Animator>();
    }
    void Update() {
        SwitchAnimation();
    }
    …
    void SwitchAnimation(){
        anim.SetFloat("Speed",agent.velocity.sqrMagnitude);
    }
}
```

单击运行以后，玩家会自动切换移动的动作，如图 12-48 所示。

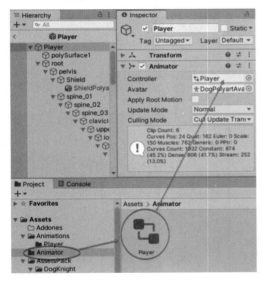

图 12-47

图 12-48

12.4　玩家攻击敌人

玩家攻击敌人的代码在 PlayerController 脚本中实现，有 4 个要点：

（1）当玩家移动到敌人旁边的时候需要停止，这个时候通过设置 agent.isStopped 来使玩家停止。所以在移动前需要重新设置使玩家能够移动。

（2）通过使用协程加 while 判断距离的方式，实现玩家移动到敌人旁边。为了使移动过程中可以取消攻击，移动到目标点的时候要取消协程。

（3）攻击冷却时间在 Update 方法中计时。当冷却时间小于 0 时表示可以攻击。攻击执行后重置冷却时间。

（4）暴击计算要放在攻击前计算。

这里把死亡判断先加入进去，但是不影响攻击。玩家攻击流程图如图 12-49 所示。

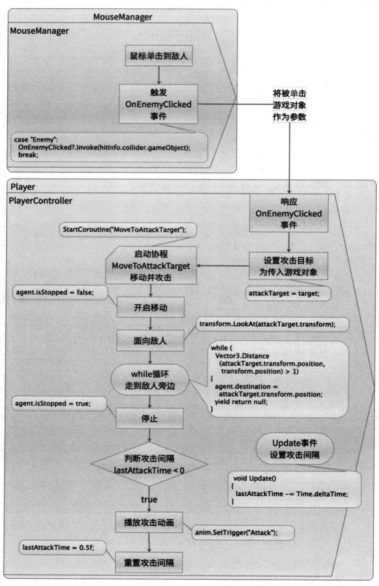

图 12-49

具体代码如下：

```
public class PlayerController : MonoBehaviour
{
    …
    GameObject attackTarget;
    float lastAttackTime;
    bool isDead;
    …
    void Update()
    {
        SwitchAnimation();
        lastAttackTime -= Time.deltaTime;
    }
    void MoveToTarget(Vector3 target)
    {
        StopCoroutine("MoveToAttackTarget");
        if (isDead) return;
        agent.isStopped = false;
        agent.destination = target;
    }
    void EventAttack(GameObject target)
    {
        if (isDead) return;
        if (target != null)
        {
            attackTarget = target;
            StartCoroutine("MoveToAttackTarget");
        }
    }
    IEnumerator MoveToAttackTarget()
    {
        agent.isStopped = false;
        transform.LookAt(attackTarget.transform);
        while (Vector3.Distance(attackTarget.transform.position,
transform.position) > 1f)
        {
            agent.destination = attackTarget.transform.position;
            yield return null;
        }
        agent.isStopped = true;
        if (lastAttackTime < 0)
        {
            anim.SetBool("Crit", Random.Range(0, 3) > 1);
            anim.SetTrigger("Attack");
            lastAttackTime = 0.5f;
        }
    }
    void SwitchAnimation()
    {
        anim.SetFloat("Speed", agent.velocity.sqrMagnitude);
        anim.SetBool("Death", isDead);
    }
}
```

单击运行，单击敌人后玩家会移动到敌人旁边进行攻击，如图 12-50 所示。

图 12-50

12.5　镜头设置

Unity 提供了 Cinemachine 资源，这个资源很容易实现很多游戏场景中需要的 Camera 类型，例如各种第一人称视角、第三人称视角等，如图 12-51 所示。有兴趣的读者可以打开 Package Manager 窗口安装这个资源的示例进行学习。

1. 添加虚拟 Camera

在安装过 Cinemachine 以后，单击菜单 Cinemachine→Create Virtual Camera 往场景中添加虚拟 Camera，如图 12-52 所示。

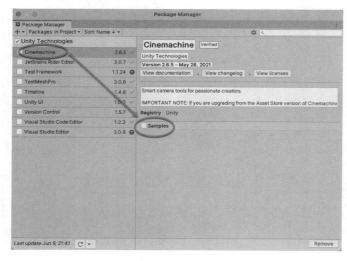

图 12-51

图 12-52

添加完以后，场景中会出现一个虚拟相机 CM vcam1，同时 Main Camera 游戏对象上会多出一个图标和组件，如图 12-53 所示。这个时候 Main Camera 游戏对象不再决定 Camera 的位置，由 CM vcam1 虚拟相机来决定。

2. 设置虚拟 Camera

（1）选中 CM vcam1 游戏对象，将 Player 拖到 Follow 属性中（之后会用代码实现），设置 Body 标签类型为 Framing Transposer，Aim 标签为 Do nothing，如图 12-54 所示。

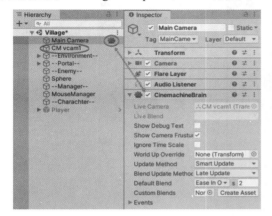 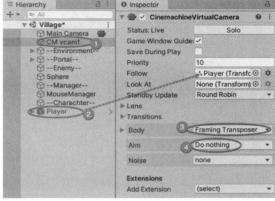

图 12-53　　　　　　　　　　　　　　　　图 12-54

（2）设置 Body 标签下的 Tracked Object Offset 的 Y 为 1，这样会跟踪玩家的头部，再设置 Camera Distance 为 6，这是镜头和玩家的距离，如图 12-55 所示。

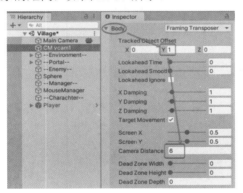

图 12-55

（3）设置 Transform 组件的 Rotation 属性可以调节镜头的方向和角度，如图 12-56 所示。

图 12-56

这个时候运行，Camera 就会随着玩家的移动而移动，如图 12-57 所示。

图 12-57

这里有一个 Bug，玩家会被其他的模型（例如树木、石头和房子）挡住。常用的处理方法有两种，这里只描述一下，不具体实现。

方法一，添加 URP（通用渲染管线），利用 URP 的后处理实现当玩家被遮挡的时候使用特殊的材质将玩家的轮廓显示出来。这种做法类似于火炬之光的效果。

方法二，因为玩家基本在屏幕中心，从屏幕中心发出射线，当射线照射到可能遮挡玩家的模型的时候，将模型隐藏或者替换成半透明的材质。这种做法的效果类似于暗黑破坏神的效果。

第13章

敌人攻击

13.1 动画动作准备

这里敌人选用史莱姆，和玩家的动画是单独文件不同，这里的动作文件是包含在模型文件中的。

1. 找到对应动作

选中 AssetsPack→Rpg Monster Duo PBR Polyart→Animations→Slime 目录下的文件，单击文件右侧的箭头，展开后单击三角形的图标，如图 13-1 所示。

图 13-1

选中以后，就能在 Inspector 窗口查看动作，如图 13-2 所示。

2. 复制动作

选中动作，单击菜单 Edit→Duplicate 或者按快捷键 Ctrl+D，将动作复制出一个单独文件，如图 13-3 所示。

图 13-2   图 13-3

在 Animations 目录下新建目录 Enemy/Slime，并将复制好的动作拖到 Slime 目录下，如图 13-4 所示。

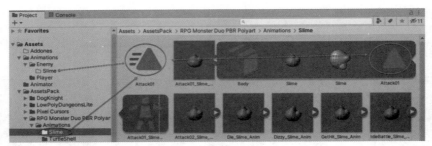

图 13-4

准备好的动作和玩家动作一致，如图 13-5 所示。

图 13-5

3. 设置动画控制器

右击 Animator 目录，选择 Create→Animator Override Controller 添加一个动画覆盖控制器，并将

其命名为 Slime，如图 13-6 所示。这种动画控制器逻辑参数和原有的一样，只是具体动作不同。

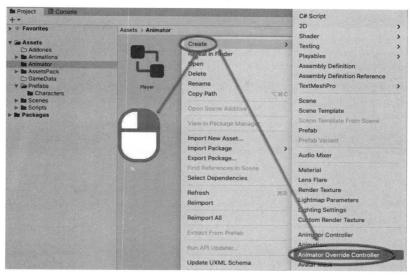

图 13-6

选中 Slime 动画控制器，将 Player 动画控制器拖到 Controller 属性中为其赋值，如图 13-7 所示。将史莱姆的动作依次拖入对应的动作中，覆盖的动作控制器即可完成，如图 13-8 所示。

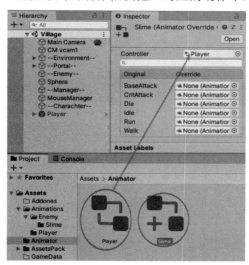

图 13-7

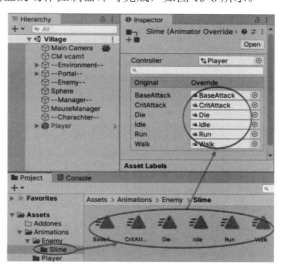

图 13-8

13.2 敌人预制件制作

1. 添加模型

将 AssetsPack→RPG Monster Duo PBR Polyart→Prefabs 目录下的 Slime 模型拖到场景中，并设

置其位置和角度，如图 13-9 所示。

2. 修改动作控制器

选中 Slime 游戏对象，将 Animator 目录下的 Slime 动画控制器拖到 Controller 属性中为其赋值，如图 13-10 所示。

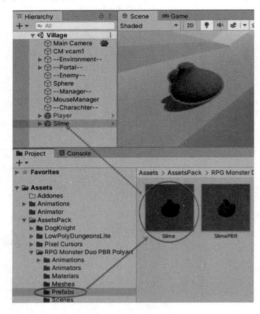

图 13-9

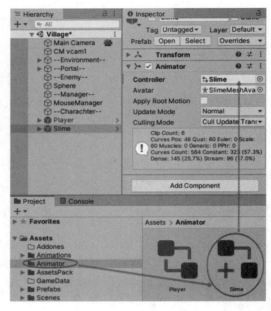

图 13-10

3. 添加设置碰撞器

单击 Add Component 为模型添加一个碰撞器，可以是方盒、圆柱或球体。添加完以后，设置碰撞器大小基本和史莱姆一致即可，如图 13-11 所示。

图 13-11

4. 添加设置导航代理

单击 Add Component 按钮，添加 Nav Mesh Agent，设置对应的速度等参数，确保史莱姆跑得比玩家慢，否则玩家无法逃脱，再设置高度和半径基本和史莱姆大小一致即可，如图 13-12 所示。

这里没有对不同的角色导航情况进行细分，如果需要细分，推荐使用 Unity 官方提供的 NavMeshComponet 插件。

5. 添加脚本

在 Scripts→Controller 目录下新建脚本，命名为 EnemyController，并将其拖到 Slime 游戏对象上成为其组件，如图 13-13 所示。

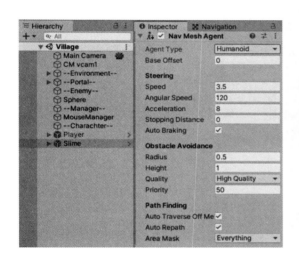

图 13-12

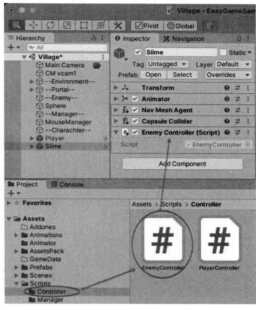

图 13-13

6. 修改标签

修改游戏对象的 Tag 为 Enemy，用于识别敌人，如图 13-14 所示。

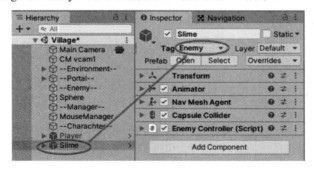

图 13-14

7. 生成预制件

将 Slime 游戏对象拖到 Prefabs→Characters 目录下生成预制件，有提示的时候选择生成原生的预制件，如图 13-15 所示。

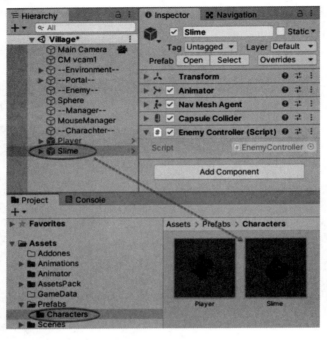

图 13-15

13.3　EnemyController 脚本编辑

13.3.1　基本的有限状态机

　　敌人控制脚本的主要功能是实现一个简单的有限状态机。默认可以是巡逻或者固定站桩状态，当玩家靠近到一定范围的时候，进入追击玩家的状态。如果自己血量为空，则进入死亡状态；其实还有一个状态是玩家死亡时候的状态，不过玩家死亡以后，游戏就切换到了另外的场景，所以可以没有这个状态。状态机的逻辑如图 13-16 所示。

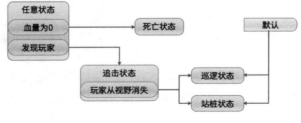

图 13-16

　　简单状态机的实现在前面的章节已经叙述过了。这里玩家是通过 Physics.OverlapSphere 方法找出对应范围内的所有碰撞器，然后遍历找到的碰撞器，对比标签来判断是否有玩家，具体代码如下：

```
using UnityEngine;
using UnityEngine.AI;
namespace Ayaka
{
    public enum EnemyStates
    {
        GUARD,
        PATROL,
        CHASE,
        DEAD
    }

    public class EnemyController : MonoBehaviour
    {
        NavMeshAgent agent;
        Animator anim;
        Collider coll;
        EnemyStates enemyStates;
        public float sightRadius;
        GameObject attackTarget;
        public bool isGuard;
        bool isDead;

        void Awake()
        {
            agent = GetComponent<NavMeshAgent>();
            anim = GetComponent<Animator>();
            coll = GetComponent<Collider>();
        }
        void Start()
        {
            if (isGuard)
            {
                enemyStates = EnemyStates.GUARD;
            }
            else
            {
                enemyStates = EnemyStates.PATROL;
            }
        }
        void Update()
        {
            SwitchStates();
            SwitchAnimation();
            lastAttackTime -= Time.deltaTime;
        }
        void SwitchAnimation()
        {
            anim.SetFloat("Speed", agent.velocity.sqrMagnitude);
            anim.SetBool("Death", isDead);
        }
        void SwitchStates()
        {
            if (isDead)
            {
                enemyStates = EnemyStates.DEAD;
            }
            else if (FoundPlayer())
            {
                enemyStates = EnemyStates.CHASE;
```

```
            }
        switch (enemyStates)
        {
            case EnemyStates.GUARD:
                StateGuard();
                break;
            case EnemyStates.PATROL:
                StatePatrol();
                break;
            case EnemyStates.CHASE:
                StateChase();
                break;
            case EnemyStates.DEAD:
                StateDead();
                break;
        }
    }
    void StateGuard()
    {
    }
    void StatePatrol()
    {
    }
    void StateChase()
    {
    }
    void StateDead()
    {
    }
    bool FoundPlayer()
    {
        //获取范围内的碰撞器
        var colliders = Physics.OverlapSphere(transform.position,
sightRadius);
        //遍历
        foreach (var target in colliders)
        {
            if (target.CompareTag("Player"))
            {
                attackTarget = target.gameObject;
                return true;
            }
        }
        attackTarget = null;
        return false;
    }
    }
}
```

13.3.2 死亡和站桩状态

敌人的死亡状态很简单，禁用导航代理和碰撞器，这样就不会移动和被玩家识别继续攻击了，然后等死亡动画播放结束以后删除即可。

站桩状态是判断当前位置是否在预定站桩的位置，因为可能被玩家吸引离开了原有位置。如果没在预定位置，则要返回预定位置，到达预定位置再转向原有方向即可。为此还需要两个变量记录预定位置和方向。具体代码如下：

```
public class EnemyController : MonoBehaviour
{
    …
    private Vector3 guardPos;
    Quaternion guardRotation;
    bool isDead;

    void Awake()
    {
        …
        guardPos = transform.position;
        guardRotation = transform.rotation;
    }
    void Start()
    {
        if (isGuard)
        {
            enemyStates = EnemyStates.GUARD;
        }
        else
        {
            enemyStates = EnemyStates.PATROL;
            //启动时需要给一个巡逻点，避免跑到坐标原点
            GetNewWayPoint();
        }
    }
    …
    void StateGuard()
    {
        if (transform.position != guardPos)
        {
            agent.isStopped = false;
            agent.destination = guardPos;

            if (Vector3.SqrMagnitude(guardPos - transform.position)
<= agent.stoppingDistance)
            {
                //缓慢转向
                transform.rotation =
Quaternion.Lerp(transform.rotation, guardRotation, 0.01f);
            }
        }
    }
    void StateDead()
    {
        coll.enabled = false;
        agent.enabled = false;
        Destroy(gameObject, 2f);
    }
}
```

13.3.3　巡逻状态

巡逻状态比站桩稍微复杂，判断是否到达巡逻点，如果没有到达就移动到巡逻点。到达了以后，会有一个停留时间，然后往下一个巡逻点，如图 13-17 所示。

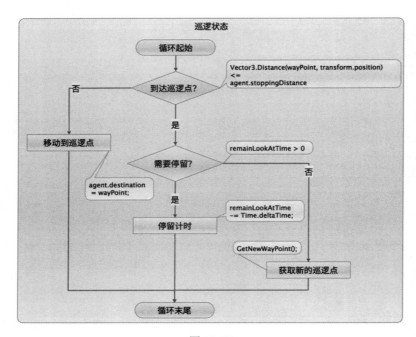

图 13-17

巡逻状态代码需要注意的地方：

（1）随机点的获取，这里用的方法是分别对 X、Z 轴进行随机，获取到的是一个正方形区域。也可以用 Random.insideUnitCircle 的方法获取圆形区域的点。

（2）随机点获取以后，需要用 NavMesh.SamplePosition 方法判断随机点是否可以到达，避免随机点是无法导航到达的点，例如特别陡的坡上。

（3）随机点的中心是敌人生成时候的位置，高度是生成时候的高度。为了避免随机点生成在地图的下方，敌人生成的位置需要在巡逻范围内最高的点，即如果巡逻范围有山坡，最好在坡顶。

（4）启动以后，需要先生成一个巡逻点，避免启动后跑回坐标原点。

（5）Gizmos 方法可以在选中敌人的时候，在编辑器显示对应的内容。这里显示了敌人的攻击范围，也可以显示敌人的巡逻范围。这个不影响程序的运行，只是提供设置时候的参考。

具体代码如下：

```
public class EnemyController : MonoBehaviour
{
    …
    public float lookAtTime;
    float remainLookAtTime;
    Quaternion guardRotation;
    public float patrolRange;

    void Awake()
    {
        …
        remainLookAtTime = lookAtTime;
    }
    void Start()
    {
```

```
        if (isGuard)
        {
            enemyStates = EnemyStates.GUARD;
        }
        else
        {
            enemyStates = EnemyStates.PATROL;
            //启动时需要给一个巡逻点，避免跑到坐标原点
            GetNewWayPoint();
        }
    }
    …
    void StatePatrol()
    {
        //判断是否到了随机巡逻点
        if (Vector3.Distance(wayPoint, transform.position) <=
agent.stoppingDistance)
        {
            //如果到达了巡逻点
            //是否需要等待
            if (remainLookAtTime > 0)
            {
                agent.destination = transform.position;
                remainLookAtTime -= Time.deltaTime;
            }
            else
            {
                GetNewWayPoint();
            }
        }
        else
        {
            agent.destination = wayPoint;
        }
    }
    void GetNewWayPoint()
    {
        //重置停下等待时间
        remainLookAtTime = lookAtTime;
        //获取新的随机点
        float randomX = Random.Range(-patrolRange, patrolRange);
        float randomZ = Random.Range(-patrolRange, patrolRange);
        Vector3 randomPoint = new Vector3(guardPos.x + randomX, guardPos.y,
guardPos.z + randomZ);
        //判断随机点是否可以移动到
        NavMeshHit hit;
        wayPoint = NavMesh.SamplePosition(randomPoint, out hit, patrolRange, 1) ?
hit.position : transform.position;
    }
    private void OnDrawGizmosSelected()
    {
        Gizmos.color = Color.blue;
        Gizmos.DrawWireSphere(transform.position, sightRadius);
    }
}
```

13.3.4　追击状态

追击状态分为两部分。第一部分是当发现玩家的时候，向玩家移动。如果没有发现玩家则停留，

然后进入范围巡逻或者站桩状态。第二部分是当玩家在攻击范围内时，对玩家进行攻击。这部分的逻辑和玩家攻击敌人类似，如图 13-18 所示。

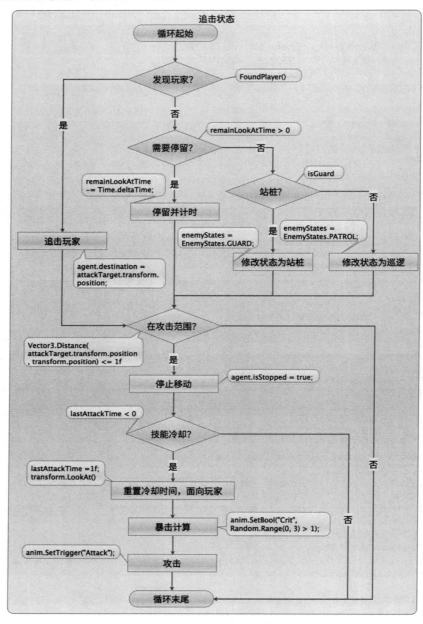

图 13-18

具体代码如下：

```
public class EnemyController : MonoBehaviour
{
    …
    float lastAttackTime;
```

```
    void Update()
    {
        SwitchStates();
        SwitchAnimation();
        lastAttackTime -= Time.deltaTime;
    }
    …
    void StateChase()
    {
        if (!FoundPlayer())
        {
            if (remainLookAtTime > 0)
            {
                agent.destination = transform.position;
                remainLookAtTime -= Time.deltaTime;
            }
            else if (isGuard)
            {
                enemyStates = EnemyStates.GUARD;
            }
            else
            {
                enemyStates = EnemyStates.PATROL;
            }
        }
        else
        {
            agent.isStopped = false;
            agent.destination = attackTarget.transform.position;
        }
        if (attackTarget != null)
        {
            if (Vector3.Distance(attackTarget.transform.position,
transform.position) <= 1f)
            {
                agent.isStopped = true;
                if (lastAttackTime < 0)
                {
                    lastAttackTime = 1f;
                    transform.LookAt(attackTarget.transform);
                    anim.SetBool("Crit", Random.Range(0, 3) > 1);
                    anim.SetTrigger("Attack");
                }
            }
        }
    }
```

第14章

角色状态和伤害计算

14.1　角色状态

角色状态的设置方法是通过 ScriptableObject 脚本生成数据资源来设置角色的各种状态，这样方便查看和修改。

再通过一个普通的 Unity 脚本获取生成的数据资源，将其中的属性转换为脚本自身的属性，如图 14-1 所示。其他脚本要获取角色属性不直接获取 ScriptableObject 脚本生成数据，而是获取转换的属性。这样做的好处是当基础数据存储发生改变的时候，例如角色属性改为保存在数据库的时候，其他脚本的内容不需要修改。

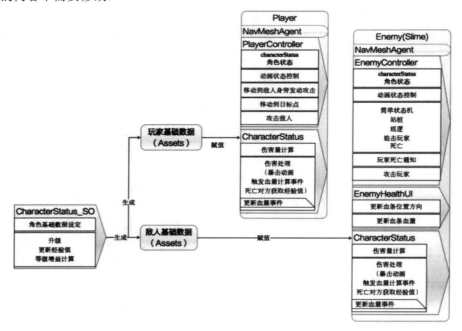

图 14-1

这种方法不仅可以用于角色属性，还可以用于道具、物品栏的设置。这里只有一个属性脚本。如果不同物品由不同的属性加成的时候，可以拆分属性脚本，即角色属性一个脚本，攻击属性一个脚本，以实现角色持有不同物品，攻击力、攻击范围不同。

1. 添加脚本

在 Scripts 目录下新建目录 CharacterStates 用于放置角色属性的脚本。在 CharacterStates 目录下新建目录 ScriptableObject，用于放置对应的 ScriptableObject 脚本。在 ScriptableObject 目录下新建脚本并命名为 CharacterData_SO。_SO 用于区分脚本，如图 14-2 所示。

在 CharacterStates 目录下新建目录 MonoBehaviour，用于放置对应的普通的 Unity 脚本。在 MonoBehaviour 目录下新建脚本并命名为 CharacterStates，如图 14-3 所示。

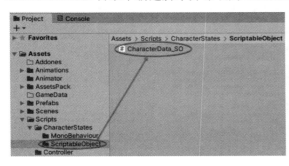

图 14-2

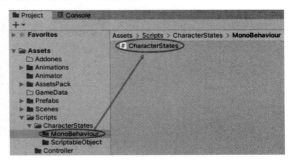

图 14-3

2. 编写 ScriptableObject 脚本

ScriptableObject 脚本需要继承自 ScriptableObject 类，通过 CreateAssetMenu 注解设置编辑器菜单，可以通过 Header 注解让脚本在编辑器中看起来更清晰。

```
using System;
using UnityEngine;
namespace Ayaka
{
    [CreateAssetMenu(fileName = "New Data", menuName = "Character Stats/Data")]
    [Serializable]
    public class CharacterData_SO : ScriptableObject
    {
        [Header("States Info")]
        public int maxHealth;
        public int currentHealth;
        public int baseDefence;
        public int currentDefence;
        [Header("Attack Info")]
        public float attackRange;
        public float coolDown;
        public int minDamage;
        public int maxDamage;
        public float critMultiplier;
        public float critChance;
    }
}
```

3. 添加角色属性资源

新建目录 GameData，选中目录后，在 Project 窗口中右击，会多出一个选项，选择 Character Stats →Data 添加属性资源，如图 14-4 所示。

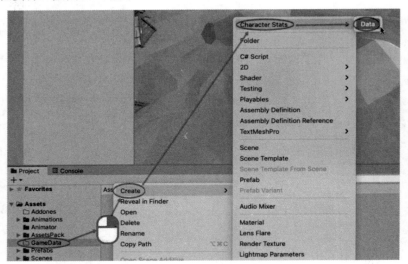

图 14-4

4. 设置属性资源

将玩家的属性资源命名为 PlayerData 并进行设置，如图 14-5 所示。

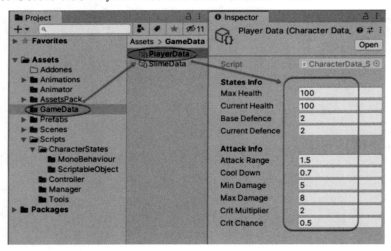

图 14-5

将史莱姆的属性资源命名为 SlimeData 并进行设置，如图 14-6 所示。

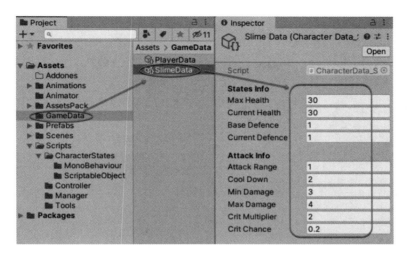

图 14-6

5. 编写 CharacterStates 脚本

添加两个 CharacterData_SO 变量,一个是模板,另一个是实际使用的。在启动的时候,通过模板生成实际使用的数据。这样,多个敌人之间就不会共享相同的血量。但是,现阶段为了能看到血量变化,先把生成实际使用数据的内容注释掉。

对照 CharacterData_SO 脚本的变量添加需要被其他脚本引用的属性,当然也可以全部添加或者用到一个添加一个。在游戏过程中不变化的属性不需要添加 set。具体代码如下:

```
using UnityEngine;
namespace Ayaka
{
    public class CharacterStates : MonoBehaviour
    {
        public CharacterData_SO templateData;
        public CharacterData_SO characterData;

        void Awake()
        {
            if (templateData != null)
            {
                //characterData = Instantiate(templateData);
            }
        }

        #region 读取数据
        public int MaxHealth
        {
            get { if (characterData != null) { return characterData.maxHealth; }
else { return 0; } }
        }
        public int CurrentHealth
        {
            get { if (characterData != null) { return characterData.currentHealth; }
else { return 0; } }
            set { characterData.currentHealth = value; }
```

```
            }
            public int BaseDefence
            {
                get { if (characterData != null) { return characterData.baseDefence; }
else { return 0; } }
            }
            public int CurrentDefence
            {
                get { if (characterData != null) { return
characterData.currentDefence; } else { return 0; } }
            }

            public float AttackRange
            {
                get { if (characterData != null) { return characterData.attackRange; }
else { return 0; } }
            }
            public float CoolDown
            {
                get { if (characterData != null) { return characterData.coolDown; }
else { return 5; } }
            }
            public int MinDamage
            {
                get { if (characterData != null) { return characterData.minDamage; }
else { return 0; } }
            }
            public int MaxDamage
            {
                get { if (characterData != null) { return characterData.maxDamage; }
else { return 0; } }
            }
            public float CritMultiplier
            {
                get { if (characterData != null) { return
characterData.critMultiplier; } else { return 1; } }
            }
            public float CritChance
            {
                get { if (characterData != null) { return characterData.critChance; }
else { return 0; } }
            }
            public bool IsCrit { get; set; }
            #endregion
        }
    }
```

6. 设置脚本

选中 Player 游戏对象，将 GameData 目录下的 PlayerData 拖到脚本上为两个属性赋值，如图 14-7 所示。

选中 Slime 游戏对象，将 GameData 目录下的 SlimeData 拖到脚本上为两个属性赋值，如图 14-8 所示。

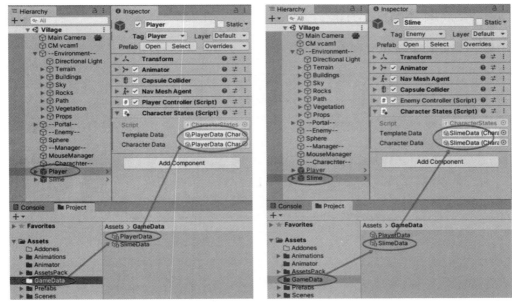

图 14-7　　　　　　　　　　　　　　　　　　图 14-8

14.2　伤害计算

　　伤害计算是当距离合适的时候，玩家单击鼠标或者敌人自动发动攻击，开始播放攻击动画。当攻击动画播放到某个时间点的时候触发事件。这个时候就认为攻击生效，如图 14-9 所示。在这个示例里面，只要攻击发动就一定会生效，类似于没有打断的魔兽世界，不像格斗游戏，生效前还要用物理碰撞判断是否击中。

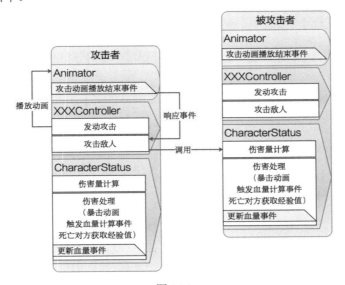

图 14-9

14.2.1 修改脚本添加伤害计算

1. 修改 CharacterStates 脚本

添加暴击计算、伤害计算以及血量扣除，代码如下：

```
public class CharacterStates : MonoBehaviour
{
    …
    #region 角色攻击
    public void Crit()
    {
        if (characterData != null)
        {
            IsCrit = Random.value < CritChance;
        }
        else
        {
            IsCrit = false;
        }
    }
    public void TakeDamage(CharacterStates attacker, CharacterStates defener)
    {
        int damage = Mathf.Max(attacker.CurrentDamage() - defener.CurrentDefence, 0);
        CurrentHealth = Mathf.Max(CurrentHealth - damage, 0);
        if (CurrentHealth <= 0)
        {

        }
    }
    int CurrentDamage()
    {
        float coreDamage = UnityEngine.Random.Range(characterData.minDamage, characterData.maxDamage);
        if (IsCrit)
        {
            coreDamage *= characterData.critMultiplier;
        }
        return (int)coreDamage;
    }
    #endregion
}
```

2. 修改 PlayerController 脚本

添加角色状态，替换原来的距离，进行暴击判断等。在攻击前进行暴击计算。添加 Hit 方法，用于响应并进行伤害计算。

```
public class PlayerController : MonoBehaviour
{
    …
    CharacterStates characterStates;
    void Awake()
    {
```

```
        …
        characterStates = GetComponent<CharacterStates>();
    }
    void Update()
    {
        isDead = characterStates.CurrentHealth == 0;
        SwitchAnimation();
        lastAttackTime -= Time.deltaTime;
    }
    …
    void Hit()
    {
        var targetStates = attackTarget.GetComponent<CharacterStates>();
        targetStates.TakeDamage(characterStates, targetStates);
    }
    IEnumerator MoveToAttackTarget()
    {

        …
        //执行攻击
        if (lastAttackTime < 0)
        {
            characterStates.Crit();
            anim.SetBool("Crit", characterStates.IsCrit);
            anim.SetTrigger("Attack");
            lastAttackTime = characterStates.CoolDown;
        }
    }
}
```

3. 修改 EnemyController 脚本

添加角色状态，替换原来的距离，进行暴击判断等。在攻击前进行暴击计算。添加 Hit 方法，用于响应并进行伤害计算。

```
public class EnemyController : MonoBehaviour
{
    …
    CharacterStates characterStates;
    void Awake()
    {
        …
        characterStates = GetComponent<CharacterStates>();
    }
    void Update()
    {
        isDead = characterStates.CurrentHealth == 0;
        …
    }
    …

    void StateChase()
    {
        …
        //如果在攻击范围
        if (attackTarget != null)
```

```
                    {
                        if (Vector3.Distance(attackTarget.transform.position,
transform.position) <= characterStates.AttackRange)
                        {
                            agent.isStopped = true;
                            if (lastAttackTime < 0)
                            {
                                lastAttackTime = characterStates.CoolDown;
                                transform.LookAt(attackTarget.transform);
                                //暴击判断
                                characterStates.Crit();
                                anim.SetBool("Crit", characterStates.IsCrit);
                                anim.SetTrigger("Attack");
                            }
                        }
                    }
                }
            void Hit(){
                if(attackTarget!=null){
                    var targetStates = attackTarget.GetComponent<CharacterStates>();
                    targetStates.TakeDamage(characterStates,targetStates);
                }
            }
        }
```

14.2.2　添加动作事件

在场景中选中 Slime 游戏对象，单击菜单 Window→Animation→Animation 打开 Animation 窗口。在 Animation 窗口中，选择动画 BaseAttack 基础攻击。用鼠标左键拖曳白线到适合的位置，这个时候可以看到 Scene 窗口中的史莱姆动作会跟着白线联动。当到了合适的位置时，在时间线下右击，选择 Add Animation Event 添加事件，如图 14-10 所示。

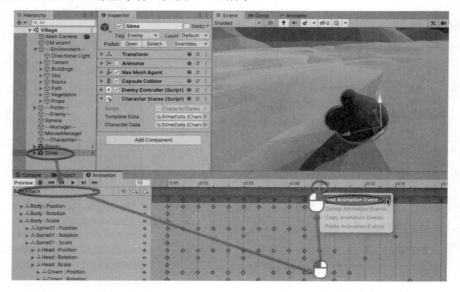

图 14-10

选中添加的事件，选中后会变成蓝色。在 Inspector 窗口中，在 Function 下拉菜单中选中 Hit()
方法用于响应事件，如图 14-11 所示。这里要注意，能选择的方法必须是 Slime 游戏对象上的脚本
的公开方法，即必须先在游戏对象上有 CharacterStates 脚本才会有 Hit 方法。

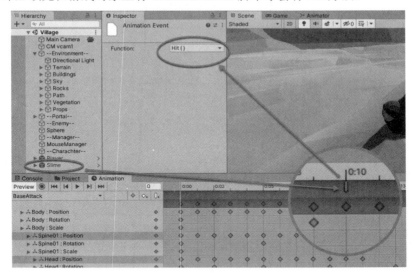

图 14-11

用同样的方法设置史莱姆的暴击攻击事件以及玩家的普通攻击和暴击攻击事件。

14.2.3　运行测试

单击"播放"按钮进行测试，运行的时候选中 SlimeData 资源可以看到实时的血量变化，如
图 14-12 所示。

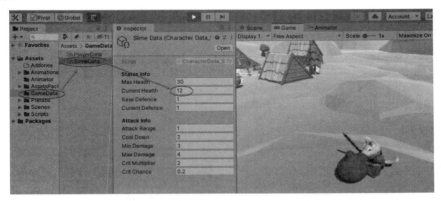

图 14-12

要注意的是，在 Unity 编辑器状态下，停止运行以后，血量不会自动恢复，如图 14-13 所示，
即测试运行的数据会保留。记得每次测试前修改血量，避免一开始怪物或者玩家就死亡。

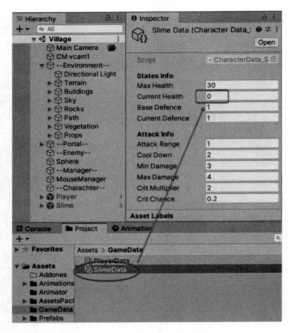

图 14-13

14.3　等级升级

等级升级的计算方法放在了 ScriptableObject 脚本中，其实放在 MonoBehavior 脚本中也可以。升级的逻辑如图 14-14 所示。

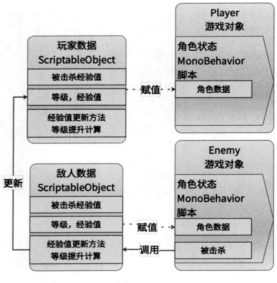

图 14-14

1. 修改 CharacterData_SO 脚本

添加经验值相关属性和升级计算方法。这里升级只提高了血量。等级升级的计算也可以放在 CharacterStates 脚本中。如果算法一致，放在 CharacterStates 中也可以。如果算法不同，那么可以通过继承的方法使用不同的 CharacterData_SO 脚本生成不同的资源。

```
public class CharacterData_SO : ScriptableObject
{
    …
    [Header("Exp")]
    public int expPoint;
    [Header("Level")]
    public int currentLevel;
    public int maxLevel;
    public int baseExp;
    public int currentExp;
    public float levelBuff;
    public float LevelMultiplier
    {
        get { return 1 + (currentLevel - 1) * levelBuff; }
    }
    public void UpdateExp(int point)
    {
        currentExp += point;
        if (currentExp >= baseExp)
        {
            LeveUp();
        }
    }
    void LeveUp()
    {
        //当前等级计算
        currentLevel = Mathf.Clamp(currentLevel + 1, 0, 10);
        //升级需要经验值计算
        baseExp += (int)(baseExp * LevelMultiplier);
        //最大血量计算
        maxHealth = (int)(maxHealth * LevelMultiplier);
        //回血
        currentHealth = maxHealth;
    }
}
```

2. 修改 CharacterStates 脚本

添加对应的属性。添加经验升级的方法，并且在血量为 0 的时候调用。

```
public class CharacterStates : MonoBehaviour
{
    …
    public int CurrentLevel
    {
        get { if (characterData != null) { return characterData.currentLevel; } else { return 1; } }
    }
    public int BaseExp
    {
        get { if (characterData != null) { return characterData.baseExp; } else { return 0; } }
    }
```

```
        public int CurrentExp
        {
            get { if (characterData != null) { return characterData.currentExp; }
else { return 0; } }
        }
        #region 角色攻击
        …
        public void TakeDamage(CharacterStates attacker, CharacterStates
defener)
        {
            …
            //如果死亡，为攻击方添加经验值
            if (CurrentHealth <= 0)
            {
                attacker.UpdateExp(characterData.expPoint);
            }
        }
        void UpdateExp(int point){
            characterData.UpdateExp(point);
        }
        #endregion
    }
```

3. 设置属性资源

设置玩家升级需要的基础经验值、等级信息，如图 14-15 所示。设置史莱姆死亡提供的经验值 Exp Point，这里要低于玩家的 Base Exp，保证杀死一个敌人就能升级，如图 14-16 所示。因为现在敌人的血量还在共享。

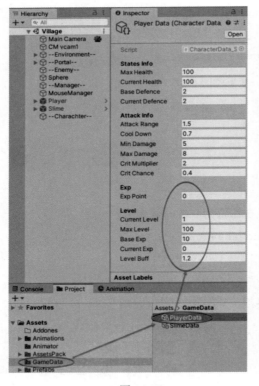

图 14-15

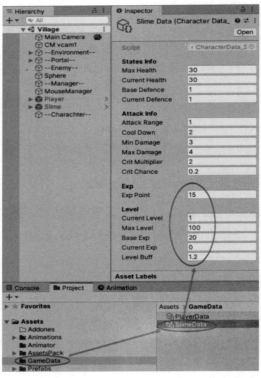

图 14-16

4. 运行测试

当杀死敌人以后，能看到血量、等级和经验值等数值的增长，如图 14-17 所示。

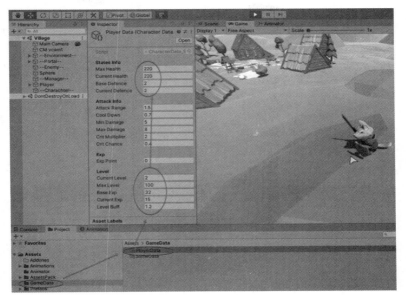

图 14-17

5. 再次修改 CharacterStates 脚本

确认程序正确，将 characterData 属性改为私有，去掉属性模板复制的注释。这样敌人的血量就不会共享了。

```
public class CharacterStates : MonoBehaviour
{
    public CharacterData_SO templateData;
    CharacterData_SO characterData;

    void Awake()
    {
        //生成数据副本让多个角色使用。
        if (templateData != null)
        {
            characterData = Instantiate(templateData);
        }
    }
    …
}
```

6. 更新预制件

选中 Player 游戏对象，单击 Inspector 窗口中的 Overrides 下的 Apply All 按钮，这样就能更新玩家预制件，如图 14-18 所示。然后用同样的方式更新史莱姆的预制件。

7. 更新角色状态资源

重新设置角色状态资源，之后不用再次设置，如图 14-19 所示。

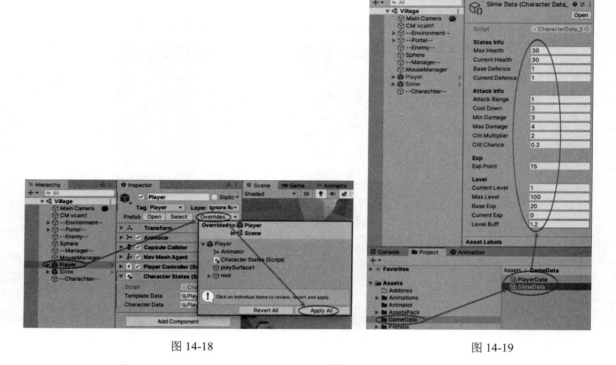

图 14-18   图 14-19

14.4　敌人血量显示

　　敌人血条是 UI，因为要显示在敌人的头顶上，所以血条 UI 的画布使用世界模式的渲染，通过预制件生成血条。在计算完血量的时候统一触发事件，这样玩家的血条也可以用该事件更新。在其他的脚本中响应事件并更新血量，同时更新血条的位置和方向，如图 14-20 所示。

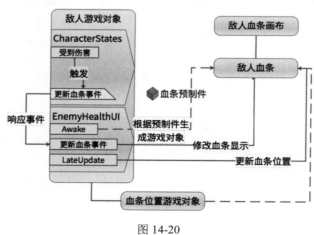

图 14-20

14.4.1　添加血条预制件

1. 添加并设置画布

在场景中新建空的游戏对象并命名为"--UI--"用于分割显示，单击 Unity 菜单 GameObject→UI→Canvas 新建画布并命名为 EnemyCanvas，设置画布的 Rect Transform 为默认值，设置画布的 Render Mode 为 World Space，并把 Main Camera 拖到 Event Camera 中为其赋值，如图 14-21 所示。

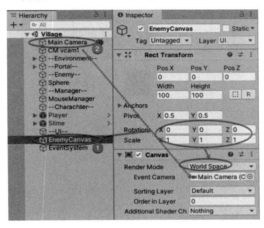

图 14-21

2. 添加并设置血条背景

选中画布，单击菜单 GameObject→UI→Image 添加一个图片作为血条背景，设置名称为 EnemyHealthBg，然后设置宽度和高度（这里设置为 2×0.2），并设置血条背景颜色（这里设置为红色），如图 14-22 所示。

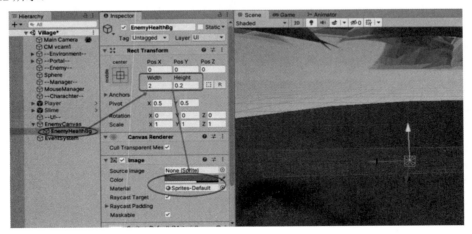

图 14-22

3. 添加并设置血条

选中血条背景并右击，在弹出的菜单中选择 UI→Image，在血条背景下添加一个图片作为血条，并命名为 CurrentHealth。血条游戏对象是血条背景游戏对象的子游戏对象。

设置血条的宽度、高度、位置与血条背景一致，将之前导入的白色图片拖到 Source Image 中为其赋值，然后设置血条颜色，并设置血条图片的 Image Type 为 Filled，Fill Method 为 Horizontal，即水平填充，方向可以通过 Fill Origin 属性设置，如图 14-23 所示。

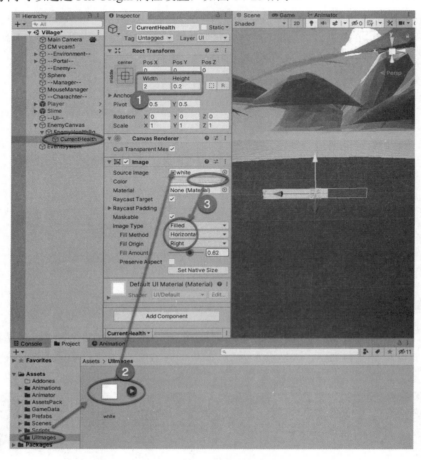

图 14-23

4. 生成预制件

在 Prefabs 目录下新建目录 UI，将 EnemyHealthBg 游戏对象拖到目录下生成预制件，如图 14-24 所示。

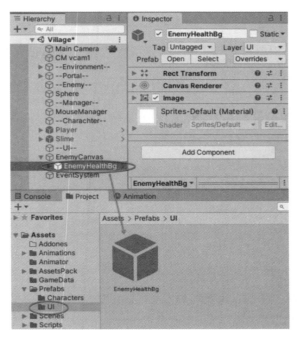

图 14-24

14.4.2 脚本修改

1. 修改 CharacterStates 脚本

添加事件 UpdateHealthUIOnAttack，因为用的是 C#事件，所以需要添加 System 的引用。在计算完血量以后触发事件。另外，在 System 和 UnityEngine 命名空间下都有一个叫 Random 的对象，需要指定是哪个命名空间下的对象。

```
using UnityEngine;
using System;
namespace Ayaka
{
    public class CharacterStates : MonoBehaviour
    {
        …
        public event Action<int,int> UpdateHealthUIOnAttack;

        …
        #region 角色攻击
        public void Crit()
        {
            if (characterData != null)
            {
                IsCrit = UnityEngine.Random.value < CritChance;
            }
            else
            {
                IsCrit = false;
```

```
                }
            }
        public void TakeDamage(CharacterStates attacker, CharacterStates
defener)
            {
                int damage = Mathf.Max(attacker.CurrentDamage() -
defener.CurrentDefence, 0);
                CurrentHealth = Mathf.Max(CurrentHealth - damage, 0);
                //更新血量
                UpdateHealthUIOnAttack?.Invoke(CurrentHealth, MaxHealth);
                if (CurrentHealth <= 0)
                {
                    attacker.UpdateExp(characterData.expPoint);
                }
            }
        }
    }
```

2. 添加编辑 EnemyHealthUI 脚本

在 Scripts 目录下新建目录 UI，并添加脚本 EnemyHealthUI。

启动的时候，获取所有的画布，通过画布的 RendererMode 来确定血条的画布。如果场景中有多个世界渲染的画布，则不能用这种方法。

LateUpdate 事件发生在逻辑判断之后，即敌人移动之后。更推荐在这里更新血条的位置和方向，避免一些闪烁的 bug 出现。

在响应事件的方法中计算血量百分比来更新血条长度，代码如下：

```
using UnityEngine;
using UnityEngine.UI;
namespace Ayaka
{
    public class EnemyHealthUI : MonoBehaviour
    {
        public GameObject healthUIPrefab;
        public Transform uiPoint;
        public bool alwaysVisible;
        public float visibleTime;
        float timeLeft;
        Image healthSlider;
        Transform UIBar;
        Transform cam;
        CharacterStates currentStates;
        void Awake()
        {
            currentStates = GetComponent<CharacterStates>();
            //订阅被攻击事件
            currentStates.UpdateHealthUIOnAttack += UpdataHealthUI;
        }
        void OnEnable()
        {
            cam = Camera.main.transform;
            //获取画布，生成血条
            foreach (Canvas canvas in FindObjectsOfType<Canvas>())
            {
                if (canvas.renderMode == RenderMode.WorldSpace)
                {
```

```
                    UIBar = Instantiate(healthUIPrefab,
canvas.transform).transform;
                    healthSlider = UIBar.GetChild(0).GetComponent<Image>();
                    UIBar.gameObject.SetActive(alwaysVisible);
                }
            }
        }
        void LateUpdate()
        {
            if (UIBar)
            {
                //定位血条位置
                UIBar.position = uiPoint.position;
                //设置血条方向
                UIBar.forward = -cam.forward;
                //设置显示和计时
                if (timeLeft <= 0 && !alwaysVisible)
                {
                    UIBar.gameObject.SetActive(false);
                }
                else
                {
                    timeLeft -= Time.deltaTime;
                }
            }
        }
        void UpdataHealthUI(int currentHealth, int maxHealth)
        {
            if (currentHealth <= 0)
            {
                Destroy(UIBar.gameObject);
            }
            //显示血条
            UIBar.gameObject.SetActive(true);
            //计时
            timeLeft = visibleTime;
            //计算并设置图片
            float sliderPercent = (float)currentHealth / maxHealth;
            healthSlider.fillAmount = sliderPercent;
        }
    }
}
```

14.4.3　设置敌人

1. 添加血条位置

在 Slime 游戏对象下添加空的子游戏对象并命名为 UIPoint，设置其坐标在 Slime 游戏对象的上方，如图 14-25 所示。

2. 添加脚本

将脚本 EnemyHealthUI 拖到 Slime 游戏对象成为其组件，如图 14-26 所示。

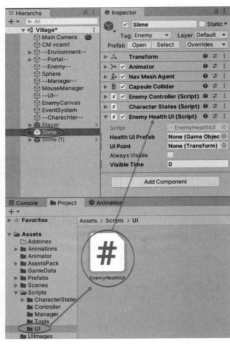

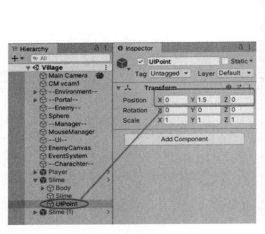

图 14-25   图 14-26

3. 设置脚本

选中 Slime 游戏对象，将前面做的血条预制件拖到 Health UI Prefab 属性中为其赋值，将 UIPoint 血条位置的游戏对象拖到 Ui Point 属性中为其赋值，然后设置是否一直可见，或者显示时长，如图 14-27 所示。

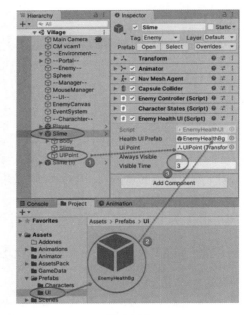

图 14-27

4. 保存到预制件

选中 Slime 游戏对象，单击 Inspector 窗口的 Overrides 标签下的 Apply All 按钮，将对 Slime 游戏对象的修改保存成对史莱姆预制件的修改，如图 14-28 所示。

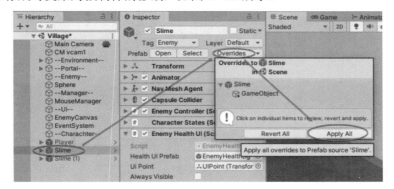

图 14-28

运行场景，当玩家攻击史莱姆的时候会显示其血量，如图 14-29 所示。

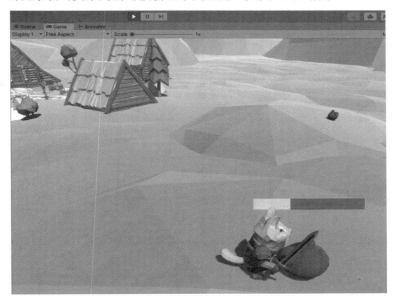

图 14-29

14.5　玩家血量经验值显示

这里通过 GameManager 脚本来传递一些信息。把玩家状态注册到 GameManager 脚本的属性中，其他地方需要使用的时候可以直接取用，既方便又能使逻辑更清晰，如图 14-30 所示。

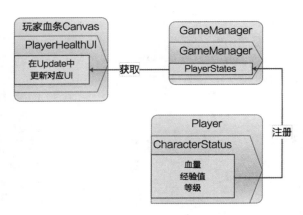

图 14-30

14.5.1 设置玩家血量界面

1. 设置目标分辨率并添加画布

设置游戏的目标分辨率,这里设置为全高清大小。单击 Game 窗口的下拉菜单选中 Full HD(1920×1080)即可,如图 14-31 所示。

单击菜单 GameObject→UI→Canvas 在场景中添加一个画布,并命名为 PlayerCanvas,如图 14-32 所示。

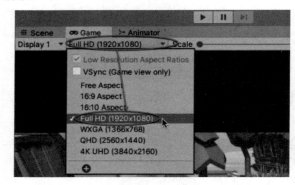

图 14-31

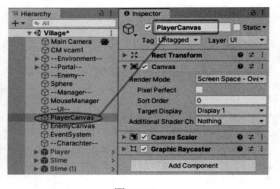

图 14-32

2. 添加血量显示

添加血量显示原理和敌人血量显示一样,通过两个 Image 图片实现。

选中 PlayerCanvas 游戏对象,右击,在弹出的菜单中选择 UI→Image,为 PlayerCanvas 游戏对象添加一个子游戏对象。设置图片名称为 PlayerHealthBg,然后设置图片位置和大小,这里设置在屏幕左上角,再设置图片颜色,如图 14-33 所示。

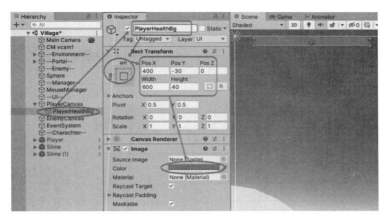

图 14-33

选中 PlayerHealthBg 游戏对象，右击，在弹出的菜单中选择 UI→Image，为 PlayerHealthBg 游戏对象添加一个子游戏对象。设置图片名称为 CurrentHealth，设置图片位置和大小与背景图片一致，将 UIImages 目录下的 white 图片拖到 Source Image 中为其赋值，设置图片颜色，并设置血条图片的 Image Type 为 Filled，Fill Method 为 Horizontal，即水平填充，如图 14-34 所示。

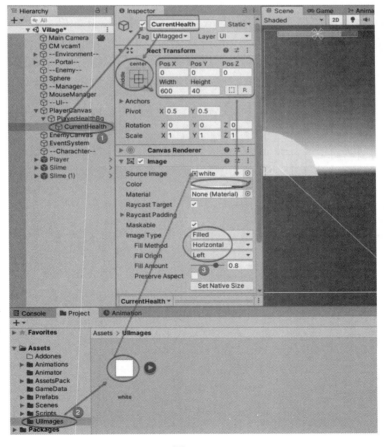

图 14-34

3. 添加经验条显示

选中 PlayerCanvas 游戏对象，右击，在弹出的菜单中选择 UI→Image，为 PlayerCanvas 游戏对象添加一个子游戏对象。设置图片名称为 PlayerExpBg，然后设置图片位置和大小，再设置图片颜色，如图 14-35 所示。

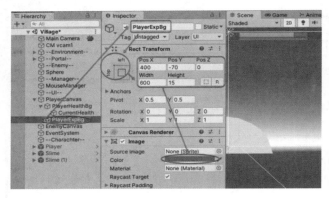

图 14-35

选中 PlayerExpBg 游戏对象，右击，在弹出的菜单中选择 UI→Image，为 PlayerExpBg 游戏对象添加一个子游戏对象。设置图片名称为 CurrentExp，设置图片位置和大小与背景图片一致，将 UIImages 目录下的 white 图片拖到 Source Image 中为其赋值，然后设置图片颜色，并设置血条图片的 Image Type 为 Filled，Fill Method 为 Horizontal，即水平填充，如图 14-36 所示。

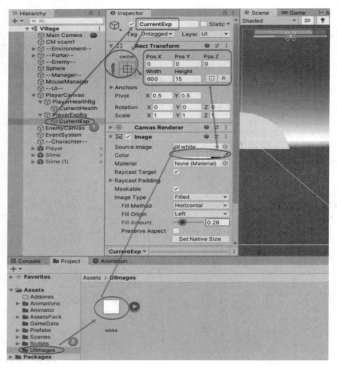

图 14-36

4．添加等级显示文本

选中 PlayerCanvas 游戏对象，右击，在弹出的菜单中选择 UI→Text，为 PlayerCanvas 游戏对象添加一个子游戏对象。设置文本名称为 Level，然后设置位置、字体大小和颜色，如图 14-37 所示。

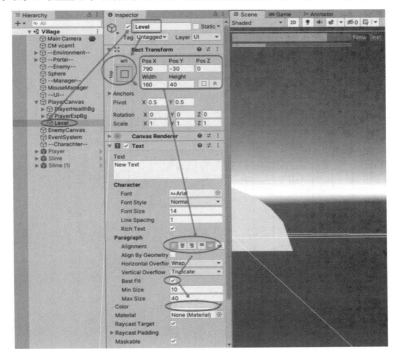

图 14-37

14.5.2　添加、编辑 GameManager 脚本

GameManager 脚本一方面用来控制整个游戏的过程，另一方面作为一个中心，用于转发一些数据。在这里主要是转发玩家的数据。当其他地方需要用到玩家数据的时候可以直接获取。

在场景中新建空的游戏对象，并命名为 GameManager。在 Scripts→Manager 目录下新建脚本并命名为 GameManager，将其拖到 GameManager 游戏对象上成为其组件。GameManager 脚本会自动变成一个特殊的图标，如图 14-38 所示。

GameManger 脚本也是继承单实例。首先添加玩家状态的属性，然后添加注册方法，并在注册的时候将玩家添加到 Cinemachine 摄像机中。

```
using UnityEngine;
using Cinemachine;
namespace Ayaka
{
    public class GameManager : Singleton<GameManager>
    {
        public CharacterStates playerStates;
        CinemachineVirtualCamera cinemachine;
        public void RigisterPlayer(CharacterStates player)
        {
```

```
        playerStates = player;
        cinemachine = FindObjectOfType<CinemachineVirtualCamera>();
        if (cinemachine)
        {
            cinemachine.Follow = player.transform;
            cinemachine.LookAt = player.transform;
        }
    }
}
}
```

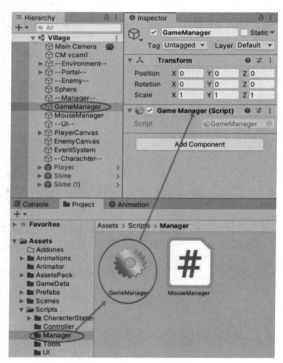

图 14-38

14.5.3　修改 PlayerController 脚本

在玩家脚本激活的时候,将玩家注册到 GameManager 中。

```
public class PlayerController : MonoBehaviour
{
    …
    void OnEnable()
    {
        MouseManager.Instance.OnMouseClicked += MoveToTarget;
        MouseManager.Instance.OnEnemyClicked += EventAttack;
        GameManager.Instance.RigisterPlayer(characterStates);
    }
}
```

14.5.4　添加、编辑 PlayerHealthUI 脚本

1. 添加 PlayerHealthUI 脚本

在 Scripts→UI 目录下新建脚本并命名为 PlayerHealthUI，将其拖到 PlayerCanvas 游戏对象下成为其组件，如图 14-39 所示。

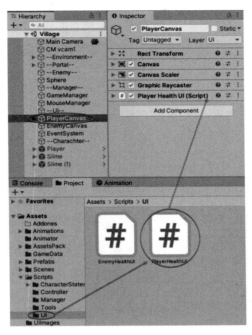

图 14-39

2. 编写脚本

这里比较简单，将在 Update 方法中通过 GameManager 获得玩家信息并显示。

```
using UnityEngine;
using UnityEngine.UI;
namespace Ayaka
{
    public class PlayerHealthUI : MonoBehaviour
    {
        public Image healthSlider;
        public Image expSlider;
        public Text levelText;

        void Update()
        {
            if (GameManager.Instance.playerStates != null)
            {
                levelText.text = "Level  " +
GameManager.Instance.playerStates.CurrentLevel.ToString("00");
                UpdateHealth();
                UpdateExp();
            }
        }
```

```
        void UpdateHealth()
        {
            float sliderPercent =
(float)GameManager.Instance.playerStates.CurrentHealth
    / GameManager.Instance.playerStates.MaxHealth;
            healthSlider.fillAmount = sliderPercent;
        }
        void UpdateExp()
        {
            float sliderPercent =
(float)GameManager.Instance.playerStates.CurrentExp
    / GameManager.Instance.playerStates.BaseExp;
            expSlider.fillAmount = sliderPercent;
        }
    }
}
```

3. 设置脚本

选中 PlayerCanvase 游戏对象，将血量、经验值和等级的游戏对象拖到对应的属性中为其赋值，如图 14-40 所示。

运行游戏，会实时显示玩家的血量、经验值和等级，如图 14-41 所示。

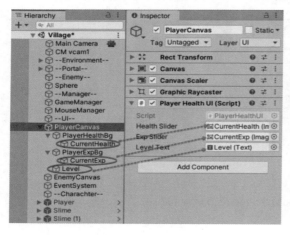

图 14-40   图 14-41

第15章

场景传送和数据存取

本章将通过 TransitionDestination 脚本的属性判断传送目标，并在 TransitionPoint 脚本中设置传送到哪个目标。为了简单，把传送点和目标点放在了同一个游戏对象中。通过 SceneManager 游戏对象来进行传送。传送前保存玩家数据，这样当发生不同场景的传送点时候，将不会丢失数据，可以用 SaveManager 游戏对象保存和读取玩家数据。

15.1 当前场景传送

同场景传送的时候，按下空格键，SceneManager 脚本通过 GameManager 脚本获取玩家数据，然后修改玩家的位置和角度即可，过程如图 15-1 所示。

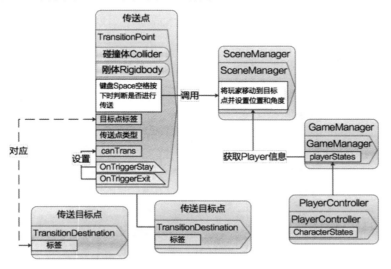

图 15-1

15.1.1 添加传送目标点脚本

在 Scripts 目录下新建目录 Transition，在该目录下新建脚本并命名为 TransitionDestination，如图 15-2 所示。

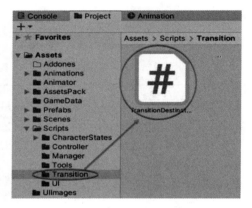

图 15-2

用一个枚举来设定传送目的地。这里设置了 Enter、A、B 三种类型。

```
using UnityEngine;
namespace Ayaka
{
    public enum DestinationTag
    {
        Enter, A, B
    }
    public class TransitionDestination : MonoBehaviour
    {
        public DestinationTag destinationTag;
    }
}
```

15.1.2 添加传送起始点脚本

在 Scripts→Transition 目录中新建脚本并命名为 TransitionPoint，如图 15-3 所示。

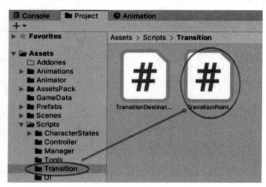

图 15-3

用枚举来判断是同场景传送还是不同场景传送，用物理碰撞的 Trigger 来判断玩家是否在传送点中，传送具体方法暂时留空。

```csharp
using UnityEngine;
namespace Ayaka
{
    public enum TransitionType
    {
        SameScene,
        DifferentScene
    }
    public class TransitionPoint : MonoBehaviour
    {
        public string sceneName;
        public TransitionType transitionType;
        public DestinationTag destinationTag;
        bool canTrans;
        void Update()
        {
            if (Input.GetKeyDown(KeyCode.Space) && canTrans)
            {

            }
        }
        void OnTriggerStay(Collider other)
        {
            if (other.CompareTag("Player"))
            {
                canTrans = true;
            }
        }
        void OnTriggerExit(Collider other)
        {
            if (other.CompareTag("Player"))
            {
                canTrans = false;
            }
        }
    }
}
```

15.1.3 传送点预制件设置

1. 设置传送起始点

（1）设置默认组件

选中 Portal 游戏对象，即最早的那个方块，也可以换做其他模型。设置大小和高度。选中碰撞器 Box Collider 组件的 Is Trigger，即可被穿透。设碰撞器的位置位于方块上方。单击菜单 Component →Physics→Rigidbody 添加一个刚体组件，否则无法触发 Trigger 事件。取消刚体组件的 Use Gravity 属性，如图 15-4 所示。

（2）添加设置传送起始点脚本

将 Scripts→Transition 目录下的 TransitionPoint 脚本拖到 Portal 游戏对象下成为其组件。设置 Transition Type 为 Same Scene，即同场景传送。设置传送目标为 A，如图 15-5 所示。

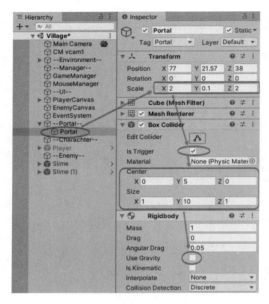

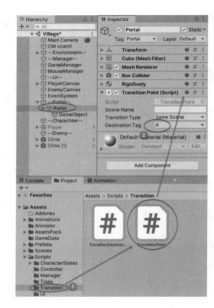

图 15-4 图 15-5

2. 添加设置传送目标点

选中 Portal 游戏对象，右击，在弹出的菜单中选择 Empty GameObject，在 Portal 游戏对象下添加一个空的游戏对象并命名为 DestinationPoint，将 Scripts→Transition 目录下的 TransitionDestination 脚本拖到 DestinationPoint 游戏对象下成为其组件，设置 Destination Tag 为 Enter，如图 15-6 所示。

3. 生成传送点预制件

将 Portal 游戏对象拖到 Prefabs 目录中成为预制件，如图 15-7 所示。

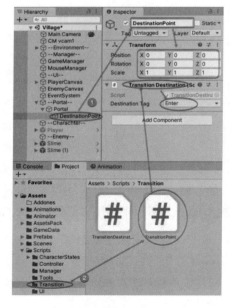

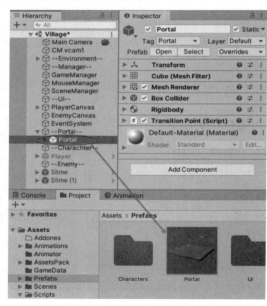

图 15-6 图 15-7

4. 添加另外的传送点

将 Prefabs 目录下的 Portal 预制件拖到场景中，再添加一个传送点，重新设置传送点位置，然后设置传送目标 Destination Tag 为 Enter，如图 15-8 所示。

设置当前目标点 Destination Tag 为 A，如图 15-9 所示。

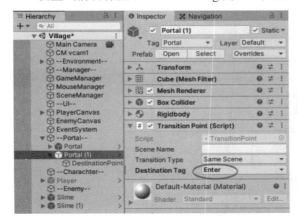
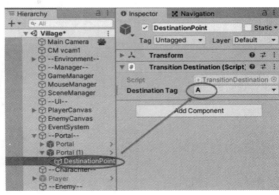

图 15-8　　　　　　　　　　　　　　图 15-9

5. 重新烘焙导航地图

因为添加了新的传送点，单击菜单 Window→AI→Navigation 打开导航窗口，单击 Bake 标签下的 Bake 按钮，重新烘焙导航网络，如图 15-10 所示。

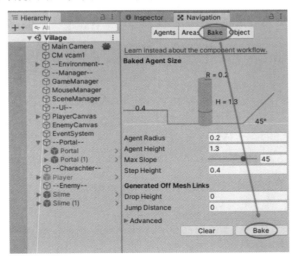

图 15-10

15.1.4　添加、编写 SceneManager 脚本

1. 添加脚本

在场景中新建一个空的游戏对象，设置名称为 SceneManager，在 Scripts→Manager 目录下新建

脚本并命名为 SceneManager，并将脚本拖到 SceneManager 游戏对象下成为其组件，如图 15-11 所示。

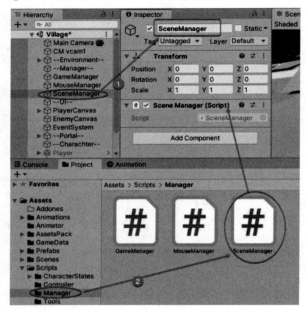

图 15-11

2. 编写脚本

通过 FindObjectsOfType 方法获取场景中所有的目标点，对比 destinationTag 属性来确定传送目标。传送前要关闭导航，避免传送完成后玩家往回跑。

```
using UnityEngine;
using UnityEngine.AI;
namespace Ayaka
{
    public class SceneManager : Singleton<SceneManager>
    {
        Transform player;
        NavMeshAgent playerAgent;
        public void TransitionToDestination(TransitionPoint transitionPoint)
        {
            switch (transitionPoint.transitionType)
            {
                case TransitionType.SameScene:
                    TransitionSameScene(transitionPoint.destinationTag);
                    break;
                case TransitionType.DifferentScene:

                    break;
            }
        }
        void TransitionSameScene(DestinationTag destinationTag)
        {
            player = GameManager.Instance.playerStates.transform;
            playerAgent = player.GetComponent<NavMeshAgent>();
```

```
        playerAgent.enabled = false;
        player.transform.SetPositionAndRotation(
GetDestination(destinationTag).transform.position,
GetDestination(destinationTag).transform.rotation);
        playerAgent.enabled = true;
    }
    TransitionDestination GetDestination(DestinationTag destinationTag)
    {
        var entrances = FindObjectsOfType<TransitionDestination>();
        for (int i = 0; i < entrances.Length; i++)
        {
            if (entrances[i].destinationTag == destinationTag)
            {
                return entrances[i];
            }
        }
        return null;
    }
    }
}
```

3. 修改 TransitionPoint 脚本

前面留空的传送方法在这里补上。

```
void Update()
{
    if (Input.GetKeyDown(KeyCode.Space) && canTrans)
    {
        SceneManager.Instance.TransitionToDestination(this);
    }
}
```

运行场景，当玩家移动到传送点的时候，按下空格键就能传送到另外的传送点，如图 15-12 所示。

图 15-12

15.2　玩家数据的保存和读取

保存玩家的方式是 SaveManager 脚本通过 GameManager 脚本获取到玩家的角色状态 characterData，将其转换成 JSON 字符串，再用 PlayerPrefs.SetString 方法保存到设备，如图 15-13 所示。不同设备的保存路径方法不一样，可以查看官方手册。

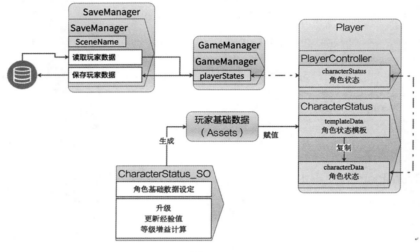

图 15-13

1. 修改 CharacterStates 脚本

为了获取玩家的角色状态，这里还是按照之前的原则转换一次，即其他脚本都不能直接访问 characterData 及其下的内容。这里转换成首字母大写的 CharacterData 属性。

```
public class CharacterStates : MonoBehaviour
{
    …
    public CharacterData_SO CharacterData
    {
        get { return characterData; }
        set { characterData = value; }
    }
}
```

2. 添加 SaveManager 脚本

在场景中新建空的游戏对象，并命名为 SaveManager。在 Scripts→Manager 目录下新建脚本并命名为 SaveManager，将其拖到 SaveManager 游戏对象上成为其组件，如图 15-14 所示。

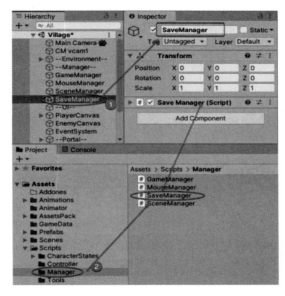

图 15-14

用 PlayerPrefs.SetString 方法保存的时候需要设置 key。这里用 CharacterData.name 作为 key，也可以自己定义。

保存玩家数据的时候，同时保存了当前场景的名称，用于之后使用。因为 UnityEngine 下本身有一个 SceneManager 的类，为了和项目中的 SceneManager 类区分，要写上完整引用路径，否则会出错。完成后需要将 Update 方法及其下的内容删除。这里只是为了测试。

```
using UnityEngine;
namespace Ayaka
{
    public class SaveManager : Singleton<SaveManager>
    {
        static string sceneName = "level";
        public string SceneName { get { return
PlayerPrefs.GetString(sceneName); } }
        public void SavePlayerData()
        {
            Save(GameManager.Instance.playerStates.CharacterData,
            GameManager.Instance.playerStates.CharacterData.name);
        }
        public void LoadPlayerData()
        {
            Load(GameManager.Instance.playerStates.CharacterData,
            GameManager.Instance.playerStates.CharacterData.name);
        }
        void Save(Object data, string key)
        {
            var json = JsonUtility.ToJson(data, true);
            PlayerPrefs.SetString(key, json);
            PlayerPrefs.SetString(sceneName,
            UnityEngine.SceneManagement.SceneManager.GetActiveScene().name);
            PlayerPrefs.Save();
        }
        void Load(Object data, string key)
        {
```

```
                if (PlayerPrefs.HasKey(key))
                {
                    JsonUtility.FromJsonOverwrite(PlayerPrefs.GetString(key), data);
                }
        }
        void Update() {
            if(Input.GetKeyDown(KeyCode.S)){
                SavePlayerData();
            }
            if(Input.GetKeyDown(KeyCode.L)){
                LoadPlayerData();
            }
        }
    }
}
```

运行测试，启动后打一个怪，然后按键盘上的 S 键，就能保存数据，如图 15-15 所示。

图 15-15

停止运行，再次启动以后，按键盘上的 L 键，就能加载数据，如图 15-16 所示。

图 15-16

将 SaveManager 脚本中的 Update 方法删除，该方法只是为了测试代码是否正确。

15.3　不同场景传送

15.3.1　添加主场景的传送点

从 Prefabs 目录中拖一个 Portal 预制件到场景中，设置其位置，然后设置传送点的 Scene Name 为 Room，即要传送到的场景的名称，再设置 Transition Type 为 Different Scene，即不同场景传送，再设置 Destination Tag 为 Enter，如图 15-17 所示。

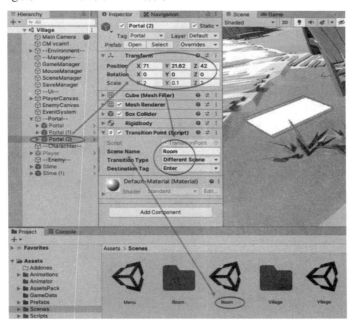

图 15-17

15.3.2　设置预制件

将其他场景要用到的一些内容设置为预制件，方便后面使用。

1. 设置玩家预制件

选中 Player 游戏对象，单击 Overrides 标签下的 Apply All 按钮，将玩家的修改保存到预制件，如图 15-18 所示。因为玩家如果一开始是激活的就会报错，前面测试的时候可能会将玩家的激活状态取消，设置预制件的时候要确保玩家游戏对象是激活的。

2. 设置预制件

将场景中的所有 Manager 游戏对象都拖到 Prefabs 目录下成为预制件，将 PlayerCanvas 玩家界面的游戏对象也拖到 Prefabs 目录下成为预制件，如图 15-19 所示。

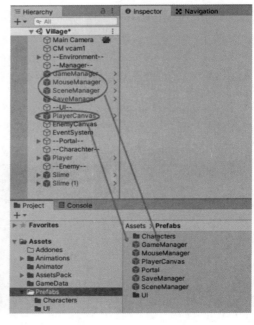

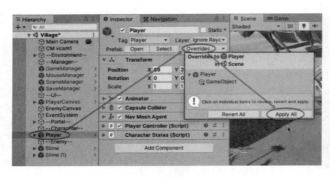

图 15-18　　　　　　　　　　　　　　图 15-19

15.3.3　另一个场景的设置

打开 Room 场景进行设置。

1. 设置摄像机

删除原有摄像机的 Cameras 游戏对象，原来的场景中有两个摄像机，单击菜单 GameObject→
Camera 为场景添加一个新的摄像机，修改摄像机的 Tag 属性为 MainCamera，否则会出错，因为
Camera.Main 方法会找不到摄像机，然后设置摄像机的位置和角度，如图 15-20 所示。

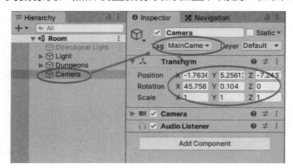

图 15-20

2. 设置导航区域

选中 Dungeons 游戏对象下的子游戏对象，单击菜单 Window→AI→Navigation 打开导航窗口，
然后单击 Object 标签，选中 Navigation Static 选项并设置 Navigation Area，将所有内容加入导航
中，如图 15-21 所示。因为场景简单，也不大，所以这里简单粗暴地处理了。

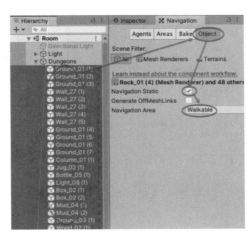

图 15-21

3. 添加传送点

从 Prefabs 目录中拖一个 Portal 预制件到场景中，设置其位置，然后设置传送点的 Scene Name 为 Village，即要传送到的场景的名称，再设置 Transition Type 为 Different Scene，即不同场景传送，再设置 Destination Tag 为 Enter，如图 15-22 所示。

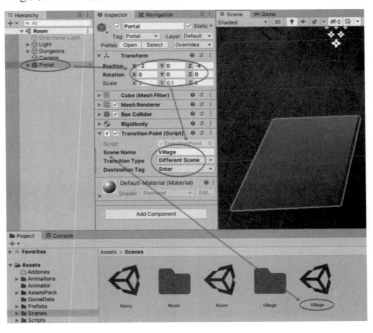

图 15-22

将传送点也加入导航中，如图 15-23 所示。

4. 导航烘焙

单击 Navigation 窗口中的 Bake 标签下的 Bake 按钮，烘焙导航区域，如图 15-24 所示。

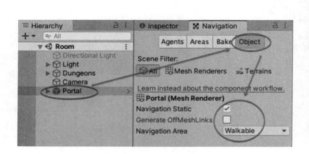
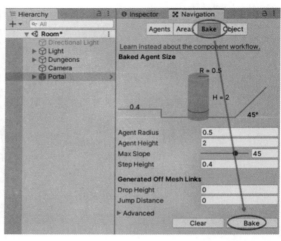

图 15-23　　　　　　　　　　　　　图 15-24

5. 设置地面

在 Hierarchy 窗口的输入框中输入"gro"，用名称过滤场景中的游戏对象，然后选中地面的几个游戏对象，将其 Tag 属性改为 Ground，否则无法通过鼠标单击进行移动，如图 15-25 所示。

6. 添加玩家 UI

将 Prefabs 目录下的 PlayerCanvas 预制件拖到场景中，因为界面没有需要单击的地方，所以不用添加 Event System，如图 15-26 所示。

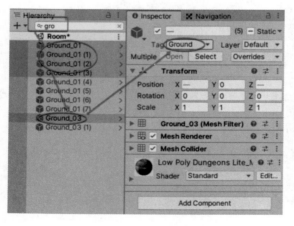

图 15-25　　　　　　　　　　　　　图 15-26

15.3.4　可用场景设置

单击菜单 File→Build Settings…打开 Build Settings 窗口，将 Scene 目录下的场景拖到 Scenes In Build 中，确保 Menu 场景（即菜单场景）是第一个场景，否则在场景切换的时候会报错，如图 15-27 所示。

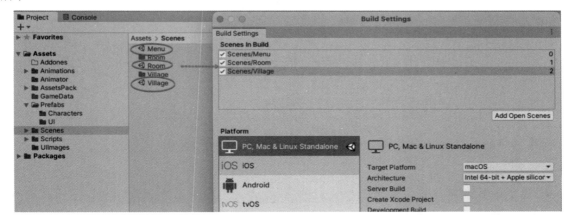

图 15-27

15.3.5　脚本修改

1. 修改 SceneManager 脚本

不同场景传送的时候，先要保存玩家数据，然后通过协程异步加载场景和玩家。使用协程的目的是确保场景加载完成后再加载玩家，玩家加载完成后再设置玩家数据，如图 15-28 所示。

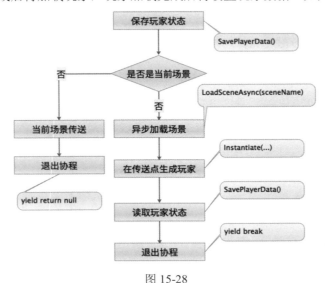

图 15-28

```
using System.Collections;
using UnityEngine;
using UnityEngine.AI;
```

```
namespace Ayaka
{
    public class SceneManager : Singleton<SceneManager>
    {
        public Transform playerPrefab;
        …
        public void TransitionToDestination(TransitionPoint transitionPoint)
        {
            switch (transitionPoint.transitionType)
            {
                case TransitionType.SameScene:
                    TransitionSameScene(transitionPoint.destinationTag);
                    break;
                case TransitionType.DifferentScene:
                    StartCoroutine(TransitionDiffrentScene(
                        transitionPoint.sceneName,
transitionPoint.destinationTag));
                    break;
            }
        }
        IEnumerator TransitionDiffrentScene(string sceneName,
    DestinationTag destinationTag)
        {
            SaveManager.Instance.SavePlayerData();
            if (UnityEngine.SceneManagement.SceneManager.GetActiveScene().name
!= sceneName)
            {
                yield return
 UnityEngine.SceneManagement.SceneManager.LoadSceneAsync(sceneName);
                yield return
Instantiate(playerPrefab,
GetDestination(destinationTag).transform.position,
GetDestination(destinationTag).transform.rotation);
                SaveManager.Instance.LoadPlayerData();
                yield break;
            }
            else
            {
                TransitionSameScene(destinationTag);
                yield return null;
            }
        }
        …
    }
}
```

2. 更新 SceneManager 预制件

选中 SceneManager 游戏对象，单击 Inspector 窗口的 Open 按钮打开预制件修改，选中预制件单击也是一样的效果，如图 15-29 所示。

将 Prefabs→Characters 目录下的 Player 预制件拖到 Player Prefab 中为其赋值，单击箭头返回，这样场景中的 SceneManager 也会被修改，如图 15-30 所示。

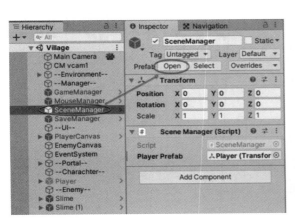

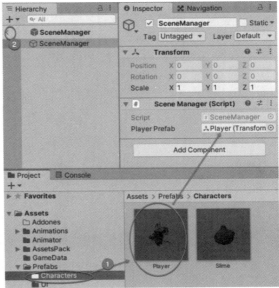

图 15-29

图 15-30

运行测试，启动后走到新的传送点，单击空格后就会传送到 Room 场景，如图 15-31 所示。

在该场景可以移动，并且血量等显示也正确。回到传送点单击空格又可以传送回 Village 场景，如图 15-32 所示。

图 15-31

图 15-32

第16章

狗狗打怪菜单场景

菜单场景相对简单，在 SceneManager 中添加根据场景名称跳转的功能即可。这里添加了按 ESC 键返回菜单的功能。

1. 修改 SceneManager

加载场景的话，先异步加载场景，生成玩家，然后加载玩家数据即可。

```
using System.Collections;
using UnityEngine;
using UnityEngine.AI;
namespace Ayaka
{
    public class SceneManager : Singleton<SceneManager>
    {
        …
        void Update() {
            if(Input.GetKeyDown(KeyCode.Escape)){
                TransitionToMenu();
            }
        }
        IEnumerator LoadMain()
        {
            yield return
UnityEngine.SceneManagement.SceneManager.LoadSceneAsync("Menu");
            yield break;
        }
        public void TransitionToMenu()
        {
            StartCoroutine(LoadMain());
        }
        public void TransitionToFirstLevel()
        {
            PlayerPrefs.DeleteAll();
            StartCoroutine(LoadLevel("Village"));
        }
        public void TransitionToLoadGame()
        {
            StartCoroutine(LoadLevel(SaveManager.Instance.SceneName));
        }
        IEnumerator LoadLevel(string scene)
```

```
        {
            if (!string.IsNullOrEmpty(scene))
            {
                yield return
UnityEngine.SceneManagement.SceneManager.LoadSceneAsync(scene);
                yield return player =
    Instantiate(playerPrefab, GetEntrance().position, GetEntrance().rotation);
                SaveManager.Instance.LoadPlayerData();
                yield break;
            }
        }
        Transform GetEntrance()
        {
            foreach (var item in FindObjectsOfType<TransitionDestination>())
            {
                if (item.destinationTag == DestinationTag.Enter)
                {
                    return item.transform;
                }
            }
            return null;
        }
    }
}
```

2. 修改菜单场景

打开 Menu 场景。

（1）添加标题

单击菜单 GameObject→UI→Text 添加一个文本，设置位置、内容、字体大小、对齐方式和颜色，如图 16-1 所示。

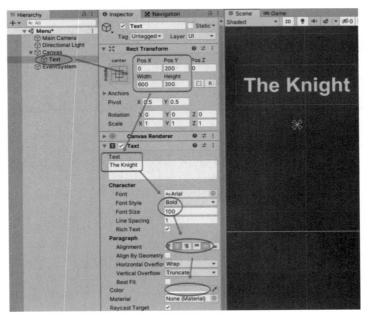

图 16-1

（2）添加按钮

单击菜单 GameObject→UI→Button 添加一个按钮，修改按钮名称为 NewGameButton，然后设置按钮的位置和颜色，如图 16-2 所示。

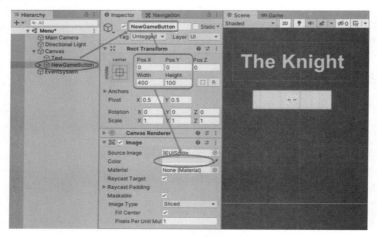

图 16-2

选中按钮下的 Text 游戏对象，设置按钮文本和字体，如图 16-3 所示。

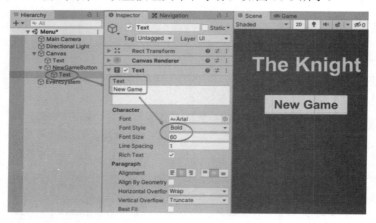

图 16-3

用同样的方法再设置另外两个按钮。这样，场景中就有 New Game（新游戏）、Continue（继续游戏）、Quit（退出）3 个按钮了，如图 16-4 所示。

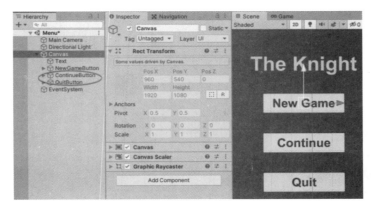

图 16-4

3. 添加 MainMenu 脚本

在 Scripts 目录下新建脚本并命名为 MainMenu，并将其拖到 Canvas 游戏对象上成为组件，如图 16-5 所示。

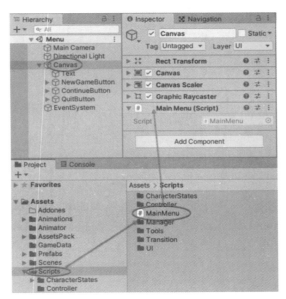

图 16-5

4. 编辑脚本

脚本内容很简单，代码如下：

```
using UnityEngine;
namespace Ayaka
{
    public class MainMenu : MonoBehaviour
    {
        public void NewGame()
        {
            SceneManager.Instance.TransitionToFirstLevel();
```

```
    }
    public void ContinueGame()
    {
        SceneManager.Instance.TransitionToLoadGame();
    }
    public void QuitGame()
    {
        Application.Quit();
    }
    }
}
```

5. 按钮单击事件设置

选中 NewGameButton 游戏对象，单击 On Click ()标签下的"+"，添加按钮单击事件响应，如图 16-6 所示。

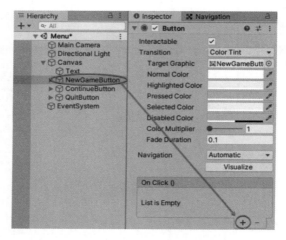

图 16-6

将 Canvas 游戏对象拖到标签下，并设置响应方法是 MainMenu 脚本的 NewGame 方法。

用同样的方法设置 ContinueButton 的响应事件是 MainMenu 脚本的 ContinueGame 方法，QuitButton 的响应事件是 MainMenu 脚本的 QuitGame 方法，如图 16-7 所示。

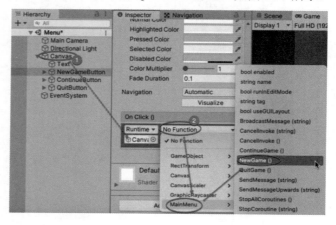

图 16-7

6. 添加预制件

将 Prefabs 目录下的 4 个 Manager 游戏对象拖到场景中，如图 16-8 所示。

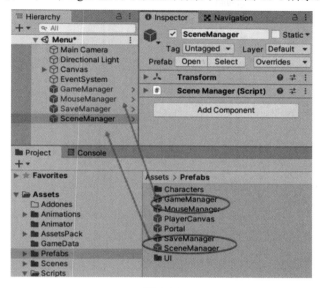

图 16-8

7. 删除玩家

打开 Village 场景，删除 Player 游戏对象，场景中的 Manager 游戏对象因为单实例的缘故，会自动删除，如图 16-9 所示。

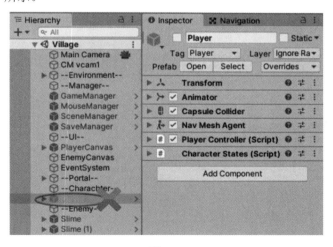

图 16-9

至此，这个简单的游戏示例就完成了。Unity 程序开发的常用基础内容及示例游戏开发已经讲完。Unity 其实还有很多功能并未在本书中介绍，例如技术美术相关的内容（着色器、光照等）、制作场景动画的 TimeLine、2D 开发相关的内容、瓦片地图、Unity 的自动测试和性能分析、热更新的资源包的制作及使用等。请读者继续在实践中学习，希望读者早日成为 Unity 游戏开发高手。